国家重点研发计划项目资助（2018YFC1406400）

近海生态系统稳定性理论方法与应用

冯剑丰　李胜朋　汪如月　孙　涛　杨　薇等　著

科学出版社
北　京

内 容 简 介

本书是国家重点研发计划项目“黄渤海近海生物资源与环境效应评价及生态修复”（2018YFC1406400）的成果之一。全书系统总结了生态系统稳定性的内涵、计算方法及其与复杂性的关系，提出了近海食物网的构建方法与稳定性评估技术，并基于全球上百个近海生态系统食物网，研究了食物网稳定性的主要影响因素及其作用机制。最后以渤海典型生态系统为例，开展了牡蛎礁生态系统、海岛生态系统及潮间带生态系统的特征及稳定性评估的实证研究。

本书可供近海生态环境相关领域的科技人员和管理者，以及科研院所、高校的师生参考阅读。

审图号：GS 京(2024)0308 号

图书在版编目(CIP)数据

近海生态系统稳定性理论方法与应用 / 冯剑丰等著．—北京：科学出版社，2024. 3

ISBN 978-7-03-076288-7

Ⅰ. ①近…　Ⅱ. ①冯…　Ⅲ. ①近海—生态系统—稳定性—研究—中国　Ⅳ. ①X145

中国国家版本馆 CIP 数据核字（2023）第 169467 号

责任编辑：刘　超　杨逢渤 / 责任校对：樊雅琼

责任印制：徐晓晨 / 封面设计：无极书装

科学出版社 出版

北京东黄城根北街 16 号

邮政编码：100717

http://www.sciencep.com

北京建宏印刷有限公司印刷

科学出版社发行　各地新华书店经销

*

2024 年 3 月第　一　版　开本：787×1092　1/16

2024 年 8 月第二次印刷　印张：15

字数：330 000

定价：160.00 元

（如有印装质量问题，我社负责调换）

前　言

近海生态系统是沿海经济带发展的重要支撑，也是生态最敏感和脆弱的区域。全球变化及人类活动带来的快速城市化和工业化，改变了近海生态系统食物网的结构和功能，进而影响了近海生态系统的稳定性，导致赤潮、褐潮、绿潮、水母潮、渔业资源退化及局部低氧等生态灾害的频发，直接威胁我国近海生态与资源安全。科学评估近海生态系统的稳定性，是海洋可持续发展及海洋生态系统水平管理决策的迫切需求。

本书分为理论方法篇与应用篇。理论方法篇由5章组成。第1章“绪论”，聚焦近海生态系统稳定性，较为全面地总结生态系统稳定性的内涵、生态系统多稳态与稳态转换的研究现状以及影响生态系统稳定性的内部结构特征及外界压力。第2章“生态系统复杂性和稳定性”，介绍生态网络的基础理论、复杂性与稳定性的关系及三类典型生态网络（食物网、互惠网络与竞争网络）的复杂特征参数。第3章“近海生态系统食物网评估技术与方法”，提出近海食物网的构建方法、食物网相互作用环的识别技术与稳定性评估技术。第4章“近海生态系统食物网稳定性的主要影响因素及驱动机制”，基于全球上百个海洋生态系统食物网模型，分析海洋食物网稳定性的多维特征、关键影响因素及驱动过程。第5章“近海生态系统食物网复杂性对稳定性的影响”，系统分析食物网不同复杂性指标与稳定性的关系，发现食物网关键环的权重总和比值决定了稳定性的大小。应用篇由5章组成。第6章“渤海湾大神堂牡蛎礁生态系统特征及食物网稳定性评估”，以渤海湾牡蛎礁生态系统为例，通过食物网的构建，分析和评估牡蛎礁生态系统的特征及稳定性。第7章“渤海辽东湾觉华岛生态系统特征及稳定性评估”和第8章“渤海庙岛生态系统特征及稳定性评估”，分别以辽东湾典型海岛生态系统和渤海海峡典型离岸生态系统为例，采用食物网稳定性理论与方法，分析和评估海岛生态系统的特征及稳定性。第9章“基于eDNA宏条形码技术的海洋食物网稳定性评估”，将传统的调查方法与eDNA宏条形码技术相结合，构建和评估渤海湾食物网的稳定性，并分析人工鱼礁对海洋食物网稳定性的影响。第10章“渤海湾潮间带生态系统特征及稳定性评估”，针对渤海湾米草入侵的马棚口潮间带海域，构建互花米草生境、互花米草-长牡蛎共生生境及光滩生境的底栖食物网模型，评估不同生境的生态系统特征及稳定性。

本书各章的主要撰写人员如下。第1章：冯剑丰、沙婉潇、汪如月；第2章：李胜朋、冯剑丰、魏茂宏；第3章：冯剑丰、沙婉潇、刘宛妮、谭建国、杨薇、孙涛；第4章：汪如月、冯剑丰；第5章：李胜朋、冯剑丰、朱琳；第6章：汪如月、李胜朋、冯剑丰、朱琳、孙涛、杨薇；第7章：汪如月、李胜朋、冯剑丰、孙涛、杨薇、朱琳；第8章：汪如月、李胜朋、冯剑丰、孙涛、杨薇、朱琳；第9章：刘宛妮、冯剑丰、李胜朋；第10章：沙婉潇、冯剑丰、李胜朋。全书由冯剑丰策划，冯剑丰和魏茂宏统稿。衷心感谢本书的所有参与者和支持者。

本书的主要研究成果是在科技部国家重点研发计划课题“典型生态系统稳定性与多营养层次生物资源承载力评估”的资助下完成的，也包含了国家重点研发计划国际合作项目“近岸海域食物网恢复和生境修复技术研究与示范”的部分研究成果，在此表示感谢！撰写过程中，也得到了南开大学环境科学与工程学院卢学强教授、李洪远教授，北京师范大学刘海飞教授，复旦大学聂明教授，国家海洋信息中心杨翼研究员，天津市水产研究所刘克奉研究员、郭彪研究员，山东省海洋科学研究院丁刚研究员，自然资源部天津海洋中心徐玉山高工，辽宁省葫芦岛渔业水产局郭维宇处长等专家学者的指导和帮助，在此一并致谢！

近海生态系统稳定性研究是一个长期的过程，其理论和方法也有待完善。鉴于调查资料和作者水平有限，书中不足和疏忽之处难免，恳请读者批评指正。

冯剑丰

2024 年春于南开园

目　　录

前言

理论方法篇

第 1 章　绪论 ······ 3
　1.1　生态系统稳定性 ······ 3
　1.2　生态系统多稳态与稳态转换 ······ 5
　1.3　生态系统稳定性驱动机制研究现状 ······ 12
　参考文献 ······ 14
第 2 章　生态系统复杂性和稳定性 ······ 21
　2.1　生态网络 ······ 21
　2.2　生态网络复杂性和稳定性 ······ 23
　2.3　食物网、互惠网络和竞争网络 ······ 30
　参考文献 ······ 39
第 3 章　近海生态系统食物网评估技术与方法 ······ 46
　3.1　食物网构建技术 ······ 46
　3.2　近海生态系统食物网模型及相互作用环识别模型 ······ 48
　3.3　近海食物网稳定性评估方法 ······ 52
　参考文献 ······ 57
第 4 章　近海生态系统食物网稳定性的主要影响因素及驱动机制 ······ 63
　4.1　生态系统稳定性驱动机制 ······ 63
　4.2　原理与方法 ······ 63
　4.3　研究结果 ······ 68
　4.4　讨论 ······ 72
　参考文献 ······ 77
第 5 章　近海生态系统食物网复杂性对稳定性的影响 ······ 82
　5.1　一般复杂性指标对稳定性的影响 ······ 82
　5.2　群落矩阵反馈环 ······ 83
　5.3　食物网反馈环决定稳定性 ······ 86
　5.4　预警稳定性变化的敏感物种 ······ 89
　参考文献 ······ 94

应 用 篇

第 6 章 渤海湾大神堂牡蛎礁生态系统特征及食物网稳定性评估 …… 99
6.1 样品采集与测定 …… 99
6.2 模型分析 …… 101
6.3 评估结果 …… 108
参考文献 …… 116
第 7 章 渤海辽东湾觉华岛生态系统特征及稳定性评估 …… 118
7.1 样品采集与测定 …… 118
7.2 模型分析 …… 121
7.3 评估结果 …… 125
参考文献 …… 132
第 8 章 渤海庙岛生态系统特征及稳定性评估 …… 134
8.1 样品采集与测定 …… 134
8.2 模型分析 …… 135
8.3 评估结果 …… 140
参考文献 …… 146
第 9 章 基于 eDNA 宏条形码技术的渤海湾食物网稳定性评估 …… 148
9.1 基于 eDNA 宏条形码技术的海洋食物网稳定性评价方法 …… 148
9.2 基于 eDNA 宏条形码技术的渤海湾食物网稳定性评估 …… 166
9.3 基于 eDNA 技术评估人工鱼礁对海洋食物网稳定性的影响 …… 180
参考文献 …… 193
第 10 章 渤海湾潮间带生态系统特征及稳定性评估 …… 195
10.1 样品采集与测定 …… 195
10.2 模型分析 …… 196
10.3 评估结果 …… 200
参考文献 …… 210
附录 …… 211
附图 …… 211
附表 …… 217
参考文献 …… 225

理论方法篇

第1章 绪　　论

近海生态系统独特的资源和地缘优势，为人类社会的存在和发展提供了重要的资源支撑和环境保障。健康的海洋生态系统通过补偿、反馈等自我调节机制处于协调稳定状态，可以持续为人类提供各种生态服务。然而全球变化及人类活动带来的快速城市化和工业化，改变了近海生态系统食物网的结构和功能，进而影响了近海生态系统的稳定性，导致赤潮、褐潮、绿潮、水母潮、渔业资源退化及局部低氧等生态灾害的频发。Halpern 等（2008）分析了全球 20 个海洋生态系统受人为扰动的情况，指出所有区域均受人为活动的影响，其中 41% 的区域受到多种人为因素胁迫。在持续增强的人为压力下，海洋生态系统的平衡受到了严重威胁，世界上许多海洋生态系统正持续退化（Kokkoris et al.，2002）。珊瑚礁、红树林、海草床等重要的生物栖息地大量减少（Hoegh-Guldberg，2015）。1970～2010 年，全球鱼类物种数已减少了 50%，生物多样性急剧下降（Tanzer et al.，2015）。联合国粮食及农业组织 2020 年发布的《世界渔业和水产养殖状况》指出 2017 年全球处于不可持续水平的鱼类已从 1974 年的 10% 上升至 34.2%（FAO，2020）。全球海洋生物群落结构发生了变化，低营养级物种逐渐取代高营养级物种，占据了生态系统的主导地位，食物链缩短，食物网逐渐线性化，导致生态系统服务功能逐渐丧失（Pauly et al.，1998）。

我国高度重视海洋生态环境保护工作，党的二十大报告提出推动绿色发展，促进人与自然和谐共生战略，强调提升生态系统多样性、稳定性、持续性。我国海洋生态环境保护治理目标也从改善海洋环境质量逐渐转变为提升海洋生态质量和稳定性。科学评估近海生态系统的稳定性，是海洋可持续发展及海洋生态系统水平的管理决策的迫切需求。

1.1 生态系统稳定性

生态系统是一个动态的开放系统，内部的生物和非生物组分不断发生变化，当生态系统的结构和功能保持在相对稳定的状态即表现出结构、功能和收支平衡时，称之为生态平衡（ecological balance），或者说生态系统是稳定的（stable）。当生态系统受到人为或者自然事件的干扰时，生态平衡会被破坏。若干扰不严重，生态系统会通过一系列调节作用逐渐恢复原平衡，但生态系统的调节能力具有一定的限度，其所能承受的最大干扰强度称为阈值（threshold），外界压力超出阈值，生态系统正常的服务、功能及价值就会发生变化。

生态系统稳定性（ecosystem stability）是指生态系统在外界干扰因素作用下保持和恢复自身结构和功能的能力，是维持正常生态系统服务功能的关键，其概念在生态学的基础研究和应用研究中都占有重要地位。准确理解、全面定量稳定性是研究生态系统稳定性相关问题的前提。稳定性概念首先由 MacArthur（1995）提出，认为稳定性指群落物种丰富度保持恒定。近几十年稳定性概念的定义已取得了诸多发展和补充，衍生出很多内涵不同的概念。Grimm 和 Wissel（1997）统计，稳定性共有 70 多个概念、163 种定义，被认为是生态学中最模糊的术语之一。此外，由于对稳定性的不同理解，生态学文献中使用了很多含义不同的定义，导致在稳定性相关问题的研究上产生了诸多矛盾。Orians（1975）、Harrison（1979）、Pimm（1984）和 Domínguez-García 等（2019）已明确提出稳定性是一个复杂的多维概念，包含局域稳定性（local stability）、持久性（persistence）、抵抗力（resistance）、弹性（resilience）、变异性（variability）等不同方面的性质（图 1.1）。稳定性不能作为一个术语直接定义，而是要通过其他概念共同表示。经典稳定性理论认为系统受到小扰动后能返回平衡点则代表该系统局域稳定（May，1972）。局域稳定性通常通过群落矩阵来定量，当群落矩阵所有特征值实部均为负值时则代表稳定。持久性指系统保持一个特定状态的持续时间。抵抗力指在外部扰动（perturbation）情况下，生态系统维持其原始状态的能力，常用受到扰动后系统的变化幅度衡量，可以反映系统对扰动的敏感性。弹性指受到扰动后系统恢复平衡状态的能力。变异性反映受到扰动后系统在时间序列上的波动程度，常用生物量或丰富度的变异系数（标准差与均值的比值）来定量。

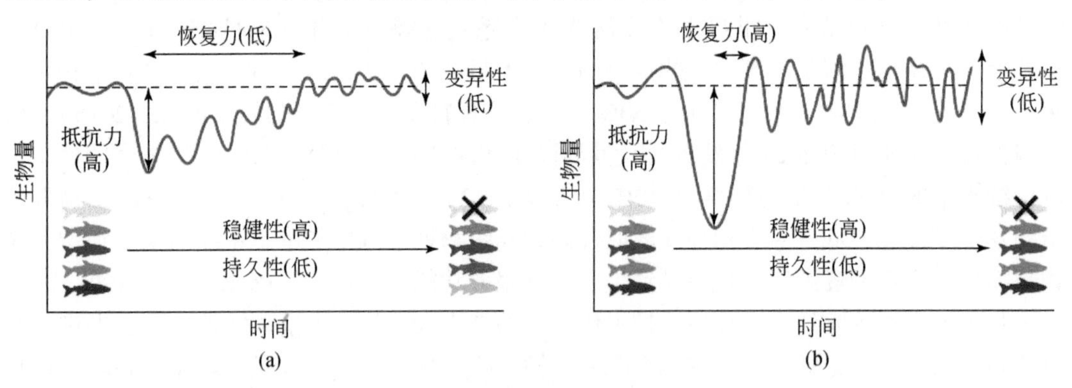

图 1.1　生态系统稳定性理论相关指标

资料来源：Harrison（1979）

大部分理论研究关注局域稳定性。通过构建随机生态系统或自然生态系统的食物网模型，基于微分方程求生态系统平衡时的稳定点（May，1972；Rozdilsky and Stone，2001；Jansen and Kokkoris，2003；Nilsson and Mccann，2016；Pettersson et al.，2020）。而实证研究通常通过实验或野外调查获得种群、群落的丰富度或生物量变化数据来量化系统对外界扰动的响应，以此定量稳定性。大部分实证研究关注变异性（Tilman et al.，2006；Cadotte et al.，2012；Thibaut and Connolly，2013；Downing et al.，2014；Venail et al.，2015；Craven et al.，2018）。此外一些研究用抵抗力（Tilman and Downing，1994；Pennekamp et al.，2018）、弹性来表征稳定性（Holling，1973；Wardle et al.，2000；Van Ruijven and Berendse，2010）。Donohue 等（2016）回顾了稳定性相关的科学和政策文献，发现大部分研究局限于稳定性的单一性质，仅采用 1 ~ 2 个指标量化稳定性。稳定性单一方面的性质不足以衡量系统的整体稳定性特征，在不了解稳定性各种性质间关系的情况下将多维稳定性降低到一个维度，会造成稳定性评估的偏差（Kéfi et al.，2019），进而导致对支撑生态系统稳定性的机制认识不全面，也妨碍科学研究之间的交流（Donohue et al.，2016）。稳定性的多维性质要求人们在进行研究时对稳定性的多种性质进行全面测量，且要明确它们之间的关系。随着研究的不断深入，湖泊（Hillebrand et al.，2018）、岩礁（Donohue et al.，2013）、森林、草原等生态系统稳定性的多维性质取得了一些进展（Radchuk et al.，2019），但海洋生态系统的研究面临着数据收集和生态系统过程建模的困难，导致其稳定性的维度特征和各维度间的关系仍不明确。

1.2　生态系统多稳态与稳态转换

1.2.1　多稳态理论基础

在外界压力的胁迫下，生态系统会存在不同的响应形式（图1.2）。一些生态系统会以渐进的、平缓的线性方式响应变化，称为“渐进型”响应；一些生态系统最初可能会发生微小的变化，但到达某个临界点（阈值）时，生态系统会从原来的稳定状态突然切换到另外一种截然不同的状态并保持稳定，即发生稳态转换（regime shift），称为“阈值型”响应；还有一些生态系统的响应是非线性的，响应曲线会在“阈值型”的基础上，出现“折叠”。换句话说，生态系统稳定状态之间向前与向后的转换并不会在同一个阈值处发生。在两个阈值的范围内，生态系统存在两种可能的稳定状态。生态系统最终会根据初始条件沿着不同的轨迹走向截然不同的稳定状态，称为“滞后型”，即存在多稳态（alternative stable states，ASS）（Scheffer et al.，2001）。多稳态自1969年由Lewontin在回答“在一个给定的生境中是否会有两个及以上的稳定生态群落结构存在?”时提出之后，在生态系统稳定性研究中逐渐成为关注热点（冯剑丰等，2009）。20世纪70年代，Holling和May在研究生态系统的稳定性（stability）时，采用了“multiple stable states”来表征拥有动力学过程的生态系统在相同的参数条件下存在两种或两种以上稳态解的现象（May，1972；Holling，1973）。20世纪末，Scheffer（2001）用“alternative stable states”描述富营养化浅水湖泊生态系统中沉水植物主导的清澈状态和浮游藻类主导的浑浊状态。之后在多稳态问题的研究中，多稳态的两种提法“multiple stable states”和“alternative stable states”一直沿用下来。

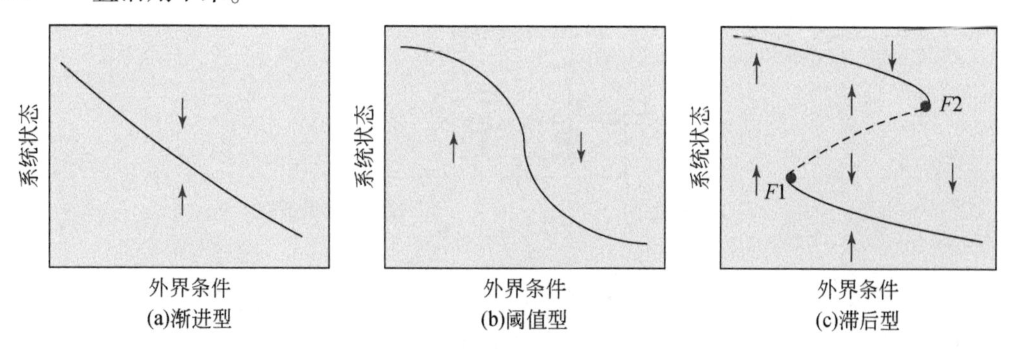

图1.2　生态系统对外界条件变化的三种响应形式

虚线表示存在两种可选稳态的不稳定区域，最终状态取决于初始外界条件，F1、F2为发生稳态转换时的两个阈值点目前大家普遍认同的多稳态的概念是：在相同的外部条件下，生态系统可以存在两种或两种以上具有完全不同结构和功能的稳定状态（Scheffer et al.，2001；Beisner et al.，2003）。在动力系统理论中，稳态是指系统的解在一定条件下是稳定的，称为稳定解或吸引子（May，1977；Säterberg and McCann，2021）。在生态学理论中，它是指生态系统在一定的时间和空间尺度上保持原有的结构和功能不变（Ratajczak et al.，2014b）。稳定的生态系统具有自锁机制，即在一定的随机扰动强度范围内，生态系统不会从一种稳定状态过渡到另一种稳定状态，而当随机扰动强度大于其阈值时，就会发生稳态转变（Scheffer and Jeppesen，2007；Bielski et al.，2021）。存在多稳态的生态系统在稳态转换发生前变化很小，不容易观察到（Van Nes et al.，2016）。相反，当达到阈值时，轻微的扰动可以将生态系统推向另一种状态。在多稳态理论中，生态系统在接近分岔（bifurcation）点时会出现"临界减速"（critical slowing down）（Scheffer et al.，2009）。这种"临界减速"现象的指标可以作为"预警信号"（early warning signal，EWS）。EWS 是指当生态系统即将转型或转型过程中，系统关键参数所显示的时空统计特征（Litzow and Hunsicker，2016）。例如，一些系统参数会显示方差、偏度或自相关等的增加（Dai et al.，2012；Dakos et al.，2012；Van Belzen et al.，2017）。此外，特定的空间模式被认为是实际应用中很有前景的早期预警信号（Nijp et al.，2019）。然而，EWS 的应用仍然具有挑战性，在实际应用中，有时甚至可能无法检测到或出现虚假警报（Benedetti-Cecchi et al.，2015；Dakos et al.，2015）。

稳态转换的驱动机制可以用球-杯模型来阐释（图 1.3）。在该模型中，小球代表生态系统，山谷的吸引域表示一种稳定的平衡状态，山丘代表不稳定状态，吸引域的大小可以表征生态系统的恢复力的大小，山丘的高度可以表征生态系统的抵抗力。若想让小球从一个吸引域移动到另一个吸引域，一是可以给小球施加足够的外力使其越过峰顶，即生态系统受到一个足够大的随机扰动时，可以从一种稳态转换到另一种稳态。二是山谷形状发生变化，即外界条件的变化改变了环境参数，从而使生态系统进入另外一种稳态。有些稳态是人们想要维持的，而有些是人们想要避免的，人们往往希望避免灾难性突变，而希望生态恢复性稳态转换的发生，因此，识别存在多稳态的生态系统并充分了解多稳态的产生机制及稳态转换发生的驱动因素是生态管理的重点研究内容。

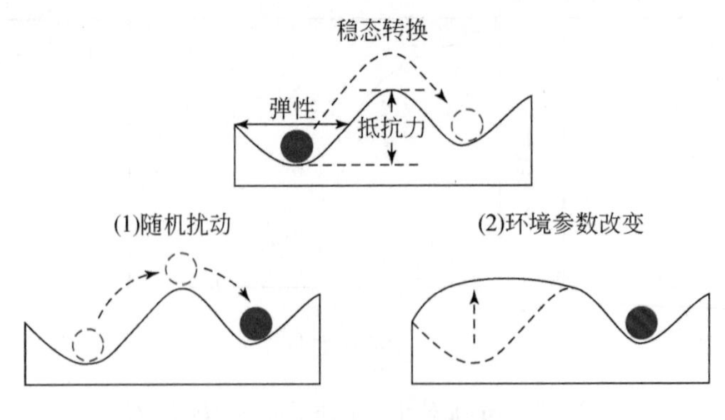

图 1.3　稳态转换的两种机制

1.2.2 生态系统多稳态现象

在全球气候变化和人类压力不断增加的背景下，自然中多稳态的现象正在逐渐显现，稳态转换的频率正在增加，这往往会导致严重的生态和经济损失。本研究系统总结陆地、海洋和水生生态系统等几种典型生态系统类型中的多稳态现象。具体介绍如下。

1）陆地生态系统

在陆地生态系统中，世界上的一些地区可以支持森林的存在，而它们实际上被“非森林”生态系统覆盖，如灌木丛、热带草原、温带草原、泥炭地和其他开放生态系统（Pausas and Bond，2020；Van der Velde et al.，2021）。例如，美国中部大平原有3个可能的状态，受火灾频率的驱动，可以发生从草地到灌木或森林生态系统的不连续转换（Ratajczak et al.，2014a）。在相同的气候条件下，森林生态系统中两种植被类型的共存也表明了多稳态的存在。例如，作为替代状态，森林斑块可以存在于灌木生态系统中，如澳大利亚高原森林系统中嵌套着的一系列离散非森林沼泽斑块同样作为森林系统的交替稳定状态存在，并通过生态水文和物理反馈、种间竞争排斥维持（Fletcher et al.，2014；Cramer et al.，2019）。

干旱和半干旱生态系统中的多稳态现象也已被验证。例如，Hao 等（2021）从群落聚集性和稳定性的角度证实了中国内蒙古半干旱草原上存在灌木入侵区域作为半干旱草原系统的交替稳定状态。Berdugo 等（2017）发现在气候变化驱动下，干旱水平在0.75～0.80的生态系统可能会经历土壤肥力、养分捕获和养分循环不同的低功能性和高功能性两种稳态。此外，生物土壤结皮也可以作为干旱生态系统的一种替代稳定状态（Chen et al.，2021）。

2）海洋生态系统

在全球变暖和污染排放、过度捕捞、资源开发等人为因素的共同作用下，海洋生态系统中稳态转换的频率逐渐增加（Chemello et al.，2018）。在维持较高的渔业开采率时，远洋生态系统可以在资源丰富和资源枯竭之间不连续地转换（Vasilakopoulos and Marshall，2015）。潮下带可以存在海草主导和裸露沉积物两种稳态（McGlathery et al.，2013）。也有研究在世界温带海域和极地海区验证了海胆荒地和海藻森林的稳态转换现象（Filbee-Dexter and Scheibling，2014；Kenner and Tinker，2018）。岩相潮间带系统中，珊瑚礁生态系统可以被大型藻类主导的稳定群落取代（Schmitt et al.，2019）。此外，贻贝床可以取代岩藻群落，并作为其替代稳态存在（Petraitis and Dudgeon，2015）。沿海泥滩可能存在裸露的沉积物或由牡蛎等双壳类动物形成的珊瑚礁两种稳定状态（Colden et al.，2017）。也有研究记录了海草草甸的冠状海草优势、丝状藻类优势和泥滩三种交替稳态（Moksnes et al.，2018）。

3）水生生态系统

浅水湖泊作为典型的生态系统类型，其多稳态现象，在世界各地都有记录（Scheffer and Jeppesen，2007；Moi et al.，2021）。Scheffer 等（1993，2001）最早利用多稳态理论介绍了湖泊在营养源输入下存在沉水植被主导的清澈状态和藻类主导的浑浊状态。在我国，李文朝（1997）最早对太湖的多稳态现象开展研究并建立了概念模型。此外，武汉东湖（Su et al.，2021）、云南滇池（Wang et al.，2018）也被证实存在多稳态。盐沼湿地生态系统存在“裸露光滩”和“植被覆盖”主导的稳态（Li et al.，2017）。长江南京段的河流微生物群落状态存在双峰分布，为河流生态系统多稳态提供了直接证据（Shang et al.，2021）。

1.2.3 多稳态的诊断评估技术

尽管不同的生态系统表现出不同的交替稳态，但它们具有共同的特征：双峰和阈值动态（Van Wesenbeeck et al.，2008）。目前已开发了许多概念和数学模型证实多稳态的存在（表 1.1）（Bowman et al.，2015；Blackwood et al.，2018）。捕食者－被捕食者模型（predator-prey model）的分岔分析方法被广泛应用于推断生态系统是否存在，或者说在何种参数条件下可以产生多稳态（Erbach et al.，2013；Abbott and Nolting，2017；Geng et al.，2022）。例如，Takizawa 等（2022）使用包含局部相互作用的晶格模型模拟生态系统，发现通过调整生物的空间布局可以使珊瑚藻和大型海藻之间的转换出现滞后，产生多稳态。Ghosh 等（2017）开发了包括物种流动和捕捞努力因素的双斑块模型，证明增加储备规模可能产生三种不同的稳定状态。然而，从非实验方法获得的实证结果只提供了间接的多稳态证据，并不能排除可能存在的其他驱动因素。

在现实生态系统中，对于简单的、小尺度生态系统而言，野外操纵实验可以为多稳态的存在提供直接的证据。野外实验的进行主要有两种方式：一种是量化系统中关键状态变量对潜在驱动因素的响应是否取决于初始状态，并寻找驱动-响应之间迟滞存在的实验性证据。另一种是测试扰动之后的恢复情况。对关键状态变量施加脉冲扰动以评估群落的局部稳定性，存在多稳态的生态系统可能会在小强度干扰下恢复到原来状态，而在高强度扰动下被推向另一种稳态（Schmitt et al.，2019）。例如，Petraitis 和 Dudgeon（2015）在一定尺度范围内模拟冰冲刷造成的物理脉冲，证明缅因湾在去除大型藻类后可以存在贻贝床稳态。在浅水湖泊生态系统中，去除顶级捕食诱导营养级联，可以使富营养湖泊转变为清澈状态（Hobbs et al.，2012）。

对于景观尺度而言，可以基于遥感监测的时空分布数据检验多稳态的存在性（Moffett et al.，2015）。随着遥感产品的不断更新，基于如归一化植被指数（NDVI）、生物量等植被结构和生长指标的“双峰”“多峰”分布在大空间尺度生态系统多稳态的识别中应用越来越广泛（Moffett et al.，2015；Wang et al.，2016）。例如，有研究利用包括冠层高度和树木覆盖在内的遥感数据揭示了三种泛热带生态系统：稀树草原、森林和无树状态（Xu et al.，2016）。近年来，无人机技术取得很大发展，为干旱和半干旱区近地表遥感和土地覆盖数据收集提供了有用的工具。Chen 等（2021）利用各种遥感指标量化了沙丘植被覆盖度的数据，证明了中国北方典型半干旱区的毛乌素沙丘场的双稳态。

表 1.1　验证多稳态存在性的数学模型

模型框架	变量及参数	驱动因子	应用生态系统类型
$\frac{dx}{dt}=rx\left(1-\frac{x}{K}\right)-\frac{Bx}{a+x}$	x：植被密度 r：内禀增长率 K：承载力 B：食草效应 a：半饱和密度	草食水平	草食性生态系统（Noy-Meir，1975；Dakos and Kefi，2022）
$dA_t=\left[rA_t\left(\frac{N}{N+\eta}\right)\left(\frac{\mu}{V+\mu}\right)-\alpha A_t^2\right]dt+\phi A_t dW_t$ $V=\frac{\omega^P}{\omega^P+A^P}$	A_t：藻类密度 r：内禀增长率 N：氮营养浓度 V：沉水植物丰度 η、μ、ω：半饱和常数 α：藻类竞争系数 P：形状参数 W：控制微扰大小的参数	氮营养盐水平	浅水湖泊（Vitense et al.，2018）
$\frac{dO}{dt}=rOf(d)\left(1-\frac{O}{K}\right)-\mu f(d)O-\varepsilon(1-f(d))O$ $\frac{dB}{dt}=\mu f(d)O+\varepsilon(1-f(d))O-\gamma B$ $\frac{dS}{dt}=-\beta S+Cge^{-\frac{FO}{Cg}}$	O：活体牡蛎体积 B：死亡牡蛎壳体积 S：礁体沉积物 $f(d)$：礁体高度函数 K：承载力 r：内禀增长率 μ：因捕食和疾病造成的死亡率 ε：沉积物覆盖造成的牡蛎的死亡率 γ：牡蛎壳降解率 β：泥沙侵蚀率 $Cge^{-\frac{FO}{Cg}}$：泥沙沉积速率	泥沙沉积	牡蛎礁（Jordan-Cooley et al.，2011）
$\frac{dC}{dt}=rTC-dC-aMC$ $\frac{dM}{dt}=aMC-\frac{gM}{M+T}+\gamma MT$	C：珊瑚覆盖率 T：藻类草皮覆盖率 dC：珊瑚的自然死亡率 rT：珊瑚在藻类草皮上的定殖作用 M：大型藻类覆盖率 aM：大型藻类对珊瑚的覆盖作用 $\frac{gM}{M+T}$：大型藻类的被啃食项 γM：大型藻类在藻类草皮上的定殖作用	草食性鱼类放牧水平	珊瑚礁（Mumby et al.，2007）

续表

模型框架	变量及参数	驱动因子	应用生态系统类型
$\frac{\mathrm{d}M}{\mathrm{d}t}=[(1-a)(G+T)+a]\left(\frac{p}{V_1}\right)(1-M)-\varepsilon M(1-T-G)-\omega_G MG-\omega_T MT$ $\frac{\mathrm{d}T}{\mathrm{d}t}=c_T MT(1-f(G)-T)-d_T T-\beta(T)$ $\frac{\mathrm{d}G}{\mathrm{d}t}=c_G MG(1-T-G)-d_G G-\gamma(G)$	M：相对土壤饱和度 G：草覆盖率 T：树木覆盖率 $\frac{p}{V_1}$：单位面积降水量 a：裸露地面渗透降雨比例 ε：年蒸发速率 ω_G、ω_T：树木、草的年蒸腾速率 c_T、c_G：树木、草的年定殖率 d_T、d_G：树木、草类年自然死亡率最大年放牧率最大火灾强度火灾发生最大年浏览率非线性函数指数 β：火灾作用 γ：草食作用	降水	稀树草原（Synodinos et al.，2018）
$\frac{\mathrm{d}z}{\mathrm{d}t}=Q_S(z,B)+Q_T(z,B)+Q_O(B)-E[z,B,\mathrm{MPB}(z)]-R$ $\frac{\mathrm{d}B}{\mathrm{d}t}=r(z)B\left(1-\frac{B}{B_{\max}}\right)-m(z)B$	z：潮汐水平 B：植被生物量 Q_S（z，B）：一个潮汐周期的年平均泥沙沉降通量 Q_T（z，B）：悬浮沉积物被海水捕获的年平均沉积速率 Q_O（B）：植被产生的有机土壤年生产量 $E[z,B,\mathrm{MPB}(z)]$：风浪导致的年平均侵蚀率 R：相对海平面的变化率 r：内禀增长率 $m(z)$：沉积导致的死亡率	生物和物理过程	盐沼（Marani et al.，2010）
$\frac{\mathrm{d}W}{\mathrm{d}t}=A-LW-RWx^2$ $\frac{\mathrm{d}x}{\mathrm{d}t}=RJWx^2-Mx$	W：水分 x：植被生物量 A：供水率 L：水蒸发率 R：植物对水的吸收率 J：单位水消耗后的植物生物量产量 M：植被死亡率	水分动态	干旱生态系统（Klausmeier，1999；Dakos and Kefi，2022）

注：模型的右侧表示生态系统中的状态变量。通过改变左边与驱动因子相关的变量，可以在同一变量下得到两个或多个解。不同的解代表不同的生态系统稳定状态。

1.2.4 多稳态产生机制

在多稳态研究的历史上，驱动因素和生成机制一直是研究的重点，尤其是反馈作用。反馈是指当前的结果可以作为影响未来结果的效果，包括正反馈和负反馈（Rodriguez-Gonzalez et al.，2020）。正反馈可以放大生态系统对扰动的响应强度，产生不稳定平衡，负反馈可以减弱生态系统对扰动的响应强度，产生稳定平衡。多个反馈可以形成一个完整的反馈回路（feedback loop），而反馈回路对生态系统的最终效果取决于内部反馈的强度和符号（Mayor et al.，2019）。在生态系统中形成正反馈循环（positive feedback loop）时，当前状态会得到强化并形成"自锁"（McGlathery et al.，2013）。

许多文献强调强烈的正反馈是形成多稳态的必要不充分条件（May，1977；Garnier et al.，2020）。而正反馈能否产生双稳态强烈依赖于空间尺度（Zhang et al.，2019）。正反馈循环广泛存在于自然界不同的生态系统。正反馈循环可以由物种内部、物种之间、物种与无机环境之间的促进作用，即易化作用（facilitation）产生。许多研究探讨了主导不同生态系统的反馈过程。例如，在森林生态系统中重点关注火-植被和植被-土壤反馈（Burton et al.，2019；Cheng et al.，2021；Averill et al.，2022）。具体来讲，适于干燥环境的生态系统是森林生态系统的替代稳定状态（Paritsis et al.，2015）。此外，植物-菌根共生可以影响土壤养分循环，增强植物生长的菌根正反馈（Zhang et al.，2022）。海草床、珊瑚礁、盐沼和红树林提供了重要的生态系统服务和功能，其反馈研究也相对成熟（Ladd et al.，2018）。例如，在珊瑚礁群落中，包括捕食、竞争、密度依赖型种群增长、社会-生态过程在内的超过 20 种正反馈机制被广泛研究（Muthukrishnan et al.，2016）。在珊瑚主导的稳态下，珊瑚覆盖率的增加可以为草食性鱼类提供更多的庇护所，从而促进藻类的摄食。大型藻类和珊瑚之间的空间覆盖和化感作用也可以抑制藻类的扩张。此外，Allee 效应（种群大小、密度及其增大率之间的相互作用，称为 Allee 效应）进一步提高了珊瑚的覆盖率和促进了幼虫的存活，最终保持以珊瑚为主的状态。相反，藻类覆盖率越高，对珊瑚的物理和化学干扰越强，成年个体的损失会减少局部补充，保持以藻类为主的状态（Boström-Einarsson et al.，2020）。在盐沼系统中，生物地貌反馈主导了景观的植被覆盖情况。植被减少了海浪的水动力，从而削弱了海浪侵蚀，促进了泥沙的沉积。同时，低流速和沉积引起的海拔升高有利于植物生长，形成正反馈稳定植被覆盖状态（Wang et al.，2022）。在浅水湖泊中，大型植物可以减少沉积物的再悬浮，并去除浮游藻类生长所需的营养物质，以抑制藻类的扩张，这增加了光的可用性，形成了一个正反馈循环，促进大型植物的进一步生长（Lürig et al.，2021）。然而，当营养负荷超过阈值时，藻华暴发可降低光的可用性，导致大型植物减少，这促进了沉积物的再悬浮，最终导致湖泊的浑浊状态。

人为干扰也是多稳态现象产生的一个重要驱动机制，如远洋和近海生态系统中渔业资源的过度开发及近海的富营养化（Jouffray et al.，2020）。在高强度捕捞压力下，远洋生态系统中的渔业资源种群可能会存在高丰度和低丰度两种稳态，或以高等捕食鱼类为主的状态和以低等浮游生物为主的状态（Möllmann and Diekmann，2012）。近海生境中，对顶级捕食者的过度捕捞可能会通过释放草食性鱼类而增大大型海草的被摄食率，引起海草群落向海藻群落的转变。加勒比珊瑚礁在海洋酸化、飓风破坏和草食性鱼类的过度捕捞等多重胁迫的作用下，存在着两种稳定状态，即高水平的珊瑚覆盖和珊瑚枯竭的状态（Blackwood et al., 2018）。富营养化导致的营养脉冲也可能会使大型海藻突然暴发，占据大型海草或者珊瑚礁生态。值得注意的是，与气候相关的生物地球化学过程如风暴潮、周期性的海洋环流也可加强生物反馈和生物-非生物反馈过程，与过度捕捞共同驱动多稳态的形成（Nyström et al., 2012）。

1.3 生态系统稳定性驱动机制研究现状

1.3.1 食物网特征对生态系统稳定性的影响

近海是海-陆-气相互作用的主要区域，并且频繁暴露于人为干扰，其稳定性研究一直是热点问题。生态系统的稳定性受一系列因素的影响，主要包括食物网自身性质和外部扰动两大类。近几十年来，对食物网自身性质的研究集中在探讨复杂性（物种多样性、相互作用）与稳定性的关系，其中以多样性-稳定性讨论居多。但稳定性定量方法、研究组织水平、时空尺度、生态系统的差异导致复杂性-稳定性讨论存在长久的争论。

MacArthur（1955）首先提出增加物种数量和物种之间的连接程度可以提高稳定性。Elton（1958）认为简单群落对外来入侵的抵抗能力更弱。Isbell 等（2015）分析了全球 46 个草地生态系统实验，发现物种多样性增加了生态系统对气候事件的抵抗力。多样性与稳定性的正向关系的机理也在逐步被揭示，发展出了保险效应（insurance effect）、统计平均效应（statistical averaging effect）等理论。保险效应认为，不同物种对环境波动和干扰的反应具有异步性，应对扰动时的反应速率存在差异，高度的多样性包含的不同物种更多，因此能在扰动背景下为生态系统提供“保险”或“缓冲”，从而提高生态系统的时间稳定性（Yachi and Loreau, 1999）。同样，如果不同物种对扰动的抵抗和恢复能力有区别，保险效应也可以类似地提高生态系统的抵抗力和弹性（Downing and Leibold, 2010）。统计平均效应也称为组合效应（portfolio effect），该理论认为随着更多的物种加入到群落中，群落中物种的波动趋于平均，从而使群落生物量或生产力的波动更小。

在水生生态系统中，多样性高的生态系统比多样性低的系统恢复得更快，可以提供更稳定的收益，为多样性-稳定性关系提供了实证检验（Isbell et al., 2015）。Downing 等（2014）通过中宇宙实验发现浮游动物的物种多样性提高了种群和群落的时间稳定性。Aoki 和 Mizushima（2001）通过对 11 个淡水和 11 个海洋生态系统进行相关稳定性指标计算发现，随着生物量多样性（biomass-diversity）的增加，稳定性有增加趋势。Mellin 等（2014）发现了澳大利亚大堡礁的大部分鱼类在群落水平上，多样性与时间稳定性呈正相关。Zerebecki 等（2022）分析了墨西哥湾北部生物多样性对石油泄漏这种人为引起的极端干扰的响应，发现多样性效应符合保险效应，并认为生物多样性低的地区在未来可能更容易受到石油干扰。

20 世纪 70 年代后，May 利用理论数学模型对复杂性提高了稳定性这一观点提出了挑战。May（1972）发现多样性、连接度、相互作用强度增加，降低了群落的局域稳定性。此外，May（1973）还利用定性稳定性分析同样得出了营养的复杂性和物种间相互作用的多样性不利于群落稳定的结论。一项对海绵微生物群落中的复杂性-稳定性的研究发现复杂性与稳定性存在明显的负关联（Pfisterer and Schmid，2002）。

此外，还有一些学者的研究没有发现复杂性和稳定性之间的关系。Christianou 和 Kokkoris（2008）构建了随机群落矩阵，发现物种多样性与局域稳定性无显著统计学关系。而 Jacquet 等（2016）将复杂性-稳定性研究扩展到全球自然生态系统，对 116 个食物网模型进行了局域稳定性分析，同样也没有发现复杂性与局域稳定性之间的显著关系。

生态系统是由多物种在营养关系的连接下组合而成的复杂网络。近 30 年来，在传统食物网研究的基础上，种间互作网络研究得到了快速发展，架起了生态系统生态学和群落生态学之间的桥梁。种间互作网络是指在生态系统或生物群落中，以物种为节点，物种间多样化的相互作用（包括捕食、互惠共生等）作为连接形成的复杂网络结构。食物网结构的一系列重要内部特征，如物种间连接度、模块化、系统杂食度、食物网内的能量流动及循环、生态系统发育的成熟程度等，可能在稳定性的维持上发挥了重要作用，但由于难以量化，一些内部特征与稳定性的定量关系尚不明确。

1.3.2　外界压力对生态系统稳定性的影响

生态系统广泛地受到各种自然和人为外部扰动的影响，这些扰动不仅给物种带来了诸多影响，还通过各组分的联系传递到生态系统的各组成部分，引起生态系统的一系列响应，直接或间接影响自然生态系统的组成和结构（Goñi，1998；Halpern et al.，2008），影响生态系统稳定性的各组成部分。

当前海洋生态系统面临的主要环境胁迫因素之一是气候变化。联合国政府间气候变化专门委员会（IPCC）第六次评估报告指出，全球升温、热浪、风暴、洪水出现频率的增加改变了海洋的物理和化学属性，并超过了很多生物的承受能力，如珊瑚白化（谭红建等，2022）。气候变化可能导致生物多样性的变化，从而对生态系统的能量流、物质流功能产生明显的负面效应，影响生态系统的稳定性，如气候驱动着东白令海的鳕鱼补充量的减少，间接影响鳕鱼捕食者的数量，影响当地食物网结构（Gaichas et al.，2015）。Chapman 等（2020）通过模型模拟指出气候变化对美国东部缅因海岸生态系统的能量流和生态系统稳定性造成了严重的负面影响。

在人类活动背景下，海洋生态系统面临的主要外部扰动是过度的渔业捕捞。联合国粮食及农业组织（FAO）统计（FAO，2020），2018 年全球渔业捕捞总量已达到了历史最高水平，主要是由于海洋捕捞已增加至 8440 万 t；当前全球海洋渔业的过度捕捞问题呈现反弹趋势，2017 年处于生物可持续水平的鱼类资源比例从 1974 年的 90% 降至 68.5%，而以不可持续水平捕捞的鱼类增至 34.2%。

渔业开发被认为是生物资源的主要威胁，越来越多的研究已经证实渔业捕捞对稳定性有负面作用。Hsieh 等（2006）利用 50 年的调查数据，发现受渔业捕捞的物种比未受捕捞的物种有更高的时间变异性，即稳定性更低。但渔业与稳定性的定量因果关系尚未建立，并且在群落层次上，渔业如何影响稳定性是一个尚未解决的问题（Feng et al.，2006）。

此外，各种食物网内部特征和外部压力可能并不是独立起作用的，而是同时存在共同影响生态系统稳定性，甚至还可能存在多环节的间接作用。但目前大多数相关研究是探究影响因素与稳定性间的两两关系，或者比较在影响因素的不同水平下种群/群落之间的稳定性差异，多重因素对稳定性的共同作用机制目前仍缺乏定量研究。

参考文献

冯剑丰，王洪礼，朱琳. 2009. 生态系统多稳态研究进展［J］. 生态环境学报，18（4）：1553-1559.

李文朝. 1997. 澜沧江河道冲淤变化特征及发展趋势［J］. 环境科学，（3）：9-12.

谭红建，蔡榕硕，杜建国，等. 2022. 气候变化与海洋生态系统：影响，适应和脆弱性——IPCC AR6 WG Ⅱ报告之解读［J］. 大气科学学报，45（4）：13.

Abbott K C，Nolting B C. 2017. Alternative（un）stable states in a stochastic predator- prey model［J］. Ecological Complexity，32：181-195.

Aoki I，Mizushima T. 2001. Biomass diversity and stability of food webs in aquatic ecosystems［J］. Ecological Research，16：65-71.

Averill C，Fortunel C，Maynard D S，et al. 2022. Alternative stable states of the forest mycobiome are maintained through positive feedbacks［J］. Nature Ecology & Evolution，6（4）：375-382.

Beisner B E，Haydon D T，Cuddington K. 2003. Alternative stable states in ecology［J］. Frontiers in Ecology and the Environment，1（7）：376-382.

Benedetti-Cecchi L，Tamburello L，Maggi E，et al. 2015. Experimental perturbations modify the performance of early warning indicators of regime shift［J］. Current Biology，25（14）：1867-1872.

Berdugo M，Kéfi S，Soliveres S，et al. 2017. Plant spatial patterns identify alternative ecosystem multifunctionality states in global drylands［J］. Nature Ecology & Evolution，1（2）：0003.

Bielski C H，Scholtz R，Donovan V M，et al. 2021. Overcoming an "irreversible" threshold：A 15-year fire experiment［J］. Journal of Environmental Management，291：112550.

Blackwood J C，Okasaki C，Archer A，et al. 2018. Modeling alternative stable states in Caribbean coral reefs［J］. Natural Resource Modeling，31（1）：e12157.

Boström-Einarsson L，Babcock R C，Bayraktarov E，et al. 2020. Coral restoration—A systematic review of current methods，successes，failures and future directions［J］. PLoS One，15（1）：e0226631.

Bowman D M J S，Perry G LW，Marston J B. 2015. Feedbacks and landscape-level vegetation dynamics［J］. Trends in Ecology & Evolution，30（5）：255-260.

Burton J，Cawson J，Noske P，et al. 2019. Shifting states，altered fates：Divergent fuel moisture responses after high frequency wildfire in an obligate seeder eucalypt forest［J］. Forests，10（5）：436.

Cadotte M W，Dinnage R，Tilman D. 2012. Phylogenetic diversity promotes ecosystem stability［J］. Ecology，93（sp8）：S223-S233.

Chapman E J，Byron C J，Lasley-Rasher R，et al. 2020. Effects of climate change on coastal ecosystem food webs：Implications for aquaculture［J］. Marine Environmental Research，162：105103.

Chemello S，Vizzini S，Mazzola A. 2018. Regime shifts and alternative stable states in intertidal rocky habitats：State of the art and new trends of research［J］. Estuarine，Coastal and Shelf Science，214：57-63.

Chen Y，Yizhaq H，Mason J A，et al. 2021. Dune bistability identified by remote sensing in a semi-arid dune field of northern China［J］. Aeolian Research，53：100751.

Cheng L, Lu N, Wang M, et al. 2021. Alternative biome states of African terrestrial vegetation and the potential drivers: A continental-scale study [J]. Science of The Total Environment, 800: 149489.

Christianou M, Kokkoris G D. 2008. Complexity does not affect stability in feasible model communities [J]. Journal of Theoretical Biology, 253 (1): 162-169.

Cramer M D, Power S C, Belev A, et al. 2019. Are forest-shrubland mosaics of the Cape Floristic Region an example of alternate stable states? [J]. Ecography, 42 (4): 717-729.

Craven D, Eisenhauer N, Pearse W D, et al. 2018. Multiple facets of biodiversity drive the diversity-stability relationship [J]. Nature Ecology Evolution, 2 (10): 1579-1587.

Dai L, Vorselen D, Korolev K S, et al. 2012. Generic indicators for loss of resilience before a tipping point leading to population collapse [J]. Science, 336 (6085): 1175-1177.

Dakos V, Carpenter S R, Brock W A, et al. 2012. Methods for detecting early warnings of critical transitions in time series illustrated using simulated ecological data [J]. PLoS One, 7 (7): e41010.

Dakos V, Carpenter S R, Van Nes E H, et al. 2015. Resilience indicators: Prospects and limitations for early warnings of regime shifts [J]. Philosophical Transactions of the Royal Society B: Biological Sciences, 370 (1659): 20130263.

Dakos V, Kéfi S. 2022. Ecological resilience: What to measure and how [J]. Environmental Research Letters, 17 (4): 043003.

Dokulil M T, Donabaum K, Pall K. 2011. Successful restoration of a shallow lake: A case study based on bistable theory [J]. Eutrophication: Causes, Consequences and Control, 285-294.

Domínguez-García V, Dakos V, Kéfi S. 2019. Unveiling dimensions of stability in complex ecological networks [J]. Proceedings of the National Academy of Sciences, 116 (51): 25714-25720.

Donohue I, Hillebrand H, Montoya J M, et al. 2016. Navigating the complexity of ecological stability [J]. Ecology Letters, 19 (9): 1172-1185.

Donohue I, Petchey O L, Montoya J M, et al. 2013. On the dimensionality of ecological stability [J]. Ecology Letters, 16 (4): 421-429.

Downing A L, Brown B L, Leibold M A. 2014. Multiple diversity-stability mechanisms enhance population and community stability in aquatic food webs [J]. Ecology, 95 (1): 173-184.

Downing A L, Leibold M A. 2010. Species richness facilitates ecosystem resilience in aquatic food webs [J]. Freshwater Biology, 55 (10): 2123-2137.

Elton C S. 1958. The Ecology of Invasions by Animals and Plants [M]. London: Methuen.

Erbach A, Lutscher F, Seo G. 2013. Bistability and limit cycles in generalist predator-prey dynamics [J]. Ecological Complexity, 14: 48-55.

FAO. 2020. The state of world fisheries and aquaculture 2020 [R]. Rome: Fisheries and Aquaculture Department, Food and Agriculture Organization.

Feng J, Wang H, Huang D, et al. 2006. Alternative attractors in marine ecosystems: A comparative analysis of fishing effects [J]. Ecological Modelling, 195 (3-4): 377-384.

Fletcher M S, Wood S W, Haberle S G. 2014. A fire-driven shift from forest to non-forest: Evidence for alternative stable states? [J]. Ecology, 95 (9): 2504-2513.

Gaichas S, Aydin K, Francis R C. 2015. Wasp waist or beer belly? Modeling food web structure and energetic control in Alaskan marine ecosystems, with implications for fishing and environmental forcing [J]. Progress in Oceanography, 138: 1-17.

Garnier A, Hulot F D, Petchey O L. 2020. Manipulating the strength of organism-environment feedback increases nonlinearity and apparent hysteresis of ecosystem response to environmental change [J]. Ecology and Evolution, 10 (12): 5527-5543.

Geng D, Jiang W, Lou Y, et al. 2022. Spatiotemporal patterns in a diffusive predator-prey system with nonlocal intraspecific prey competition [J]. Studies in Applied Mathematics, 148 (1): 396-432.

Ghosh B, Pal D, Kar T K, et al. 2017. Biological conservation through marine protected areas in the presence of alternative stable states [J]. Mathematical Biosciences, 286: 49-57.

Goñi R. 1998. Ecosystem effects of marine fisheries: An overview [J]. Ocean Coastal Management, 40 (1): 37-64.

Grimm V, Wissel C. 1997. Babel, or the ecological stability discussions: An inventory and analysis of terminology and a guide for avoiding confusion [J]. Oecologia, 109 (3): 323-334.

Halpern B S, Walbridge S, Selkoe K A, et al. 2008. A global map of human impact on marine ecosystems [J]. Science, 319 (5865): 948-952.

Hao G, Yang N, Dong K, et al. 2021. Shrub-encroached grassland as an alternative stable state in semiarid steppe regions: Evidence from community stability and assembly [J]. Land Degradation & Development, 32 (10): 3142-3153.

Harrison G W. 1979. Stability under environmental stress: Resistance, resilience, persistence, and variability [J]. The American Naturalist, 113 (5): 659-669.

Hillebrand H, Langenheder S, Lebret K, et al. 2018. Decomposing multiple dimensions of stability in global change experiments [J]. Ecology Letters, 21 (1): 21-30.

Hobbs W O, Hobbs J M R, LaFrançois T, et al. 2012. A 200-year perspective on alternative stable state theory and lake management from a biomanipulated shallow lake [J]. Ecological Applications, 22 (5): 1483-1496.

Hoegh-Guldberg O. 2015. Reviving the Ocean Economy: The case for action-2015 [R]. Gland: World Wildlife Fund International.

Holling C S. 1973. Resilience and stability of ecological systems [J]. Annual Review of Ecology Systematics, 4 (1): 1-23.

Hsieh C H, Reiss C S, Hunter J R, et al. 2006. Fishing elevates variability in the abundance of exploited species [J]. Nature, 443 (7113): 859-862.

IPCC. 2014. Climate Change 2013: The Physical Science Basis: Working Group Ⅰ Contribution to the Fifth Assessment Report of the Intergovernmental Panel on Climate Change [M]. Cambridge: Cambridge University Press.

Isbell F, Craven D, Connolly J, et al. 2015. Biodiversity increases the resistance of ecosystem productivity to climate extremes [J]. Nature, 526 (7574): 574-577.

Jacquet C, Moritz C, Morissette L, et al. 2016. No complexity-stability relationship in empirical ecosystems [J]. Nature Communications, 7 (1): 12573.

Jansen V A, Kokkoris G D. 2003. Complexity and stability revisited [J]. Ecology Letters, 6 (6): 498-502.

Jordan-Cooley W C, Lipcius R N, Shaw L B, et al. 2011. Bistability in a differential equation model of oyster reef height and sediment accumulation [J]. Journal of Theoretical Biology, 289: 1-11.

Jouffray J B, Blasiak R, Norström A V, et al. 2020. The blue acceleration: The trajectory of human expansion into the ocean [J]. One Earth, 2 (1): 43-54.

Kéfi S, Domínguez-garcía V, Donohue I, et al. 2019. Advancing our understanding of ecological stability [J]. Ecology Letters, 22 (9): 1349-1356.

Kenner M C, Tinker M T. 2018. Stability and change in kelp forest habitats at San Nicolas Island [J]. Western

North American Naturalist, 78 (4): 633-643.

Klausmeier C A. 1999. Regular and irregular patterns in semiarid vegetation [J]. Science, 284 (5421): 1826-1828.

Kokkoris G, Troumbis A, Lawton J H. 2002. Patterns of species interaction strength in assembled competition communities [J]. Ecology Letters, 2: 70-74.

Ladd M C, Miller M W, Hunt J H, et al. 2018. Harnessing ecological processes to facilitate coral restoration [J]. Frontiers in Ecology and the Environment, 16 (4): 239-247.

Li H, Yuan L, Zhang L Q, et al. 2017. Alternative stable states in coastal intertidal wetland ecosystems of Yangtze estuary, China [J]. The Journal of Applied Ecology, 28 (1): 327-336.

Litzow M A, Hunsicker M E. 2016. Early warning signals, nonlinearity, and signs of hysteresis in real ecosystems [J]. Ecosphere, 7 (12): e01614.

Lürig M D, Best R J, Dakos V, et al. 2021. Submerged macrophytes affect the temporal variability of aquatic ecosystems [J]. Freshwater Biology, 66 (3): 421-435.

MacArthur R. 1955. Fluctuations of animal populations and a measure of community stability [J]. Ecology, 36 (3): 533-536.

Marani M, D'Alpaos A, Lanzoni S, et al. 2010. The importance of being coupled: Stable states and catastrophic shifts in tidal biomorphodynamics [J]. Journal of Geophysical Research: Earth Surface, 115 (F4).

May R M. 1972. Will a large complex system be stable? [J]. Nature, 238 (5364): 413-414.

May R M. 1973. Qualitative stability in model ecosystems [J]. Ecology, 54 (3): 638-641.

May R M. 1977. Thresholds and breakpoints in ecosystems with a multiplicity of stable states [J]. Nature, 269 (5628): 471-477.

Mayor A G, Bautista S, Rodriguez F, et al. 2019. Connectivity-mediated ecohydrological feedbacks and regime shifts in drylands [J]. Ecosystems, 22: 1497-1511.

McGlathery K J, Reidenbach M A, D'Odorico P, et al. 2013. Nonlinear dynamics and alternative stable states in shallow coastal systems [J]. Oceanography, 26 (3): 220-231.

Mellin C, Bradshaw C J A, Fordham D A, et al. 2014. Strong but opposing β-diversity – stability relationships in coral reef fish communities [J]. Proceedings of the Royal Society B: Biological Sciences, 281 (1777): 20131993.

Moffett K B, Nardin W, Silvestri S, et al. 2015. Multiple stable states and catastrophic shifts in coastal wetlands: Progress, challenges, and opportunities in validating theory using remote sensing and other methods [J]. Remote Sensing, 7 (8): 10184-10226.

Moi D A, Alves D C, Antiqueira P A P, et al. 2021. Ecosystem shift from submerged to floating plants simplifying the food web in a tropical shallow lake [J]. Ecosystems, 24: 628-639.

Möllmann C, Diekmann R. 2012. Marine ecosystem regime shifts induced by climate and overfishing: A review for the Northern Hemisphere [J]. Advances in Ecological Research, 47: 303-347.

Mumby P J, Hastings A, Edwards H J. 2007. Thresholds and the resilience of Caribbean coral reefs [J]. Nature, 450 (7166): 98-101.

Muthukrishnan R, Lloyd-Smith J O, Fong P. 2016. Mechanisms of resilience: Empirically quantified positive feedbacks produce alternate stable states dynamics in a model of a tropical reef [J]. Journal of Ecology, 104 (6): 1662-1672.

Nijp J J, Temme A J A M, Van Voorn G A K, et al. 2019. Spatial early warning signals for impending regime shifts: A practical framework for application in real-world landscapes [J]. Global Change Biology, 25 (6):

1905-1921.

Nilsson K A, Mccann K S. 2016. Interaction strength revisited- clarifying the role of energy flux for food web stability [J] . Theoretical Ecology, 9 (1): 59-71.

Noy-Meir I. 1975. Stability of grazing systems: An application of predator-prey graphs [J] . Journal of Ecology, 63: 459-481.

Nyström M, Norström A V, Blenckner T, et al. 2012. Confronting feedbacks of degraded marine ecosystems [J] . Ecosystems, 15: 695-710.

Orians G H. 1975. Diversity, Stability and Maturity in Natural Ecosystems [M] . Dordrecht: Springer.

Paritsis J, Veblen T T, Holz A. 2015. Positive fire feedbacks contribute to shifts from Nothofagus pumilio forests to fire-prone shrublands in P atagonia [J] . Journal of Vegetation Science, 26 (1): 89-101.

Pauly D, Christensen V, Dalsgaard J, et al. 1998. Fishing down marine food webs [J] . Science, 279 (5352): 860-863.

Pausas J G, Bond W J. 2020. Alternative biome states in terrestrial ecosystems [J] . Trends in Plant Science, 25 (3): 250-263.

Pennekamp F, Pontarp M, Tabi A, et al. 2018. Biodiversity increases and decreases ecosystem stability [J] . Nature, 563 (7729): 109-112.

Petraitis P S, Dudgeon S R. 2015. Variation in recruitment and the establishment of alternative community states [J] . Ecology, 96 (12): 3186-3196.

Pettersson S, Savage V M, Nilsson J M. 2020. Predicting collapse of complex ecological systems: Quantifying the stability-complexity continuum [J] . Journal of the Royal Society Interface, 17 (166): 20190391.

Pfisterer A B, Schmid B. 2002. Diversity- dependent production can decrease the stability of ecosystem functioning [J] . Nature, 416 (6876): 84-86.

Pimm S L. 1984. The complexity and stability of ecosystems [J] . Nature, 307 (5949): 321-326.

Radchuk V, Laender F D, Cabral J S, et al. 2019. The dimensionality of stability depends on disturbance type [J] . Ecology Letters, 22 (4): 674-684.

Ratajczak Z, Nippert J B, Briggs J M, et al. 2014a. Fire dynamics distinguish grasslands, shrublands and woodlands as alternative attractors in the Central Great Plains of North America [J] . Journal of Ecology, 1374-1385.

Ratajczak Z, Nippert J B, Ocheltree T W. 2014b. Abrupt transition of mesic grassland to shrubland: Evidence for thresholds, alternative attractors, and regime shifts [J] . Ecology, 95 (9): 2633-2645.

Rodriguez-Gonzalez P T, Rico-Martinez R, Rico-Ramirez V. 2020. Effect of feedback loops on the sustainability and resilience of human-ecosystems [J] . Ecological Modelling, 426: 109018.

Rozdilsky I D, Stone L. 2001. Complexity can enhance stability in competitive systems [J] . Ecology Letters, 4 (5): 397-400.

Säterberg T, McCann K. 2021. Detecting alternative attractors in ecosystem dynamics [J] . Communications Biology, 4 (1): 975.

Scheffer M, Bascompte J, Brock W A, et al. 2009. Early-warning signals for critical transitions [J] . Nature, 461 (7260): 53-59.

Scheffer M, Carpenter S, Foley J A, et al. 2001. Catastrophic shifts in ecosystems [J] . Nature, 413 (6856): 591-596.

Scheffer M, Hosper S H, Meijer M L, et al. 1993. Alternative equilibria in shallow lakes [J] . Trends in Ecology & Evolution, 8 (8): 275-279.

Scheffer M, Jeppesen E. 2007. Regime shifts in shallow lakes [J]. Ecosystems, 10 (1): 1-3.

Schmitt R J, Holbrook S J, Davis S L, et al. 2019. Experimental support for alternative attractors on coral reefs [J]. Proceedings of the National Academy of Sciences, 116 (10): 4372-4381.

Shang J, Zhang W, Chen X, et al. 2021. How environmental stress leads to alternative microbiota states in a river ecosystem: A new insight into river restoration [J]. Water Research, 203: 117538.

Su H, Wang R, Feng Y, et al. 2021. Long-term empirical evidence, early warning signals and multiple drivers of regime shifts in a lake ecosystem [J]. Journal of Ecology, 109 (9): 3182-3194.

Synodinos A D, Tietjen B, Lohmann D, et al. 2018. The impact of inter-annual rainfall variability on African savannas changes with mean rainfall [J]. Journal of Theoretical Biology, 437: 92-100.

Takizawa S, Nishida A, Yamamura M. 2022. Alternative state transition control by regulating the spatial arrangement of organisms using a lattice model [J]. Ecosphere, 13 (3): e3981.

Tanzer J, Phua C, Jeffries B, et al. 2015. Living blue planet report: Species, habitats and human well-being [R]. Gland, Switzerland: World Wildlife Fund International.

ThibautLM, Connolly S R. 2013. Understanding diversity-stability relationships: Towards a unified model of portfolio effects [J]. Ecology Letters, 16 (2): 140-150.

Tilman D, Downing J A. 1994. Biodiversity and stability in grasslands [J]. Nature, 367 (6461): 363-365.

Tilman D, Reich P B, Knops J M. 2006. Biodiversity and ecosystem stability in a decade-long grassland experiment [J]. Nature, 441 (7093): 629-632.

Van Belzen J, Van De Koppel J, Kirwan M L, et al. 2017. Vegetation recovery in tidal marshes reveals critical slowing down under increased inundation [J]. Nature Communications, 8 (1): 15811.

Van der Velde Y, Temme A J A M, Nijp J J, et al. 2021. Emerging forest-peatland bistability and resilience of European peatland carbon stores [J]. Proceedings of the National Academy of Sciences, 118 (38): e2101742118.

Van Nes E H, Arani B M S, Staal A, et al. 2016. What do you mean, 'tipping point'? [J]. Trends in Ecology & Evolution, 31 (12): 902-904.

Van Ruijven J, Berendse F. 2010. Diversity enhances community recovery, but not resistance, after drought [J]. Journal of Ecology, 98 (1): 81-86.

Van Wesenbeeck B K, Van De Koppel J, Herman P M J, et al. 2008. Potential for sudden shifts in transient systems: Distinguishing between local and landscape-scale processes [J]. Ecosystems, 11: 1133-1141.

Vasilakopoulos P, Marshall C T. 2015. Resilience and tipping points of an exploited fish population over six decades [J]. Global Change Biology, 21 (5): 1834-1847.

Venail P, Gross K, Oakley T H, et al. 2015. Species richness, but not phylogenetic diversity, influences community biomass production and temporal stability in a re-examination of 16 grassland biodiversity studies [J]. Functional Ecology, 29 (5): 615-626.

Vitense K, Hanson M A, Herwig B R, et al. 2018. Uncovering state-dependent relationships in shallow lakes using Bayesian latent variable regression [J]. Ecological Applications, 28 (2): 309-322.

Wang B, Zhang K, Liu Q X, et al. 2022. Long-distance facilitation of coastal ecosystem structure and resilience [J]. Proceedings of the National Academy of Sciences, 119 (28): e2123274119.

Wang C, Wang Q, Meire D, et al. 2016. Biogeomorphic feedback between plant growth and flooding causes alternative stable states in an experimental floodplain [J]. Advances in Water Resources, 93: 223-235.

Wang S, Wang L, Chang H Y, et al. 2018. Longitudinal variation in energy flow networks along a large subtropical river, China [J]. Ecological Modelling, 387: 83-95.

Wardle D A, Bonner K I, Barker G M. 2000. Stability of ecosystem properties in response to above- ground functional group richness and composition [J]. Oikos, 89 (1): 11-23.

Xiang C, Huang J, Wang H. 2022. Linking bifurcation analysis of Holling- Tanner model with generalist predator to a changing environment [J]. Studies in Applied Mathematics, 149 (1): 124-163.

Xu C, Hantson S, Holmgren M, et al. 2016. Remotely sensed canopy height reveals three pantropical ecosystem states [J]. Ecology, 99: 235-237.

Yachi S, Loreau M. 1999. Biodiversity and ecosystem productivity in a fluctuating environment: The insurance hypothesis [J]. Proceedings of the National Academy of Sciences, 96 (4): 1463-1468.

Zerebecki R A, Heck Jr K L, Valentine J F. 2022. Biodiversity influences the effects of oil disturbance on coastal ecosystems [J]. Ecology and Evolution, 12 (1): e8532.

Zhang D, Song W, Chen N, et al. 2019. The role of spatial scale in organism-environment positive feedback [J]. Nonlinear Dynamics, 95: 2019-2029.

Zhang J, Li J, Ma L, et al. 2022. Accumulation of glomalin-related soil protein benefits soil carbon sequestration: Tropical coastal forest restoration experiences [J]. Land Degradation & Development, 33 (10): 1541-1551.

第2章 生态系统复杂性和稳定性

2.1 生态网络

生态网络描述了群落间不同物种的相互作用（Pascual and Dunne，2006）。相互作用有很多种类型，如营养级相互作用（捕食关系）、共生相互作用（授粉、种子传播等）及竞争相互作用（同种资源的干扰）。生态网络由 S 个表示物种的节点通过 L 条边连接起来，每条边 L 表示两两物种之间可能相互作用（Newman，2010；Estrada，2012），可以用0和1表示，其中0表示没有相互作用，1表示存在相互作用，或者用一个实数表示相互作用的权重和强度。前者称为无权重网络，后者称为权重网络。如果物种 i 影响物种 j 是双向的而且互相影响强度相同，称为无向图（对称）。反之如果物种 i 影响物种 j 和物种 j 影响物种 i 的强度不一样，称为有向图（非对称）（图2.1）。还可以通过正负号±表示相互作用，例如，营养网络（食物网）存在捕食关系，系数 a_{ij} 表示物种 j 捕食物种 i 的强度，而系数 a_{ji} 表示物种 i 对物种 j 的影响。这两个系数明显具有相反的符号，所以它们的乘积 $a_{ij}a_{ji}<0$。也就是说有一个物种会从交互作用中受益，而另一个物种则受到伤害。在共生网

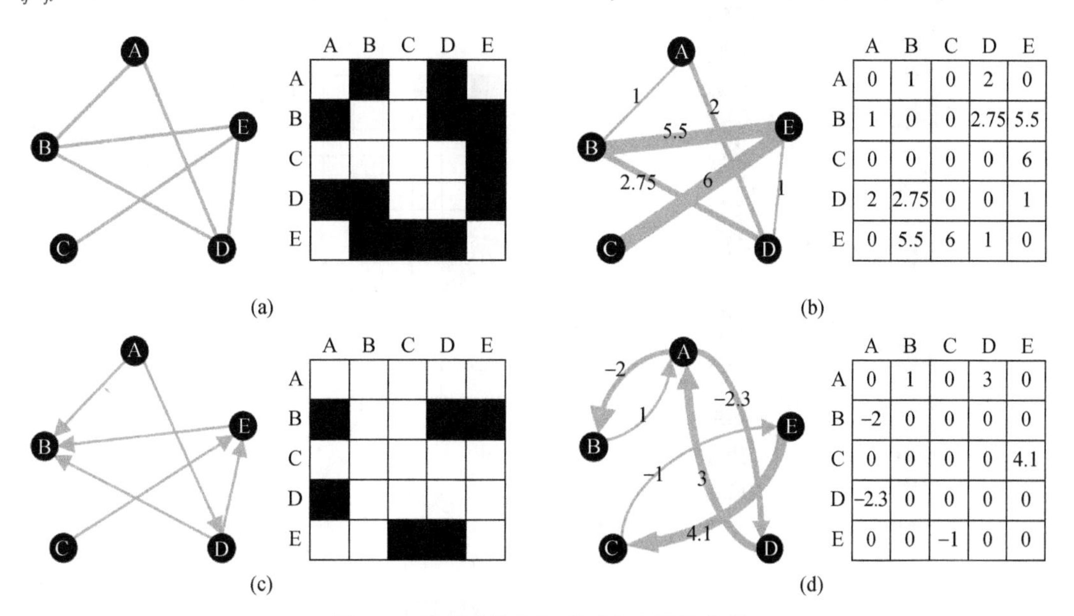

图2.1 根据连接和权重对生态网络分类

（a）、（c）中矩阵的黑白格子表示有无交互作用。（a）无权重无向图、（b）权重无向图、（c）无权重有向图、（d）权重有向图。注意连接指向被影响的物种。（d）中的物种A被物种B和D正向影响，反过来物种A负向影响物种B和D

资料来源：Pietro等（2018）

络中，两个物种都从交互作用中受益，所以 a_{ij} 和 a_{ji} 都是正的（它们乘积肯定也是正的）。在竞争网络中，两个物种都从交互作用中受到伤害，所以 a_{ij} 和 a_{ji} 都是负的（但是它们乘积为正）（图 2.2）。既然两个物种的两个相互作用系数 a_{ij} 和 a_{ji} 一般异号，而且绝对值大小也不一样，所以营养网络（食物网）不能为无向对称图。

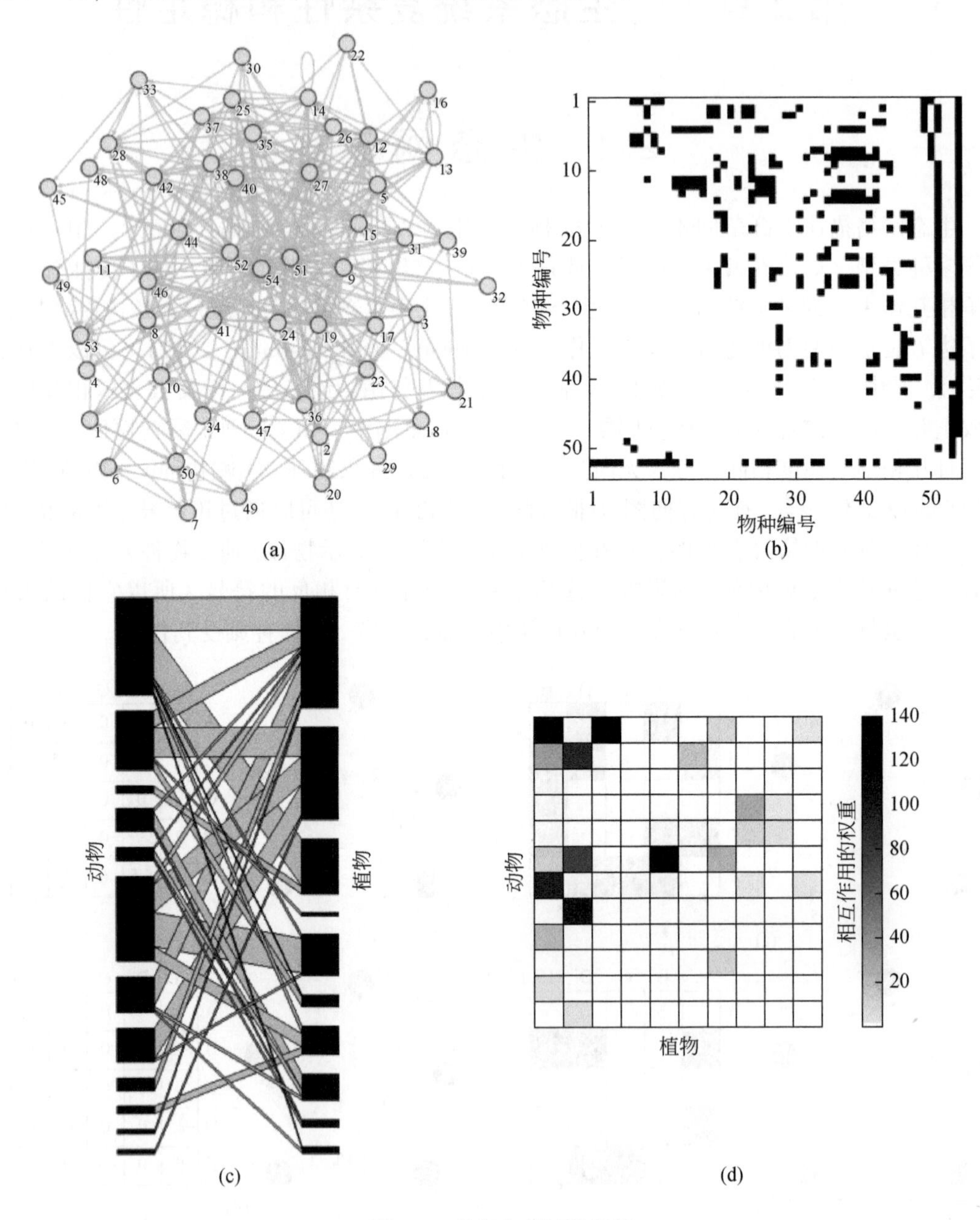

图 2.2　真实生态网络案例

第一行：美国佛罗里达州圣马可河河口食物网。第二行：亚速尔群岛之一的弗洛雷斯岛的互惠传粉网络（Olesen et al., 2002）。左列：网络表示，右列：矩阵表示。（a）食物网为无权重有向图；（b）中黑色格子表示存在交互作用。互惠网络为权重无向图；（c）中边的宽度和（d）中灰色深度和交互作用的强度成正比，交互作用表示传粉者传粉次数

资料来源：Pietro 等（2018）

生态网络的结构可以通过一个 $S\times S$ 矩阵 $\boldsymbol{A}=[a_{ij}]$ 来表示，元素 a_{ij} 表示物种 i 和物种 j 之间的相互作用，即物种 j 对物种 i 的影响程度。在无权重和无径向网络的多数情况，矩阵 $\boldsymbol{A}$ 为对称矩阵（$a_{ij}=a_{ji}$），元素 a_{ij} 不是 0 就是±1（Newman，2010；Estrada，2012）。对于权重有向图，矩阵 $\boldsymbol{A}$ 可以是任何实数的组合。两组互不相交的物种群分别有 m 个和 n 个物种，总共 $S=m+n$ 个物种，相互作用只能来自不同的物种群。这就是二分网络，如植物和授粉者的共生网络。宿主寄生虫的对抗网络也是二分网络（图 2.2）。对于二分网络，矩阵 $\boldsymbol{A}$ 形状就是 $m\times n$ [图 2.2（d）]。

元素 a_{ij} 没有唯一确定方法。从理论和经验角度来看，许多指标和方法可以用来衡量矩阵 $\boldsymbol{A}$。例如，理论上 a_{ij} 取平衡点处的雅可比矩阵（Jacobian matrix）元素，它是动态系统的一种线性近似。这种情况下，矩阵 $\boldsymbol{A}$ 称为群落矩阵（community matrix）（Novak et al., 2016）。另外一种方法是，以物种 j 对物种 i 的平均增长率影响为矩阵元素，这种矩阵称为交互矩阵（interaction matrix），其元素称为交互作用强度（interaction strength）（Kokkoris et al., 2002b）。这些系数在理论上很容易定义，但是在实际中和实验室里很难测量。另外，在生态系统建模中，经验观察反映了不同节点之间能量和物种密度的流动强度，或者资源消耗和捕食交互作用，或者授粉网络中的授粉概率。这些性质很容易被经验估计，但是这些不会直接关联雅可比群落矩阵的元素，因为它们独立于物种的均衡密度。例如，在互惠经验网络中，一些物种的连接度通过其中一个物种对其它物种的依赖程度来衡量（Jordano，1987）。更多关于矩阵 $\boldsymbol{A}$ 的交互作用强度的定义见文献（Berlow et al. 2004；Wootton and Emmerson，2005；Novak et al.，2016）。

2.2 生态网络复杂性和稳定性

2.2.1 复杂性

物种丰富度（species richness，S）是网络中所有物种的总数，也称为网络大小，是最简单的网络复杂性度量指标（表 2.1）（Macarthur，1955；May，1972；May，2019；Pimm，1980）。在特殊的二分网络中，物种丰富度 S 为 $m+n$。在食物网领域，营养物种（具有共同食物和天敌的同一组物种）是根据形态和系统发育划分的单个物种，这样更具有简洁性（Pimm et al.，1991；Goldwasser and Roughgarden，1993；Williams and Martinez，2000；Dunne et al.，2002a）。营养物种可以降低数据的离散性和冗余交互作用，这样会减少不同方法带来的偏差（Pimm et al.，1991；Martinez，1994）。有时候，由于不能区分单个物种，根据功能组区分的物种代替单个物种（Olito and Fox，2015）。网络大小是指营养功能组或者物种的数量。

另一个常用的复杂性指标就是连接度（connectance，C）（Macarthur，1955；May，1972；Newman，2010；Estrada，2012）。连接度 $C=L/S^2$ 是衡量真实交互作用数量和可能交互作用总和的比例，其中 L 表示真实交互作用数量，S^2 表示所有可能的交互作用。对于二分网络，所有可能的交互作用是 $m\times n$，每个物种都和对应组的物种存在交互作用。这是最早和最流行的生态网络结构描述。有时候，连通性（connectivity）也用来代替连接度，连通性只是简单的真实交互作用数量 L（Newman，2010；Estrada，2012）。为了判断生态网络是由特殊物种（少量交互作用）还是普通物种（很多交互作用）决定，引入连接密度（linkage density）指标。表示每个物种的平均连接数，或者平均连接度 L/S（Montoya et al.，2006）。

表 2.1　网络复杂性度量指标

网络复杂性度量指标	定义	文献
物种丰富度	网络总物种数量	MacArthur，1955；May，1972
		食物网：May，2019；Pimm，1980；Cohen and Briand，1984；Cohen and Newman，1985；Havens，1992；Martinez，1992；Haydon，1994；Borrvall et al.，2000；Dunne et al.，2002a，2002b；Dunne and Williams，2009；Banasek- Richter et al.，2009；Gross et al.，2009；Thébault and Fontaine，2010；Allesina and Tang，2012
		互惠网络：Okuyama and Holland，2008；Thébault and Fontaine，2010；Allesina and Tang 2012；Suweis et al.，2015
		竞争网络：Lawlor，1980；Lehman and Tilman，2000；Christianou and Kokkoris，2008；Fowle，2009；Allesina and Tang，2012
连接度	真实交互作用数量和所有可能作用比例 L/S^2	Macarthur，1955；May，1972
		食物网：Van Altena et al.，2016；Pimm，1980；Pimm and Lawton，1978；Martinez，1992；Haydon，1994；Chen and Cohen，2001；Olesen and Jordano，2002；Dunne et al.，2002a，2002b，2004；Banasek- Richter et al.，2009；Dunne and Williams，2009；Gross et al.，2009；Thébault and Fontaine，2010；Tylianakis et al.，2010；Allesina and Tang，2012；Heleno et al.，2012；Poisot and Gravel，2014
		互惠网络：Jordano，1987；Rezende et al.，2007；Okuyama and Holland，2008；Thébault and Fontaine，2010；Allesina and Tang，2012；Suweis et al.，2015；Vieira and Almeida-Neto，2015
		竞争网络：Fowler，2009；Allesina and Tang，2012
连通性	所有真实交互作用数量	互惠网络：Okuyama and Holland，2008
		竞争网络：Fowler，2009
连接密度	每个物种的平均连接数 L/S	食物网：Pimm et al.，1991
		互惠网络：Jordano，1987
交互作用强度	交互矩阵的交互作用权重	食物网：Paine，1992；McCann et al.，1998；Berlow，1999；Borrvall et al.，2000；Berlow et al.，2004；Wootton and Emmerson，2005；Rooney et al.，2006；Otto et al.，2007
		互惠网络：Okuyama and Holland，2008；Allesina and Tang，2012；Rohr et al.，2014；Suweis et al.，2015
		竞争网络：Lawlor，1980；Hughes and Roughgarden，1998；Kokkoris et al.，2002a，2002b；Christianou and Kokkoris，2008；Allesina and Tang，2012

续表

网络复杂性度量指标	定义	文献
雅可比矩阵元素	雅可比群落矩阵的交互作用权重	食物网：De Angelis，1975；Yodzis，1981；Haydon，1994；De Ruiter et al.，1995；Haydon，2000；Neutel et al.，2002，2007；Emmerson and Yearsley，2004；Emmerson and Raffaelli，2004；Allesina and Pascual，2008；Gross et al.，2009；Allesina and Tang，2012；Jacquet et al.，2016；Van Altena et al.，2016
		互惠网络：Allesina and Tang，2012
		竞争网络：Lawlor，1980；Hughes and Roughgarden，1998；Kokkoris et al. 2002a，2002b；Christianou and Kokkoris，2008；Allesina and Tang，2012
权重连接密度	以相互作用强度为权重的每个物种的连接数量	食物网：Bersier et al.，2002；Tylianakis et al.，2007；De Angelis，1975；Yodzis，1981；Haydon，1994；Dormann et al.，2009
		互惠网络：Allesina and Tang，2012
		竞争网络：Lawlor，1980；Hughes and Roughgarden，1998；Kokkoris et al.，2002a，2002b；Christianou and Kokkoris，2008；Allesina and Tang，2012
权重连接度	权重连接密度除以物种丰富度	食物网：Haydon,1994；Bersier et al.，2002；Tylianakis et al.，2007；Dormann et al.，2009；Van Altena et al.，2016
		互惠网络：Minoarivelo and Hui，2016
物种自由度	与其他物种交互作用的数量	食物网：Waser et al.，1996；Memmott，1999；Sole and Montoya，2001；Camacho et al.，2002；Dunne et al.，2002b；Montoya and Solé，2002；Camacho et al.，2002；Dunne and Williams，2009
		互惠网络：Jordano et al.，2003；Rohr et al.，2014
物种强度	与其他物种交互作用强度总和	互惠网络：Bascompte et al.，2005；Feng and Takemoto，2014；Suweis et al.，2015
物种 i 和 j 的相关性	物种 i 访问物种 j 次数除以物种 i 的所有访问次数	互惠网络：Jordano，1987；Bascompte et al.，2005；Feng and Takemoto，2014；Vieira and Almeida-Neto，2015

为了获取更多的信息，生态学家引入比连接度和连接密度更加定量的权重连接度和权重连接密度以及交互作用强度指标（Bersier et al.，2002；Tylianakis et al.，2007；Dormann et al.，2009）。权重连接密度考虑把同等生物量流动比例作为每条边的贡献权重。同等物种以香农熵（Shannon entropy）定义（Shannon，1948）。权重连接密度定义如下：

$$H = \sum_{i=1}^{s} \frac{b_{ik}}{b_{.k}} \log_2 \frac{b_{ik}}{b_{.k}} \tag{2.1}$$

式中，b_{ik}为物种 k 的第 i 条边的能量流动；$b_{.k}$为物种 k 的所有能量流动。

权重连接度计算等同于权重连接密度除以物种丰富度。考虑交互作用强度的指标特别适合生态网络，可以赋予强相互作用更多的权重。这些考虑权重的指标随着连接强度连续变化直至消失。在经验食物网研究中，大部分精力集中在发现连接数目，但是很多连接强度是很小的。

连接度和连接密度更多的是对整个网络连接程度的一种平均，而不能显示每个物种对整体连接程度的贡献程度。物种自由度分布是另外一个广泛使用的网络复杂性度量指标（Newman，2010），它描述了每个物种的交互作用数目的分布。物种自由度指的是该物种与其他物种的所有连接数目。对于大的随机网络，每个节点的自由度服从泊松分布，但是对于生态网络，每个节点的自由度不服从泊松分布（Camacho et al.，2002；Dunne et al.，2002b；Montoya and Sole，2002；Jordano et al.，2003）。

交互作用强度分布是物种自由度分布的推广，它考虑每个连接的强度（Newman，2010）。每个物种的权重强度是它所有交互作用强度总和（Feng and Takemoto，2014；Suweis et al.，2015）。但是对于授粉和食果植物网络，交互作用强度以动物物种访问植物物种的次数为准，物种相关性是更常用的指标。物种 i 和物种 j 的相关性定义为交互比例（访问或者捕食）（Bascompte et al.，2005；Vieira and Almeida-Neto，2015）。物种强度即为所有关联物种的相关性总和。

2.2.2 网络结构

除去交互作用的生态模式和强度分布，生态网络中交互作用显示更复杂的拓扑结构，这些拓扑结构与网络结构有关（表 2.2）。这些性质之中最重要的是模块化水平（level of modularity or compartmentalization），即区域化。一个生态网络可以划分几个区域，同区域物种之间交互作用很强，不同区域物种之间的交互作用较弱（Olesen et al.，2007）。虽然有很多关于网络可分性的指标，模块化是最被大家接受的（Newman and Girvan，2004）。它的基本假设是，同一模块的物种比随机网络具有更多的连接，最大化模块化分割所有的节点。模块化和其他可分性指标的不足参见文献（Rosvall and Bergstrom，2007；Landi and Piccardi，2014）。

表 2.2　网络结构度量指标

<table>
<tr><th>网络结构度量指标</th><th>定义</th><th>文献</th></tr>
<tr><td rowspan="2">模块性</td><td rowspan="2">可分成不同模块的程度</td><td>食物网：Moore and William Hunt，1988；Ives et al.，2000；Krause et al.，2003；Thébault and Fontaine，2010；Stouffer and Bascompte，2011</td></tr>
<tr><td>互惠网络：Olesen et al.，2007；Mello et al.，2011；Dupont and Olesen，2012</td></tr>
<tr><td rowspan="3">嵌套性</td><td rowspan="3">一般物种只和一组一般物种存在交互作用</td><td>MacArthur，1955；May，1972</td></tr>
<tr><td>食物网：Atmar and Patterson，1993；Neutel et al.，2002；Cattin et al.，2004；Thébault and Fontaine，2010；Allesina and Tang，2012</td></tr>
<tr><td>互惠网络：Bascompte et al.，2003；Memmott et al.，2004；Almeida-Neto et al.，2008；Bastolla et al.，2009；Zhang et al.，2011；Campbell et al.，2012；James et al.，2012；Rohr et al.，2014</td></tr>
</table>

对于互惠网络，另一个重要的描述生态网络体系结构的指标是嵌套性（nestedness）。在嵌套网络中，特殊物种（少量交互作用）只和一些一般物种（更多交互作用）存在交互作用。这说明，在嵌套网络，一般物种和特殊物种都更倾向于与一般物种发生联系，特殊物种和特殊物种之间的交互作用非常稀缺（Bascompte et al.，2003）。为了衡量网络的嵌套性，很多指标被提出来，最常用的是温度度量（temperature metric）（Atmar and Patterson，1993）及基于重叠和递减的嵌套度量法（nestedness metric based on overlap and decreasing fill，NODF）（Almeida-Neto et al.，2008）。这些指标和公式都是衡量特定物种和一组物种的交互程度。

2.2.3 生态网络复杂性与稳定性

1970 年之前，生态学家相信具有更多多样性的群落矩阵更稳定（MacArthur，1955；Elton，1958；Odum and Barrett，2004）。实际上，他们相信自然群落会随着时间进化到稳定系统，所以复杂系统比简单系统更稳定。最强烈支持这种观点的是 Elton（1958），相比更多物种群落，他认为“简单群落更容易引起密度波动，更容易被外来物种入侵”。通过重复观察，Odum 和 Barrett（2004）及 Elton（1958）都得到相同的结论。相比多样性群落，简单陆地群落的物种密度波动更剧烈。例如，耕地很容易被外来物种入侵，因为耕地生态群落非常简单。北方森林因为物种简单很容易受到植食性昆虫的侵害，而很少听到营养型森林发生虫灾。相比复杂的陆地群落，海岛群落被外来物种入侵的频率更高。这些观察使得 Elton（1958）确信，由更多食物和天敌组成的群落能够更好地阻止物种密度剧烈波动，从而抵御外来物种的入侵（Hui and Richardson，2017）。他的观点很接近 MacArthur（1955），MacArthur 的基本假定是为了不使一个物种过度繁殖，通过网络每个物种的路径必须足够多。MacArthur（1955）总结得到：网络连接数量越多，稳定性越强。如果一个物种的食物和天敌很多，即使其中某一个物种数量急剧下降，该物种受到的冲击也不会很大。Paine（1966）认为顶级捕食者数量决定物种多样性，每年产量越多，系统容量越大，顶级的捕食者就越多，从而系统的多样性越强（表 2.3）。

表 2.3 食物网的复杂性–稳定性关系

文献	复杂性–稳定性度量	方法和假设条件	额外结论
复杂性和稳定性负相关			
（Haydon，1994）	S-渐近，可行性	随机和合理模型在可行平衡点的雅可比矩阵	控制交互作用可以降低稳定性
（Pimm，1979，1980）	S、C–批量灭绝	广义 Lotka-Volterra 模拟合理模型	移除食肉动物
（Gross et al.，2009）	S、C、雅可比矩阵元素–渐近	实际生态位食物网雅可比矩阵最大特征根	相互作用强度增加会降低大型生态网络稳定性

续表

文献	复杂性-稳定性度量	方法和假设条件	额外结论
(Allesina and Tang, 2012; Allesina and Pascual, 2008)	S、C-渐近	具有对立交互作用的随机、经验生态位和瀑布食物网雅可比矩阵最大特征根	
(Krause et al., 2003; Thébault and Fontaine, 2010)	C、交互作用-抵抗性、持续性	随机模拟模型和经验模型(非线性函数响应)	可分性网络和弱连接结构会加强稳定性
(Van Altena et al., 2016)	雅可比矩阵元素-渐近	实际经验食物网数据的雅可比矩阵最大特征根	弱连接偏度会加强稳定性
(Neutel et al., 2002, 2007; Emmerson and Yearsley, 2004)	雅可比矩阵元素-渐近、抵抗性、可行性、持续性	实际和瀑布食物网的雅可比矩阵最大特征根	杂食动物反馈环和弱连接会加强稳定性
(McCann et al., 1998)	交互作用强度-持续性、时间稳定性	远离平衡点非线性模型	弱连接和中等强度相互作用强度会加强稳定性
复杂性和稳定性正相关			
(Ives et al., 2000)	S-时间稳定性	环境变化下的随机模拟模型	模块化数量增加会加强稳定性
(Pimm, 1979, 1980)	S、C-批量灭绝	随机模拟的广义 Lotka-Votera 合理食物网	移除食草动物会加强稳定性
(Stouffer and Bascompte, 2011)	S、C-持续性、批量灭绝	随机模拟的生态位模型	可分性加强稳定性
(De Angelis, 1975)	C-渐近	食物网雅可比矩阵最大特征根	控制交互作用可以加强稳定性
(Dunne et al., 2002a; Dunne and Williams, 2009)	C-稳健性	模拟的实际食物网	自由度分布的偏度加强稳定性
(Haydon, 2000)	加权 C-渐近	食物网雅可比矩阵的最大特征根	
(Van Altena et al., 2016)	加权 C-渐近	实际食物网雅可比矩阵的最大特征根	加权 C 和稳定性之间没有关系
(Allesina and Pascual, 2008; Allesina and Tang, 2012)	S、雅可比矩阵元素-渐近	具有对抗交互作用的随机、经验瀑布和生态位模型雅可比矩阵的最大特征根	弱交互作用加强稳定性
(Borrvall et al., 2000)	每功能组的物种数量 S、交互作用强度-批量灭绝	三营养组的广义 Lotka-Volterra 合理食物网随机模拟模型	删除自养物种（不是顶级捕食者），会增加灭绝风险。弱交互作用的偏度加剧了不稳定性。杂食增加稳定性

续表

文献	复杂性-稳定性度量	方法和假设条件	额外结论
(Haydon, 1994)	C、雅可比矩阵元素-渐近、可行	随机合理雅可比模型在可行均衡点的最大特征根	控制交互作用可以减少稳定性；加强的交互作用会增加稳定性
(Yodzis, 1981)	C、雅可比矩阵元素-渐近	经验食物网雅可比矩阵的最大特征根	组内交互作用增加稳定性，但是组间交互作用降低稳定性
(De Ruiter et al., 1995)	雅可比矩阵元素-渐近	广义 Lotka-Volterra 模型和真实或者实验食物网时间序列	交互作用强度的非对称性更稳定，非对称性指在低级营养通道，强壮的捕食者控制交互作用；而在高级营养通道，高水平的被捕食者控制相互作用
(Rooney et al., 2006)	交互作用强度-渐近	非线性函数响应模型和真实或者实验食物网时间序列	交互作用强度的非对称性传达局部稳定和全局稳定，非对称性指在顶尖捕食者，能量通量可以很快，也可以很慢
(Gross et al., 2009)	雅可比矩阵元素-渐近	真实食物网生态位模型的雅可比矩阵最大特征根	对于小型网络，交互作用强度可以决定稳定性

May（1972，1973）对这些直观的结论提出了挑战，他从数学上严格推导了复杂性-稳定性关系［最早的综述见 Goodman（1975）］。通过线性近似方法（雅可比矩阵的渐近稳定性），随机构建雅可比矩阵，随机赋值，May 发现复杂性 $\sigma\sqrt{SC}$ 会降低系统稳定性，并且他从理论上证明物种丰富度 S 增大，连接度 C 越大，雅可比矩阵元素的标准差 σ 越大，网络稳定性下降。如果$\sqrt{SC}<1$，系统稳定；否则，系统就不稳定。相比于贫瘠系统，系统多样性越大，随着物种丰富度 S、连接度 C 和雅可比矩阵标准差 σ 越大，越容易从稳定状态急剧变化到不稳定状态。May（1972，1973）在关于群落稳定性的巨著中度量了局部渐近稳定性。当系统处于平衡点时，所有物种的生物量保持不变，平衡点的稳定性通过小的扰动来检验。如果系统单调或者螺旋回到原来的平衡点，则该平衡点稳定。相反，物种密度单调或者螺旋远离平衡点，该平衡点不稳定。如果群落矩阵的物种个数为 S，则雅可比矩阵为 $S\times S$，雅可比矩阵元素衡量了扰动导致的物种 j 相对于物种 i 的生长速度。雅可比矩阵 S 个特征值刻画了系统的时间稳定性，准确地说，特征值正的实部会导致扰动放大，而负的实部会导致扰动衰减。如果所有特征值的实部都为正，该系统不稳定，至少有一个物种不会回到原来的平衡点。

2.3 食物网、互惠网络和竞争网络

May（1972，1973）利用随机群落矩阵受到很多的质疑（表2.4），主要是这些随机矩阵不具备实际生态系统的一些基本性质，如至少有一个主要的生产者，有限的营养层次，捕食者不能向下两层或者两层以下去捕食资源［随机矩阵方法的综述见 Lawlor（1980）及 Allesina 和 Tang（2015）］。更多的非随机生态系统拓扑结构被研究（Williams and Martinez，2000；Dunne et al.，2002a，2002b，2004）。随后的工作在随机群落矩阵中加入更多的食物网实际结构和雅可比矩阵元素分布［（Allesina and Tang，2012，2015；Jacquet et al.，2016），综述见 Namba（2015）］。许多简单模型在构建非随机结构模型中发挥着非常重要的作用，如瀑布模型（Cohen，1990）、生态位（niche）模型（Williams and Martinez，2000）、嵌套层次模型（Cattin et al.，2004）。生态位模型和嵌套层次模型能够更多地抓住经验食物网结构性质。

表2.4 互惠网络的复杂性-稳定性关系

文献	复杂性-稳定性度量	方法和假设条件	额外结论
		复杂性和稳定性负相关	
（Vieira and Almeida-Neto，2015）	C-批量灭绝	一些经验网络的随机共存模型	批量灭绝通常出现在高连接度的互惠群落
（Feng and Takemoto，2014）	通过不均匀的物种丰富度分布调整的异质的自由度、物种强度和交互作用强度-渐近	最大特征根的理论分析表达	节点自由度、交互作用强度分布的异质性决定互惠系统的局部稳定性，嵌套性也影响稳定性
（Suweis et al.，2015）	C-本地化	经验网络的特征根成分计算	互惠网络本地化，负相关连接度
（Allesina and Tang，2012）	S、C、σ、嵌套性-渐近	真实结构的人工网络分析	互惠交互作用使系统不稳定，嵌套性负影响稳定性
（Campbell et al.，2012）	嵌套性-批量灭绝	植物授粉动态二进网络	极端环境的高嵌套性提高单个物种的关键依赖性和批量灭绝
（Thébault and Fontaine，2010）	模块化-抵抗性、持续性	真实植物授粉模型和模拟模型	高端连接和嵌套结构提高互惠网络群落稳定性
		复杂性和稳定性正相关	
（Okuyama and Holland，2008）	S、L、交互作用对称性（成对半成熟常数相似性）、嵌套性-抵抗性	经验推断常数理论分析；非线性函数响应	通过强对称交互作用，增加高嵌套性群落规模和连接度，群落抵抗性也相应增强
（Thébault and Fontaine，2010）	S、C、模块化-抵抗性、持续性	利用非线性 Holling Ⅱ类型函数响应的模拟的真实授粉模型	高端连接和嵌套结构提高互惠网络群落稳定性

续表

文献	复杂性-稳定性度量	方法和假设条件	额外结论
复杂性和稳定性正相关			
(Memmott, 1999)	嵌套性-批量灭绝	共存拓扑模型，特意删除连接度最大的授粉昆虫，寻找植物灭绝的效果	当删除连接度最大的授粉昆虫，植物多样性飞快下降。由于嵌套结构，下降速度最坏不会超过线性下降速度
(James et al., 2012)	物种自由度、C、嵌套性-持续性	既有竞争又有互惠的人口动态模型	物种自由度能够很好地预测个体，也能预测群落持续力
(Bascompte et al., 2005)	物种强度分布异质性，物种相关性的非对称性-共存吸引域	广义 Lotka-Volterra 动态人口模型；利用经验定量模型估计物种相关性	植物-动物相关性的非对称性加强了长期共存，并且有利于保持物种多样性
(Suweis et al., 2015)	S、物种强度分布异质性-本地化	经验网络的特征根成分计算	互惠网络本地化正相关网络规模和加权自由度分布的方差
(Bastolla et al., 2009)	嵌套性-共存吸引域	动态人口模型，并且考虑同一营养层次存在竞争的物种。从经验网络中随机模拟，并计算嵌套性	嵌套性降低了有效的种内竞争和提高了共存物种的数量
(Rohr et al., 2014)	物种自由度、交互作用强度、嵌套性-结构稳定性	人口模型、为了稳定共存寻找参数范围	选取合适的交互作用数量和强度，可以最大化嵌套性水平，高水平的互惠强度可以最大化稳定性

2.3.1 物种丰富度

物种丰富度是食物网的一个重要特征。在网络大小方面，生态网络经验数据集没有共性。生态网络比万维网或者科学家发表的实际生态网络规模小得多（Dunne et al., 2002b）。Haydon（1994）讨论了 May 的一些假设，如稳定性度量、不可行模型、描述组内作用的群落矩阵对角线元素的正则条件。他发现随着物种丰富度降低，广义 Lotka-Volterra 模型的渐近稳定性和可行性都会降低。Gross 等（2009）发现小型生态网络比大型生态网络更稳定。实际上，考虑不同的非线性响应，他们利用生态位模型模拟食物网。在 May（1972，1973）稳定性原则基础上做了一些改进，对于小型食物网，增强捕食-被捕食关系可以增加稳定性。但是对于大型食物网，结论相反。广义 Lotka-Volterra 模型表明批量灭绝更容易出现在大型生物网络中（Pimm，1979，1980），相反的是，Borrvall 等（2000）发现网络稳定性和抵抗力随着网络冗余（每个功能组的物种数量）增加而增加。

考虑实际和模拟网络的拓扑结构（Dunne et al.，2002a；Dunne and Williams，2009），许多学者得到一样的结论：不考虑交互作用强度和群落动态性，物种数量和稳定性存在正相关。许多矛盾结论可能来自食物网的动态性质。

植物和它的昆虫授粉者交互作用被当作一个直接解释协同进化的例子（Darwin，1862），以前关于互惠交互作用的研究集中在理解协同进化过程（Ehrlich and Raven，1964；Wheelwright and Orians，1982；Herrera，1985；Collins and Paton，1989）。但是对于几个物种，协同进化经常被认为是模糊的机制。所以生态学家将网络交互作用视为整体，开始采用复杂网络理论来研究互惠机制（表2.4）。

网络大小或者物种总个数是互惠网络稳定性的一个重要决定因素。通过以经验得到的参数确定理论模型，Okuyama 和 Holland（2008）研究表明群落抵抗性和群落大小之间存在正相关，他们把这种正相关归因于非线性函数响应和对数量增长的饱和的正反馈效果。这个结论被 Thébault 和 Fontaine（2010）证实。Thébault 和 Fontaine（2010）采用非线性 Holling Ⅱ型函数响应的人口模型，在该模型中，从互惠成熟度到交互对象的有效密度，很多性能都有所提高。Thébault 和 Fontaine（2010）证实物种丰富度增加，互惠网络的抵抗性和持续性都会得到提升。

在食物网中，有时会将竞争作用和营养层间作用一起考虑，评估它们对稳定性的贡献。一个普遍的共识是，群落矩阵或者交互作用矩阵对角线元素的负值会提高系统稳定性。对角线元素表示种内竞争的自我调节作用。例如，假设高营养级别物种具有更强的自我调节种内竞争能力，De Angelis（1975）采用食物网模型，发现食物网稳定的概率上升。Haydon（1994）得到了相似的结论，即种内竞争会提高食物网的稳定性。Haydon（2000）构建了尽可能稳定的群落，结果发现这些稳定网络需要很强的连接度。自我调节种内竞争元素的能力有的很强，有的很弱。Neutel 等（2002）从数学上解释真实食物网雅可比矩阵元素的排列模式会加强稳定性，因为不同模式会降低自我调节的种内竞争，这种竞争对矩阵稳定性起着非常重要的作用。Yodzis（1981）发现自我调节的种内竞争会稳定网络。但是种内竞争的规则不是很清楚。假设物种间的竞争只发生在有着同样资源的消费者之间，Yodzis（1981）发现物种间的竞争会导致系统不稳定。稳定的群落矩阵比例随着成对竞争数量增加而减少。相反地，Allesina 和 Tang（2012）表明竞争作用会导致系统稳定。竞争比互惠更能导致不稳定平衡点的物种丰富度 S 和连接度 C 变小，提升系统的稳定性。

19 世纪 70 年代，人们相信生态群落结构是竞争作用造成的（MacArthur，1955）。理论上讲，纯竞争网络比食物网和互惠网络简单，因为它只有一个营养层。这种简单结构使得竞争网络是学习复杂性-稳定性关系的理想理论框架，从而进一步研究多样性和系统功能关系，研究集中在初级生产力上（Hooper et al.，2005）。基于以上原因，大量的实验研究（Lawlor，1980；Tilman and Downing，1994；Lehman and Tilman，2000）和理论研究（Lawlor，1980；Tilman et al.，1997，1998；Doak et al.，1998；Tilman，1999；Cottingham et al.，2001）集中于植物数量和群落稳定性（表2.5）。

表 2.5　竞争网络的复杂性-稳定性关系

文献	复杂性-稳定性度量	方法和假设条件	额外结论
复杂性和稳定性负相关			
(Lawlor，1980)	S-渐近稳定性	对比随机和观察的对称交互作用折叠矩阵的最大特征根	具有同样的物种数量时，实际观察的群落通常要比随机构建的群落稳定
(Lehman and Tilman，2000)	S-渐近、时间稳定性	最大特征根、机械、现象学和统计学三种不同模拟模型和经验时间序列	多样性会降低个体物种的时间稳定性
(Christianou and Kokkoris，2008)	S、交互作用强度-渐近、可行性、持续性和结构稳定性	竞争群落模型	物种数量 S 不会影响渐近稳定性，但是结构稳定性（稳定共存物种的吸引域）会随着物种丰富度增加而减小；弱交互作用增强结构稳定性
(Kokkoris et al.，1999)	交互作用强度-入侵抵抗力	区域物种池的群落进化模型	弱交互作用增强物种的共存性
(Kokkoris et al.，2002b)	交互作用强度-渐近、可行性、持续性和结构稳定性	竞争群落模型	弱交互作用增强物种的共存性
复杂性和稳定性正相关			
(Lehman and Tilman，2000)	S-渐近、时间稳定性	最大特征根、机械、现象学和统计学三种不同模拟模型和经验时间序列	多样性会增加整个群落的时间稳定性
(Fowler，2009)	S、C、连接度-渐近、结构稳定性	最大特征根和离散竞争群落模拟	交互作用强度改变不会影响结果
(Hughes and Roughgarden，1998)	交互作用-时间稳定性	两物种离散竞争模型	交互作用强度的幅度不影响稳定性，但是其非对称性影响稳定性
(Allesina and Tang，2012)	S、C、雅可比矩阵元素-渐近	随机、经验和模型的竞争交互作用的雅可比矩阵最大特征根	交互作用强度的幅度不影响稳定性，但是其非对称性影响稳定性

竞争网络物种丰富度同样影响系统的稳定性。Tilman 和 Downing（1994）发现在具有更多多样性植物的群落里，初级生产力更具有抵抗性。在大的旱灾之后，这种群落可以很快完全恢复。Tilman 等（1997）利用理论模型证实了以上结论。Doak 等（1998）发现在集成群落性质中，以时间变化率为稳定性指标，以上结论统计上不可避免。Doak 等（1998）对 Tilman 等（1997）做出回应。Lehman 和 Tilman（2000）分析了与 Tilman（1996）不同的经验数据集和多物质竞争模型，发现多样性增加了整个群落的时间稳定性，但是降低了单个物种的时间稳定性。在没有饱和的情况下，整个群落的时间稳定性随着多样性增加而线性增加。每个群落的物种组成和多样性一样重要，都能够很好地预测群落稳定性。Tilman（1999）从经验和理论上总结了在草原竞争群落，物种多样性和群落稳定性

以及初级生产力和入侵性都存在正相关。更多内容参考 Cottingham 等（2001）重要综述。Lawlor（1980）比较了实际观察的群落和类比的随机群落，结果发现实际观察的群落的稳定性随着物种数量增加而降低，但是在同等物种数量下，观察矩阵稳定性大于随机建立的群落。相比于随机群落，由于消费者物种相似度低，实际观察的群落更稳定。这也说明物种间的竞争过程对于群落的形成至关重要。群落是对称的交互作用矩阵，每个竞争系数通过资源利用的重复率来衡量。随机群落只是随机资源利用谱，而不是直接随机竞争系数自身。Christianou 和 Kokkoris（2008）发现增加群落物种数量会降低系统可行性的概率。但是物种丰富度不会明显影响局部稳定概率和可行竞争群落的抵抗性。不同的是，Fowler（2009）证明在离散竞争模型中，物种数量增加会导致局部稳定性概率增大。离散竞争模型可以对称，也可以不对称。模型偏向弱的交互作用。稳定性概率以物种增长速率参数确定的区域计算。增加更多的物种或者连接，提升竞争网络的负反馈，减弱系统的振荡，最后提高平衡点的稳定性。

2.3.2 连接度

生态学家的一个基本任务是寻找交互作用数量和物种数量之间的关系，他们竭尽全力寻找生态网络结构的普遍模式。以前认为交互作用数量和物种数量存在线性关系（Cohen and Briand，1984；Cohen and Newman，1985），Martinez（1992）认为营养层连接数和物种数量近似为线性关系，从而连接度保持常数。但是，随着更多数据和方法的深入，连接度保持常数的假设受到越来越多的质疑（Havens，1992；Dunne et al.，2002b；Banasek-Richter et al.，2009）。食物网连接度一个广泛接受的规则是食物网的连接度一般比较低，在0.11左右（Havens，1992；Martinez，1992；Dunne et al.，2002b）。一般实际网络连接度低于0.11（Dunne et al.，2002b）。

自从 May（1972，1973）使用连接度作为网络复杂性度量，连接度成为复杂性-稳定性争论的中心（De Angelis，1975；Pimm，1980，1984），成为一种广泛使用的复杂性度量（Havens，1992；Dunne et al.，2002b；Olesen and Jordano，2002；Tylianakis et al.，2010；Heleno et al.，2012；Poisot and Gravel，2014）。由于稳定性的定义、经验数据集的质量和产生理论网络的方法存在差异，有时研究会得到矛盾的结论。有些研究加强了 May 的结论：稳定性和连接度存在负相关性（Pimm，1979，1980；Chen and Cohen，2001；Gross et al.，2009；Allesina and Tang，2012）。其他研究者发现连接度会加强稳定性（De Angelis，1975；Dunne et al.，2002b；Dunne and Williams，2009）。Pimm（1979，1980）发现随着一个物种灭绝，复杂网络会出现更多的物种灭绝，而简单网络不会出现这种情况。Thébault 和 Fontaine（2010）证实食物网中连接度和稳定性存在负相关。在互惠网络中，该结论相反。如 Gross 等（2009）得到一个稳定性随连接度增加而下降的负指数函数经验公式。

持相反观点的是 De Angelis（1975），他采用食物网群落矩阵模型，发现稳定性概率随着连接度增加而增加。在他的模型中高营养层次物种具有很强的组内竞争能力，但是具有较低的吸收速率，同样控制也具有偏差性。同样 Haydon（1994）加强了 May 的假设，发现稳定性随连接度增加而增加。与 De Angelis（1975）不同，稳定性会随着控制交互作用的减小而减小。如果只考虑真实食物网的拓扑结构，稳定性会随着连接度增加而上升（Dunne et al.，2002a；Dunne and Williams，2009）。

由于互惠网络比随机网络更复杂，互惠网络体现出非随机结构模式。注意到食物网的尺度不变性（Cohen and Briand，1984；Cohen and Newman，1985），Jordano（1987）研究了大量授粉和种子传播网络的连接度与物种相关模式，他发现连接度随着物种丰富度增加而增加，但是不同大小网络的每个物种平均连接数基本保持不变。采用不同生物地理地区的经验互惠网络［包括 Jordano（1987）使用的网络］，Olesen 和 Jordano（2002）确定连接度随着物种丰富度增加而指数递减。控制物种丰富度大小，不同生物地理地区的网络连接度差异显著。总的来说，互惠网络比食物网和其他真实网络的连接度更高。但是互惠网络的连接度处于中下等水平，在 Olesen 和 Jordano（2002）的研究中平均为 0.11，在 Rezende 等（2007）的研究中平均为 0.18。

互惠网络连接度模式对稳定性的影响最近才受到关注。Allesina 和 Tang（2012）把 May（1972，1973）的理论工作推广到真实网络结构，包括捕食、互惠和竞争网络。Suweis 等（2015）的研究证实了以上结论，他们把连接度和本地化程度联系起来。如果扰动很难引起其他物种数量的变化，则该网络本地化程度很高。他们发现互惠网络是真正本地化的，而且本地化程度随着连接度增加而降低。Vieira 和 Almeida-Neto（2015）拓展了以前的寻求物种共同灭绝模式的模型，Sole 和 Montoya（2001）、Dunne 等（2002a）研究了互惠网络连接度和批量灭绝的关系。Vieira 和 Almeida-Neto（2015）强调了一个物种灭绝之后物种相关性的变化规则。他们采用一个随机共同灭绝模型，该模型的物种灭绝不需要与它关联的所有物种灭绝，在模型中一个物种存活的概率与它关联的物种相关性有关。与以前的结论相反（Dunne et al.，2002a），Vieira 和 Almeida-Neto（2015）研究表明批量灭绝更容易出现在高连接度的群落。但是，高连接度群落通常表现为更具持续性和更具抵抗性（Okuyama，2008；Thébault and Fontaine，2010；James et al.，2012）。

Fowler（2009）表明增加网络连接度或者增加竞争连接数目（连通性）会减少平均增长速率，从而竞争反馈会增加，稳定摇摆不定的动态系统。另外，改变物种交互作用强度，以上结论也成立。

2.3.3 加权连接度

加权连接度由 Van Altena 等（2016）首次提出，并在复杂性-稳定性中应用。他们发现普通连接度和食物网稳定性没有关系，但是加权连接度越高，食物网稳定性越高。Haydon（2000）从不同的角度出发，尽量构建稳定的群落，这需要更高的加权连接度。这个结论与 Van Altena 等（2016）的结论一致。通过这些研究得出，高稳定性需要高连接度，尤其对于组内强竞争和弱竞争的群落来说。

2.3.4 自由度分布

食物网的自由度不服从泊松分布，而随机网络的自由度通常服从泊松分布。但是食物网的自由度分布没有固定的形状。大多数自由度服从指数分布（Camacho et al., 2002; Dunne et al., 2002b），高连接度的网络服从均匀分布。对于较低连接度的网络，自由度服从幂律型分布或者截尾幂律分布（Dunne et al., 2002b; Montoya and Sole, 2002），截尾是指数递减。

自由度分布偏度越大，在移除最常见的目标物种后，食物网更稳健，尤其对于指数类型的自由度分布，更是如此（Sole and Montoya, 2001; Dunne et al., 2002a）。但是，由于不同营养级物种数量递减，等级捕食特性会增加食物网稳健性的成本（Dunne and Williams, 2009）。Allesina 和 Tang（2015）表明广泛的自由度分布容易稳定大型食物网结构，这里稳定性是群落矩阵的渐近稳定性，食物网结构从经验或者瀑布和生态位模型中得到。

网络大小和连接度虽然可以部分决定网络复杂性，但是忽视了个体物种连接信息，而自由度分布可以考虑所有物种的总共连接性。以前关于互惠网络单个物种连接性的研究集中在物种间交互作用怎么分布。泛化种和特化种的流行性也受到广泛的关注（Waser et al., 1996; Memmott, 1999）。受到以前研究启发，Jordano 等（2003）在大量植物授粉和植物-食果动物网络中，找到节点自由度分布的一般模式。许多网络节点自由度分布服从截尾幂律分布，则意味着特化种占主导地位，而特别泛化种极其少见。伽马分布能够很好地拟合互惠网络节点自由度分布（Okuyama, 2008）。节点自由度分布的异质性是负相关影响互惠网络局部稳定性的主要因素（Feng and Takemoto, 2014）。当单独考虑每个节点自由度时，它们是每个物种存活时间的一个很好的预测因子，从而也可以较好地预测群落的持续性（James et al., 2012）。

2.3.5 交互作用强度

与 May（1972, 1973）的结论相比，Haydon（1994）发现稳定性随着雅可比矩阵元素增加而增加。Yodzis（1981）也发现如果雅可比矩阵元素按照真实食物网模式排列，其稳定性高于随机排列情形。Neutel 等（2007）的研究表明非随机雅可比矩阵元素按照自然模式排列的群落增加稳定性。其研究对象为地下食物网，该食物网梯度增加导致复杂度增加。食物网中杂食物种的反馈环权重决定权重。这里杂食指的是至少捕食两个营养层次物种。在杂食环中，随着进化复杂性越来越大，低的捕食者-被捕食者密度比对于保持稳定性起着关键作用。但是 Allesina 和 Tang（2015）指出在大型食物网结构中，每个捕食者倾向捕食特定的物种。这种特性是稳定性的驱动力。

连接强度的可变性也被发现和系统稳定性具有相关性，尤其在小型网络中。对于大型网络，连接强度的可变性更容易发散网络（Gross et al., 2009）。如果高营养层次物种捕食更多营养层次物种，中间营养层次物种被更多物种捕食，食物网越稳定。通过能量流动方法，De Ruiter 等（1995）、Rooney 等（2006）发现不同类型的能量通量结构非对称性是食物网稳定的关键。De Ruiter 等（1995）经验估计广义 Lotka-Volterra 模型的群落矩阵，发现在低营养水平有很强的消费者控制的下行作用，同时在高营养水平有很强的控制的上行作用，这对于真实食物网的稳定性非常重要。这种模式是食物网能量组织的直接结果。

Rooney 等（2006）把经验食物网数据转化到函数响应的非线性模型，捕食者能够自适应转换自身行为。实际观察食物网顶尖捕食者的快慢能量通量能够传达局部和非局部稳定性。总的来说，对于不同方法，复杂性并不能导致稳定性。

交互作用强度存在许多弱的强度和很少的强作用，这种有偏性在许多食物网中被发现（Paine，1992；Berlow，1999；Berlow et al.，2004；Wootton and Emmerson，2005）。弱相关偏向性会趋向稳定。例如，McCann 等（1998）考虑非线性饱和消耗、非平稳系统、经验强度和交互作用模式，表明弱相互作用和中等作用会加强系统稳定性和群落的持续性。因为这些会削弱捕食动态系统的振荡。相互作用强度以被捕食的概率来衡量。Neutel 等（2002）注意到在实际观察食物网中，弱相互作用强度更容易在长环中观测到。雅可比矩阵元素按照营养级别排列，这样长环具备更多的弱相互作用。从数学上，因为这些弱作用减少了种内的作用，系统变得更稳定。他们展示和解释了为什么这种模式会加强稳定性。同样，Thébault 和 Fontaine（2010）证明了弱连接结构会加强营养网络的稳定性。Van Altena 等（2016）也证实了弱交互作用会导致真实食物网稳定。如果雅可比矩阵元素偏向弱相关，即使每个连接的通量均匀分布，系统稳定性也会提高。这点与 De Ruiter 等（1995）、Rooney 等（2006）的结论相反，De Ruiter 等（1995）、Rooney 等（2006）的结论更强调非对称性。Jacquet 等（2016）证明了经验食物网中雅可比矩阵元素和稳定性相关是错误的，但是捕食者和被捕食者之间的高频弱相互作用可以稳定动态食物网。与 Neutel 等（2002）、Neutel 等（2007）一样，Emmerson 和 Yearsley（2004）发现当杂食物种出现时，可行群落矩阵的弱相关偏向性会提高局部稳定性和全局稳定性。雅可比矩阵偏向弱相关是稳定杂食群落出现的信号，反过来，这种偏向性会产生杂食动态系统。雅可比矩阵偏向弱相关和杂食存在互相反馈的结果。不过 Borrvall 等（2000）采用的是交互作用强度，而不是雅可比矩阵元素。杂食在食物网中经常见到（Polis，1991；Sprules and Bowerman，1988）。以前的理论工作预测在自然界的食物网中，极少有物种同时捕食高营养物种和低营养物种（Pimm and Lawton，1978）。具有多种杂食的食物网也很难在真实世界中找到。Pimm 和 Lawton（1978）在估计抵抗性和稳定性指标时，忽略了群落矩阵的可行性，也低估了杂食的交互作用。

不同的是，Allesina 和 Pascual（2008）发现对于雅可比矩阵元素的微小扰动，稳定性几乎可以保持不变，这是由短的捕食环决定的。这些结论对目前的弱相互作用和长环决定自然群落的稳定性提出了挑战。作为补充，Allesina 和 Tang（2015）表明在大型网络结构，相比于方差和相关系数，雅可比矩阵元素的均值极少影响稳定性。Allesina 和 Tang（2012）表明雅可比矩阵元素弱相互作用占优势降低了系统稳定的概率。实际上，营养层间的相互作用可以稳定系统，但是在互惠网络和竞争网络，结论相反。当考虑实际的食物网结构时，或者弱交互作用占优势时，捕食网络稳定的概率是下降的。如果捕食网络紧凑连接，稳定的捕食网络可以任意大小，任意复杂。这也表明复杂性和稳定性存在正相关性。稳定性和交互作用强度有偏性负相关的结论见 Borrvall 等（2000）。

捕食者-被捕食者体重比会影响交互作用强度分布，从而对食物网的稳定性起着重要作用。Emmerson 和 Yearsley（2004）经验估计 Lotka-Volterra 模型的交互作用强度和平衡物种密度，以此得到群落矩阵，并进一步估计渐近稳定性。结果表明随机矩阵一般不稳定

(May, 1972, 1973), 而经验比例的食物网通常稳定。Otto 等 (2007) 采用考虑体重比和非线性函数响应的生物能量模型, 结果表明按固定比例速率收缩可能提高复杂食物网的稳定性。

不只是定性考虑交互作用存在与否, 定量测量交互作用强度在互惠网络研究中占主导地位。在植物授粉模型和植物-食果动物模型中, 交互作用指的是动物访问植物的相对次数。Jordano (1987) 观察到互惠网络的物种相关性服从一个极偏的分布, 弱相关大大超过强相关。考虑更多的数据集, Bascompte 等 (2006) 证实了 Jordano (1987) 的结论, 交互相关分布有偏。互惠网络的物种角色也具有更强的非对称性: 动物对植物依赖性很高, 而植物极少依赖它们的授粉者或者种子散播者 (Bascompte et al., 2005)。

物种强度的非同质性和物种相关性的非对称性促进了互惠网络的多样性 (Bascompte et al., 2005)。本土化或者系统减少扰动传播的能力同样被物种强度分布的非同质性加强 (Suweis et al., 2015)。Suweis 等 (2015) 定义物种强度为它的加权自由度或者包含该物种的所有交互强度之和。Bascompte 等 (2006) 采用线性函数响应模型获得结论, 而 Okuyama (2008) 考虑非线性函数响应, 发现物种相关性的非对称性导致互惠群落的抵抗性减少。以成对的半熟度常数相似性衡量动植物之间的交互强度。Feng 和 Takemoto (2014) 表明交互作用强度分布的异质性会对互惠网络的局部稳定性产生负面影响, 交互作用强度以访问频率估计, 访问频率通过不均匀的物种丰度调整。Rohr 等 (2014) 采用成熟度函数响应, 不管交互作用强度的分布, 交互作用强度平均值更高的互惠群落更容易结构稳定。结构稳定网络具有更宽的可行性和稳定性共存的吸引域。

许多关于竞争群落的研究集中在竞争系数对群落稳定性可能的影响, 竞争系数即是交互作用强度。但是, 不同的稳定性指标分别被采用。例如, Hughes 和 Roughgarden (1998) 在离散两物种竞争模型中, 以时间稳定性作为集成群落密度的估计指标。Hughes 和 Roughgarden (1998) 发现时间稳定性和交互作用强度相互独立, 但是交互作用的非对称性是群落稳定性的关键。以入侵的脆弱性衡量群落稳定性, Kokkoris 等 (2002b) 在理论竞争群落的进化过程中研究交互作用强度的分布, 而不是雅可比矩阵元素。交互作用强度即是竞争系数。他们发现平均交互作用强度随着进化过程而降低, 最终形成的大多数交互作用都比较弱。如果群落种间交互作用强度弱于一个地区集合的竞争群落的平均交互作用强度, 该群落对以后的物种入侵更具有免疫力。在后面的研究中, Kokkoris 等 (2002b) 探索共存物种数量怎样随着平均交互作用强度改变, 同样证实了弱相互作用强度会加强群落稳定性。弱相互作用强度的优势实际上可以允许更多的物种共存。交互作用矩阵的相关性, 是物种各种性质的一种权衡, 可以提高物种共存的概率。Christianou 和 Kokkoris (2008) 考虑一个竞争群落的系统可行性, 深入研究弱相互作用对稳定性的影响。综合以上的研究, 可行性的概率随着交互作用强度增加而减小。

2.3.6 网络结构

网络结构, 特别是模块化结构, 在食物网中被观察到并且与稳定性相关。Moore 等 (1988) 发现食物网是由子网络紧密结合起来的, 子网络数目随着多样性增加而增加。群落可以按照资源部分排列，在资源部分物种交互作用随着多样性增加而减少。同样的结论见 Krause 等（2003）及 Thébault 和 Fontaine（2010）。分块网络弱连接的体系结构能加强营养网络的稳定性。Ives 等（2000）发现在随机离散的广义 Lotka-Volterra 食物网模型子群落模块越多，通过不同物质对环境波动的反应，食物网稳定性越高（Yachi and Loreau，1999）。同样 Stouffer 和 Bascompte（2011）证明可分性提高食物网的持续性。分块可以缓冲物种灭绝的传播，从而提高群落的长期持续性。持续性体现了食物网的复杂性，侧重于正的复杂性-稳定性关系。但是 Grilli 等（2016）认为模块化的稳定性比期望的差。

食物网中发现嵌套捕食，顶级捕猎者是泛化种并且捕食所有其他物种。第二营养层次物种除了不吃顶级捕猎者，其他物种都是它的食物［Williams 和 Martinez（2000）的生态位模型和 Cattin 等（2004）的嵌套层次模型］。Neutel 等（2002）发现什么都吃的顶级捕猎者会吃中等的捕食者。

食物网中经常观察到模块化和可分性，互惠网络只是体现一定水平的模块化。通过很多数据集的模块化检验，Olesen 等（2007）证实具有更多物种的授粉网络是真正可以模块化的。观察到的模块化水平随着网络大小增加而增加。对于授粉网络，在不同的采样时间，模块数目和模块化水平可以保持不变（Dupont and Olesen，2012）。Mello 等（2011）同样观察到种子传播网络的高模块化。模块化对互惠网络稳定性的影响尚未可知。Thébault 和 Fontaine（2010）强调决定食物网和互惠网络稳定性的结构模式具有天壤之别。模块化可以加强食物网的稳定性，但是模块化只能负影响互惠网络的持续性和抵抗性。

适合互惠网络的一个广泛接受的拓扑性质就是嵌套性。Bascompte 等（2006）在经验互惠网络的元分析中寻找嵌套性，结果表明互惠网络确实具有很强的嵌套性，而且嵌套性随着物种丰富度和连接度表示的复杂性增加而增加。嵌套性被认为是影响互惠网络稳定性最重要的因素。例如，由于嵌套增加稳定性，当移除授粉者时，批量灭绝只会线性出现。通过减少种间的有效交互作用，互惠网络的嵌套性增加了共存的物种（Memmot et al.，2004）。嵌套性对互惠网络的持续性和抵抗性起着积极作用（Okuyama，2008）。Rohr 等（2014）发现当人工网络具有较高的嵌套性时，稳定共存物种的吸引域最大。导致稳定而且可行的平衡解的常数空间区域是系统结构稳定性的一种度量。但是最近的研究开始放弃嵌套性对稳定性影响的认识。James 等（2012）认为嵌套性并不是互惠网络物种共存的主要诱因，而是次要的协变量。所以嵌套性对群落的持续性没有显著影响。通过分析具有真实结构的人工网络，Allesina 和 Tang（2012）证实互惠群落矩阵的嵌套性负影响局部稳定性。Campbell 等（2012）表明极端嵌套性导致物种的批量灭绝。

参考文献

Allesina S，Pascual M. 2008. Network structure，predator-prey modules，and stability in large food webs［J］. Theoretical Ecology，1（1）：55-64.

Allesina S，Tang S. 2012. Stability criteria for complex ecosystems［J］. Nature，483（7388）：205-208.

Allesina S，Tang S. 2015. The stability-complexity relationship at age 40：A random matrix perspective［J］. Population Ecology，57（1）：63-75.

Almeida-Neto M，Guimares P，Guimares P R，et al. 2008. A consistent metric for nestedness analysis in ecological systems：Reconciling concept and measurement［J］. Wiley，118（8）：1227-1239.

Atmar W, Patterson B D. 1993. The measure of order and disorder in the distribution of species in fragmented habitat [J]. Oecologia, 96 (3): 373-382.

Banasek-Richter C, Bersier L F, Cattin M F, et al. 2009. Complexity in quantitative food webs [J]. Ecology, 90 (6): 1470-1477.

Bascompte J, Jordano P, Melián C J, et al. 2003. The nested assembly of plant-animal mutualistic networks [J]. Proceedings of the National Academy of Sciences of the United States of America, 100 (16): 9383-9387.

Bascompte J, Jordano P, Olesen J M. 2006. Asymmetric coevolutionary networks facilitate biodiversity maintenance [J]. Science, 312 (4): 431-433.

Bascompte J, Melián C J, Sala E. 2005. Interaction strength combinations and the overfishing of a marine food web [J]. Proceedings of the National Academy of Sciences, 102 (15): 5443-5447.

Bastollal U, Fortuna M A, Pascual- Garcia A, et al. 2009. The architecture of mutualistic networks minimizes competition and increases biodiversity [J]. Nature, 458 (7241) 1018-1020.

Berlow E L. 1999. Strong effects of weak interactions in ecological communities [J]. Nature, 398 (6725): 330-334.

Berlow E L, Neutel A M, Cohen J E, et al. 2004. Interaction strengths in food webs: Issues and opportunities [J]. Journal of Animal Ecology, 73 (3): 585-598.

Bersier L, Banasek- Richter C, Blandenier M C. 2002. Quantitative descriptors of food- web matrices [J]. Ecology, 83: 2394-2407.

Borrvall C, Ebenman B, Jonsson T J. 2000. Biodiversity lessens the risk of cascading extinction in model food webs [J]. Ecology Letters, 3 (2): 131-136.

Camacho J, Guimerà R, Amaral LA N. 2002. Robust patterns in food web structure [J]. Physical Review Letters, 88 (22): 228102.

Campbell C, Yang S, Shea K, et al. 2012. Topology of plant- pollinator networks that are vulnerable to collapse from species extinction [J]. Physical Review E, 86 (2): 021924.

Cattin M F, BersierLF, Banašek-Richter C, et al. 2004. Phylogenetic constraints and adaptation explain food-web structure [J]. Nature, 427 (6977): 835-839.

Chen X, Cohen J E. 2001. Global stability, local stability and permanence in model food webs [J]. Journal of Theoretical Biology, 212 (2): 223-235.

Christianou M, Kokkoris G D. 2008. Complexity does not affect stability in feasible model communities [J]. Journal of Theoretical Biology, 253 (1): 162-169.

Cohen J E. 1990. A stochastic theory of community food webs. Ⅵ. Heterogeneous alternatives to the cascade model [J]. Theoretical Population Biology, 37 (1): 55-90.

Cohen J E, Briand F. 1984. Trophic links of community food webs [J]. Proceedings of the National Academy of Sciences, 81 (13): 4105-4109.

Cohen J E, Newman C M. 1985. A stochastic theory of community food webs: Ⅰ. Models and aggregated data [J]. Proceedings of the Royal Society of London. Series B. Biological Sciences, 224 (1237): 421-448.

Collins B G, Paton D C. 1989. Consequences of differences in body mass, wing length and leg morphology for nectar-feeding birds [J]. Australian Journal of Ecology, 14 (3): 269-289.

Cottingham K L, Brown B L, Lennon J T. 2001. Biodiversity may regulate the temporal variability of ecological systems [J]. Ecology Letters, 4 (1): 72-85.

Darwin C. 1862. On the Various Contrivances by Which British and Foreign Orchids are Fertilised by Insects, and on the Good Effects of Intercrossing [M]. London: John Murray.

De Angelis D L. 1975. Stability and connectance in food web models [J] . Ecology, 56 (1): 238-243.

De Ruiter P C, Neutel A M, Moore J C. 1995. Energetics, patterns of interaction strengths, and stability in real ecosystems [J] . Science, 269 (5228): 1257-1260.

Doak D F, Bigger D, Harding E K, et al. 1998. The statistical inevitability of stability-diversity relationships in community ecology [J] . The American Naturalist, 151 (3): 264-276.

Dormann C F, Fründ J, Blüthgen N, et al. 2009. Indices, graphs and null models: Analyzing bipartite ecological networks [J] . The Open Ecology Journal, 2 (1): 7-24.

Dunne J A, Williams R J. 2009. Cascading extinctions and community collapse in model food webs [J] . Philosophical Transactions of the Royal Society B: Biological Sciences, 364 (1524): 1711-1723.

Dunne J A, Williams R J, Martinez N D. 2002a. Food-web structure and network theory: The role of connectance and size [J] . Proceedings of the National Academy of Sciences, 99 (20): 12917-12922.

Dunne J A, Williams R J, Martinez N D. 2002b. Network structure and biodiversity loss in food webs: Robustness increases with connectance [J] . Ecology Letters, 5 (4): 558-567.

Dunne J A, Williams R J, Martinez N D. 2004. Network structure and robustness of marine food webs [J] . Marine Ecology Progress Series, 273: 291-302.

Dupont Y L, Olesen J M. 2012. Stability of modular structure in temporal cumulative plant- flower- visitor networks [J] . Ecological Complexity, 11: 84-90.

Ehrlich P R, Raven P H. 1964. Butterflies and plants: A study in coevolution [J] . Evolution, 18 (4): 586-608.

Elton C. S. 1958. The Ecology of Invasions by Animals and Plants [M] . London: Methuen.

Emmerson M, Raffaelli D. 2004. Predator- prey body size, interaction strength and the stability of a real food web [J] . Journal of Animal Ecology, 73 (3): 399-409.

Emmerson M, Yearsley J M. 2004. Weak interactions, omnivory and emergent food- web properties [J] . Proceedings of the Royal Society of London. Series B: Biological Sciences, 271 (1537): 397-405.

Estrada E. 2012. The Structure of Complex Networks: Theory and Applications [M] . Oxford: Oxford University Press.

Feng W, Takemoto K. 2014. Heterogeneity in ecological mutualistic networks dominantly determines community stability [J] . Scientific Reports, 4 (1): 1-11.

Fowler M S. 2009. Increasing community size and connectance can increase stability in competitive communities [J] . Journal of Theoretical Biology, 258 (2): 179-188.

Goldwasser L, Roughgarden J. 1993. Construction and analysis of a large caribbean food web: Ecological archives E074-001 [J] . Ecology, 74 (4): 1216-1233.

Goodman D. 1975. The theory of diversity-stability relationships in ecology [J] . The Quarterly Review of Biology, 50 (3): 237-266.

Grilli J, Rogers T, Allesina S. 2016. Modularity and stability in ecological Communities [J] . Nature Communications, 7 (1): 12031.

Gross T, Rudolf L, Levin S A, et al. 2009. Generalized models reveal stabilizing factors in food webs [J] . Science, 325 (5941): 747-750.

Havens K. 1992. Scale and structure in natural food webs [J] . Science, 257 (5073): 1107-1109.

Haydon D. 1994. Pivotal assumptions determining the relationship between stability and complexity: An analytical synthesis of the stability-complexity debate [J] . The American Naturalist, 144 (1): 14-29.

Haydon D T. 2000. Maximally stable model ecosystems can be highly connected [J] . Ecology, 81 (9):

2631-2636.

Heleno R, Devoto M, Pocock M. 2012. Connectance of species interaction networks and conservation value: Is it any good to be well connected? [J] . Ecological Indicators, 14 (1): 7-10.

Herrera C M. 1985. Determinants of plant- animal coevolution: The case of mutualistic dispersal of seeds by vertebrates [J] . Oikos, 44: 132-141.

Hooper D U, Chapin Ⅲ F S, Ewel J J, et al. 2005. Effects of biodiversity on ecosystem functioning: A consensus of current knowledge [J] . Ecological Monographs, 75 (1): 3-35.

Hughes J B, Roughgarden J. 1998. Aggregate community properties and the strength of species' interactions [J] . Proceedings of the National Academy of Sciences, 95 (12): 6837-6842.

Hui C, Richardson D M. 2017. Invasion Dynamics [M] . Oxford: Oxford University Press.

Ives A R, Klug J L, Gross K. 2000. Stability and species richness in complex communities [J] . Ecology Letters, 3 (5): 399-411.

Jacquet C, Moritz C, Morissette L, et al. 2016. No complexity- stability relationship in empirical ecosystems [J] . Nature Communications, 7 (1): 12573.

James A, Pitchford J W, Plank M J. 2012. Disentangling nestedness from models of ecological complexity [J] . Nature, 487 (7406): 227-230.

Jordano P. 1987. Patterns of mutualistic interactions in pollination and seed dispersal: Connectance, dependence a-symmetries, and coevolution [J] . The American Naturalist, 129 (5): 657-677.

Jordano P, Bascompte J, Olesen J M. 2003. Invariant properties in coevolutionary networks of plant-animal interactions [J] . Ecology Letters, 6 (1): 69-81.

Kokkoris G D, Jansen V A A, Loreau M, et al. 2002a. Variability in interaction strength and implications for biodiversity [J] . Journal of Animal Ecology, 71 (2): 362-371.

Kokkoris G D, Troumbis A Y, Lawton J H. 1999. Patterns of species interaction strength in assembled theoretical competition communities [J] . Ecology Letters, 2 (2): 70-74.

Kokkoris G D, Troumbis A, Lawton J H. 2002b. Patterns of species interaction strength in assembled competition communities [J] . Ecology Letters, 2: 70-74.

Krause A E, Frank K A, Mason D M, et al. 2003. Compartments revealed in food- web structure [J] . Nature, 426 (6964): 282-285.

Landi P, Piccardi C. 2014. Community analysis in directed networks: In-, out-, and pseudocommunities [J] . Physical Review E, 89 (1): 012814.

Lawlor L R. 1980. Structure and stability in natural and randomly constructed competitive communities [J] . The American Naturalist, 116 (3): 394-408.

Lehman C L, Tilman D. 2000. Biodiversity, stability, and productivity in competitive communities [J] . The American Naturalist, 156 (5): 534-552.

MacArthur R. 1955. Fluctuations of animal populations and a measure of community stability [J] . Ecology, 36 (3): 533-536.

Martinez N D. 1992. Constant connectance in community food webs [J] . The American Naturalist, 139 (6): 1208-1218.

Martinez N D. 1994. Scale-dependent constraints on food-web structure [J] . The American Naturalist, 144 (6): 935-953.

May R M. 1972. Will a large complex system be stable? [J] . Nature, 238 (5364): 413-414.

May R M. 1973. Qualitative stability in model ecosystems [J] . Ecology, 54 (3): 638-641.

May R M. 2019. Stability and Complexity in Model Ecosystems [M]. Princeton: Princeton University Press.

McCann K, Hastings A, Huxel G R. 1998. Weak trophic interactions and the balance of nature [J]. Nature, 395 (6704): 794-798.

Mello M A R, Marquitti F M D, Guimarães P R, et al. 2011. The modularity of seed dispersal: Differences in structure and robustness between bat and bird-fruit networks [J]. Oecologia, 167: 131-140.

Memmott J. 1999. The structure of a plant-pollinator food web [J]. Ecology Letters, 2 (5): 276-280.

Memmott J, Waser N M, Price M V. 2004. Tolerance of pollination networks to species extinctions [J]. Proceedings of the Royal Society of London. Series B: Biological Sciences, 271 (1557): 2605-2611.

Minoarivelo H O, Hui C. 2016. Trait- mediated interaction leads to structural emergence in mutualistic networks [J]. Evolutionary Ecology, 30: 105-121.

Montoya J M, Pimm S L, Solé R V. 2006. Ecological networks and their fragility [J]. Nature, 442 (7100): 259-264.

Montoya J M, Solé R V. 2002. Small world patterns in food webs [J]. Journal of Theoretical Biology, 214 (3): 405-412.

Moore J C, William Hunt H. 1988. Resource compartmentation and the stability of real ecosystems [J]. Nature, 333 (6170): 261-263.

Namba T. 2015. Multi- faceted approaches toward unravelling complex ecological networks [J]. Population Ecology, 57: 3-19.

Neutel A M, Heesterbeek J A P, de Ruiter P C. 2002. Stability in real food webs: Weak links in long loops [J]. Science, 296 (5570): 1120-1123.

Neutel A M, Heesterbeek J A P, Van de Koppel J, et al. 2007. Reconciling complexity with stability in naturally assembling food webs [J]. Nature, 449 (7162): 599-602.

Newman M. 2010. Networks: An Introduction [M]. Oxford: Oxford University Press.

Newman M E J, Girvan M. 2004. Finding and evaluating community structure in networks [J]. Physical Review E, 69 (2): 026113.

Novak M, Yeakel J D, Noble A E, et al. 2016. Characterizing species interactions to understand press perturbations: What is the community matrix? [J]. Annual Review of Ecology, Evolution, and Systematics, 47: 409-432.

Odum E P, Barrett G W. 2004. Fundamentals of Ecology. 5th edition [M]. Belmont: Cengage Learning, 624: 9780534420666.

Okuyama T. 2008. Do mutualistic networks follow power distributions? [J]. Ecological Complexity, 5 (1): 59-65.

Okuyama T, Holland J N. 2008. Network structural properties mediate the stability of mutualistic communities [J]. Ecology Letters, 11 (3): 208-216.

Olesen J M, Bascompte J, Dupont Y L, et al. 2007. The modularity of pollination networks [J]. Proceedings of the National Academy of Sciences, 104 (50): 19891-19896.

Olesen J M, EskildsenLI, Venkatasamy S. 2002. Invasion of pollination networks on oceanic islands: Importance of invader complexes and endemic super generalists [J]. Diversity and Distributions, 8 (3): 181-192.

Olesen J M, Jordano P. 2002. Geographic patterns in plant- pollinator mutualistic networks [J]. Ecology, 83 (9): 2416-2424.

Olito C, Fox J W. 2015. Species traits and abundances predict metrics of plant- pollinator network structure, but not pairwise interactions [J]. Oikos, 124 (4): 428-436.

Otto S B, Rall B C, Brose U. 2007. Allometric degree distributions facilitate food-web stability [J]. Nature, 450 (7173): 1226-1229.

Paine R T. 1966. Food web complexity and species diversity [J]. The American Naturalist, 100 (910): 65-75.

Paine R T. 1992. Food-web analysis through field measurement of per capita interaction strength [J]. Nature, 355 (6355): 73-75.

Pascual M, Dunne J. 2006. Ecological Networks: Linking Structure to Dynamics in Food Webs [M]. Oxford: Oxford University Press.

Pietro L, Henintsoa O M, Ake B, et al. 2018. Complexity and stability of ecological networks: A review of the theory [J]. Population Ecology, 60: 319-345.

Pimm S L. 1979. Complexity and stability: Another look at MacArthur's original hypothesis [J]. Oikos, 33: 351-357.

Pimm S L. 1980. Properties of food webs [J]. Ecology, 61 (2): 219-225.

Pimm S L. 1984. The complexity and stability of ecosystems [J]. Nature, 307 (5949): 321-326.

Pimm S L, Lawton J H. 1978. On feeding on more than one trophic level [J]. Nature, 275 (5680): 542-544.

Pimm S L, Lawton J H, Cohen J E. 1991. Food web patterns and their consequences [J]. Nature, 350 (6320): 669-674.

Poisot T, Gravel D. 2014. When is an ecological network complex? Connectance drives degree distribution and emerging network properties [J]. PeerJ, 2: e251.

Polis G A. 1991. Complex trophic interactions in deserts: An empirical critique of food-web theory [J]. The American Naturalist, 138 (1): 123-155.

Rezende E L, Jordano P, Bascompte J. 2007. Effects of phenotypic complementarity and phylogeny on the nested structure of mutualistic networks [J]. Oikos, 116 (11): 1919-1929.

Rohr R P, Saavedra S, Bascompte J. 2014. On the structural stability of mutualistic systems [J]. Science, 345 (6195): 1253497.

Rooney N, McCann K, Gellner G, et al. 2006. Structural asymmetry and the stability of diverse food webs [J]. Nature, 442 (7100): 265-269.

Rosvall M, Bergstrom C T. 2007. An information-theoretic framework for resolving community structure in complex networks [J]. Proceedings of the national academy of sciences, 104 (18): 7327-7331.

Shannon C E. 1948. A mathematical theory of communication [J]. The Bell System Technical Journal, 27 (3): 379-423.

Sole R V, Montoya M. 2001. Complexity and fragility in ecological networks [J]. Proceedings of the Royal Society of London. Series B: Biological Sciences, 268 (1480): 2039-2045.

Sprules W G, Bowerman J E. 1988. Omnivory and food chain length in zooplankton food webs [J]. Ecology, 69 (2): 418-426.

Stouffer D B, Bascompte J. 2011. Compartmentalization increases food-web persistence [J]. Proceedings of the National Academy of Sciences, 108 (9): 3648-3652.

Suweis S, Grilli J, Banavar J R, et al. 2015. Effect of localization on the stability of mutualistic ecological networks [J]. Nature Communications, 6 (1): 10179.

Thébault E, Fontaine C. 2010. Stability of ecological communities and the architecture of mutualistic and trophic networks [J]. Science, 329 (5993): 853-856.

Tilman D. 1996. Biodiversity: Population versus ecosystem stability [J]. Ecology, 77 (2): 350-363.

Tilman D. 1999. The ecological consequences of changes in biodiversity: A search for general principles [J].

Ecology, 80 (5): 1455-1474.

Tilman D, Downing J A. 1994. Biodiversity and stability in grasslands [J]. Nature, 367 (6461): 363-365.

Tilman D, Lehman C L, Bristow C E. 1998. Diversity-stability relationships: Statistical inevitability or ecological consequence? [J]. The American Naturalist, 151 (3): 277-282.

Tilman D, Lehman C L, Thomson K T. 1997. Plant diversity and ecosystem productivity: Theoretical considerations [J]. Proceedings of the National Academy of Sciences, 94 (5): 1857-1861.

Tylianakis J M, Laliberté E, Nielsen A, et al. 2010. Conservation of species interaction networks [J]. Biological Conservation, 143 (10): 2270-2279.

Tylianakis J M, Tscharntke T, Lewis O T. 2007. Habitat modification alters the structure of tropical host-parasitoid food webs [J]. Nature, 445 (7124): 202-205.

Van Altena C, Hemerik L, De Ruiter P C. 2016. Food web stability and weighted connectance: The complexity-stability debate revisited [J]. Theoretical Ecology, 9 (1): 49-58.

Vieira M C, Almeida-Neto M. 2015. A simple stochastic model for complex coextinctions in mutualistic networks: Robustness decreases with connectance [J]. Ecology Letters, 18 (2): 144-152.

Waser N M, Chittka L, Price M V, et al. 1996. Generalization in pollination systems, and why it matters [J]. Ecology, 77 (4): 1043-1060.

Wheelwright N T, Orians G H. 1982. Seed dispersal by animals: contrasts with pollen dispersal, problems of terminology, and constraints on coevolution [J]. The American Naturalist, 119 (3): 402-413.

Williams R J, Martinez N D. 2000. Simple rules yield complex food webs [J]. Nature, 404 (6774): 180-183.

Wootton J T, Emmerson M. 2005. Measurement of interaction strength in nature [J]. Annual Review of Ecology Evolution & Systematics, 36: 419-444.

Yachi S, Loreau M. 1999. Biodiversity and ecosystem productivity in a fluctuating environment: The insurance hypothesis [J]. Proceedings of the National Academy of Sciences, 96 (4): 1463-1468.

Yodzis P. 1981. The stability of real ecosystems [J]. Nature, 289 (5799): 674-676.

Zhang F, Hui C, Terblanche J S. 2011. An interaction switch predicts the nested architecture of mutualistic networks [J]. Ecology Letters, 14 (8): 797-803.

第3章 近海生态系统食物网评估技术与方法

3.1 食物网构建技术

食物网是由物种和物种间相互作用形成的复杂网络，是生物多样性与生态功能关系的主要体现。大量关于食物网结构的研究表明，营养网络结构的变化和食物网的稳定性可以反映生态系统的成熟或健康状况（De Visser et al.，2011；Van der Zee et al.，2016；Wang et al.，2022）。在海洋生态系统中，已有研究通过定性和定量解析并构建食物网，分析生态系统现状和受损情况，从而评估生态系统稳定性现状（俞昊天，2020）。目前食物网构建技术主要包括：①胃（肠）含物分析技术；②脂肪酸生物标志物法；③稳定同位素分析技术；④新兴的DNA条形码技术。

3.1.1 胃（肠）含物分析技术

胃（肠）含物分析技术是探索海洋食物网动态的一种重要且普遍的方法（Sánchez-Hernández and Cobo，2018）。这种方法是通过直接解剖生物胃、肠，观察未被消化的食物，根据观察到的食物数量、质量或者体积以确定食源组成及比例。胃（肠）含物分析技术在食性分析和确定营养级方面具有较为直观、可操作性很强、成本低的优点。例如，唐峰华等（2020）利用胃（肠）含物分析技术得到了我国西北太平洋公海日本鲭的食性特征和生态位宽度。很多综述为胃（肠）含物分析提供了关键方法参考，对鱼类胃（肠）含物的各种分析方法进行了严格评估，并讨论了其在实际应用中的困难性和一些可行性替代办法（Hyslop，1980；Amundsen and Sánchez-Hernández，2019）。

传统胃（肠）含物分析的描述方法主要包括出现法、数量法、体积法、重量法和主观观测法（Hyslop，1980）。当样本量较小或者食物种类变化较大时，不同方法得出的结果可能会不同。因此结合多种数据计算的指数被认为更具有代表性。描述食物组成的指数形式可以分为单一指数和综合性指数（薛莹和金显仕，2003）。单一指数主要包括出现频率（F）、个数百分比（N）、体积百分比（V）、质量百分比（W）（Hyslop，1980）；综合性指数主要包括相对重要性指数（IRI）、绝对重要性指数（AI）、优势指数（I_P）、几何重要性指数（GII_J）等（Pinkas et al.，1971；高小迪等，2018）。综合性指数计算公式分别如下：

$$\mathrm{IRI}=(N+V)\times F \tag{3.1}$$

$$\mathrm{AI}=F+N+W \tag{3.2}$$

$$I_P = V_i F_i / \sum V_i F_i \tag{3.3}$$

$$GII_J = (\sum V_i)_j / \sqrt{n} \tag{3.4}$$

然而目前关于胃（肠）含物分析技术的标准化方法尚未达成共识（Buckland et al., 2017），例如猎物的脂肪含量差异、食物颗粒大小、食物消化吸收的难易程度等都不可避免地会影响分析结果，造成分析误差（Amundsen and Sánchez-Hernández, 2019）。此外，该方法只能反映消费者短时间内的饮食情况。有些水生动物在不同的生长时期存在食性转换，其摄食情况会随着个体大小或者环境变化发生改变，因此为保证食性观察结果与动物的实际摄食情况相吻合，需要保证一定的采样频率和大量的样本量，这在实际操作中需要较大的人力和物力。该技术对于小个体的消费者的食性鉴定也比较困难，无法准确确定消费者的营养级位置，因此胃（肠）含物分析通常与其他方法结合使用（徐雯等，2022；杨凡等，2023）。例如，Horswill 等（2018）使用稳定同位素和 DNA 条形码技术，结合 26 年的胃（肠）含物数据集，提供了企鹅关于猎物物种多样性和饮食整体营养特征的信息。

3.1.2 脂肪酸生物标志物法

脂肪酸（fatty acid）是一种富含碳的化合物，主要以三羧酸甘油酯和磷脂的形式存在，在生物体的各组织器官中广泛分布（Magnone et al., 2015）。有研究认为摄食是影响生物组织脂肪酸组成情况的最重要的外部因素（Steven et al., 2014）。脂肪酸在消化过程中可以保持结构的相对稳定，在从摄食的脂类分子中释放出来后不会被降解掉。此外，脂肪酸在被吸收后会被用作能量或经过重新脂化储存在脂肪中，具有可储存性，因此可以反映出物种较长一段时间的摄食情况。不同种类的水生生物具有其特殊的脂肪酸组成，有些物种甚至含有特征脂肪酸，这种合成能力的差异性和物种特异性可以被用于分析捕食者的食性以及不同营养级之间的摄食关系（Rohner et al., 2013）。基于以上特征，脂肪酸作为生物标志物在海洋食物网定性和定量研究中已被广泛应用（Ramos and González-Solís, 2012；王娜，2008）。例如，任崇兰（2021）利用脂肪酸生物标志物法和定量脂肪酸特征分析模型对浙江南部海域食物网结构进行了探讨。

与胃（肠）含物分析技术相比，脂肪酸组成分析在需要更少的样本量的同时，也可以反映生物长期的摄食情况，可以减少胃（肠）含物分析的偶然性，在食物网构建工作中也常作为胃（肠）含物分析的一种补充方法。

3.1.3 稳定同位素分析技术

稳定同位素指的是在某个元素中不会发生放射性衰变或者说发生概率微乎其微的同位素，作为一种自然的示踪物在自然界中广泛存在（林光辉，2013）。其中，碳、氮（$\delta^{13}C$、$\delta^{15}N$）稳定同位素分析在海洋生态系统的食物网构建工作中应用更为广泛，为研究食物网及其相关影响提供了重要作用，成为研究营养级关系和同位素来源的有效手段（McCary et al., 2016；徐军等，2020）。生物组织 $\delta^{13}C$ 含量与食源较接近，可以反映出消费者长期的摄食信息，因此常用于追溯水体消费者的食物来源。而 $\delta^{15}N$ 在消费者体内具有富集效应，多用于判定生物在食物网中的营养级位置（张硕等，2019）。国内外学者利用稳定同位素技术已经开展了大量关于食性组成和食物网构建的研究工作。例如，尹洪洋等（2022）以碳（$\delta^{13}C$）、氮（$\delta^{15}N$）稳定同位素技术为基础构建了三亚蜈支洲岛海洋牧场生态系统食物网，为了解该生态系统营养结构提供了基础数据；Cremona 等（2014）利用碳、氮稳定同位素特征评价了爱沙尼亚大型浅水浑浊湖的底栖生物食物网结构。

稳定同位素技术的优点在于克服了以往方法的复杂性和单一性。与传统胃（肠）含物分析法相比，稳定同位素组成能够更真实地反映一段时间内消费者的食源情况，且需要更少的样本量，为了解生态系统中元素循环、物质能量循环提供了极大帮助（高小迪等，2018）。

3.1.4 DNA 条形码技术

DNA 条形码技术是基于一段或几段短的、通用的标准 DNA 序列以实现快速鉴定物种的一项技术，在 21 世纪开始兴起（Howell et al.，2004），在海洋生态系统食性分析和食物网构建工作中已被广泛应用（席晓晴等，2015）。DNA 条形码技术根据自然界中生物基因序列的唯一性，通过提取捕食者胃、肠道或粪便中的 DNA，经过 PCR 扩增、纯化后进行基因测序，并将序列结果与基因库进行对比，进而判别所取食猎物种类（高小迪等，2018）。例如，Sakaguchi 等（2017）分别基于胃（肠）含物分析和 DNA 条形码技术分析了鲑鱼（*Oncorhynchus keta*）幼鱼的猎物丰富度，发现 DNA 条形码技术可以大幅提高胃（肠）含物分析分辨率水平。Yoon 等（2017）采用二代测序（NGS）技术对南极美露鳕（*Dissostichus mawsoni*）的胃内容物进行了分析，并与形态学分析的数据进行比较，以相对较低的成本和较短的分析时间获得了准确的食性信息。

整体而言，DNA 条形码技术所需的样本量较少，并且可以保证较高的食源鉴定的分辨率。但所需研究成本较高、对样品采集的时效性要求也较高，而且只能研究消费者几天内的摄食情况。此外，基因库仍然处于不断完善阶段，可能会造成一些结果无法比对，因此该技术常作为辅助手段与其他分析技术结合使用。

3.2 近海生态系统食物网模型及相互作用环识别模型

食物网稳定性是表征生态系统稳定性的有效途径，其营养结构关系将种群动态、群落结构、种间关系、生物多样性、生态系统生产力和稳定性等结合。维护食物网稳定是保障变化环境下湿地生态系统结构完整、功能健全的关键，是近海生态系统生态保护和修复的重要环节。

3.2.1 基于 Ecopath 的生态系统食物网模型

1）基于贝叶斯的稳定同位素混合模型

首先通过文献调研确定捕食者与被捕食者之间的潜在食源关系，进而通过基于贝叶斯的稳定同位素混合模型（SIAR 模型）确定消费者的定量食源组合比例。

SIAR 模型采用马尔可夫链-蒙特卡洛模拟，利用狄利克雷先验分布产生消费者的食源贡献比例分布，模型运行次数设为 10 000 次。主要模型结构公式如下：

$$X_{ij} \sim N(S_{ij}, \sigma_{ij}^2) \tag{3.5}$$

$$S_{ij} = \frac{\sum_{m-1}^{M_i} p_{ik_{i[m]}} Q_{jk_{i[m]}} (S_{jk_{i[m]}} + c_{jk_{i[m]}})}{\sum_{m=1}^{M_i} p_{ik_{i[m]}} Q_{jk_{i[m]}}} \tag{3.6}$$

$$c_{jk_{i[m]}} \sim N(\Lambda_j, \tau_{jk_{i[m]}}^2) \tag{3.7}$$

$$p_{ik_{i[1]}}, \cdots, p_{ik_{i[m_i]}} \sim \text{Dirichlet}(\alpha_{i1}, \cdots, \alpha_{iM_i}) \tag{3.8}$$

式中，X_{ij}为稳定同位素 j 在消费者 i 中的含量，服从正态分布，均值为 S_{ij}，标准差为σ_{ij}^2；$c_{jk_{i[m]}}$为在食物链中从食物资源 $k_{i[m]}$到消费者 i 的营养富集因子（$k_{i[m]}$是消费者 i 的第 m 个食物资源）；$p_{ik_{i[m]}}$为食物资源 $k_{i[m]}$对消费者 i 的食源贡献比例；$S_{jk_{i[m]}}$为稳定同位素 j 在消费者 i 的 $k_{i[m]}$个食物资源中的均值；$Q_{jk_{i[m]}}$为稳定同位素 j 在食物资源 $k_{i[m]}$中的测定含量；α_{i1}，…，α_{iM_i}为服从狄利克雷先验分布的参数；Λ_j 和$\tau_{jk_{i[m]}}^2$分别为在多个食物链中稳定同位素 j 的营养富集因子的均值和先验分布变量。

对于模型中的营养富集因子（TEF）的均值及标准差，参考国内外相关参考文献，确定对应 N，TEF 在 2‰~5‰，平均值为 3.4‰。c 的 TEF 在 0‰~1‰，平均值为 0.4‰。

2）Ecopath 模型

Ecopath 模型描述了稳态条件下，特定时间内一个生态系统营养物质的平衡，故称能量通道模型，又称生态系统稳态营养模型。Ecopath 模型基于两个主方程：一个主方程描述物质平衡，另一个主方程描述能量平衡。

$$P_i = Y_i + B_i M_i + E_i + \text{BA}_i + M_{oi} \tag{3.9}$$

式中，P_i为总生产量；Y_i为总捕捞量；B_i为生物量；M_i为捕食死亡率；E_i为净迁移量；BA_i为生物量的累积；M_{oi}为功能组的其他死亡，$M_{oi} = P_i\ (1-\text{EE}_i)$，其中 EE_i为生态营养转换效率（指生产量在生态系统中被利用的比例）。

$$Q_i = P_i + R_i + U_i \tag{3.10}$$

式中，Q_i为功能组 i 的消耗量；R_i为功能组 i 呼吸量；U_i为功能组 i 未消化的食物量。

Ecopath 模型中每个功能组满足等式：每个功能群的生物生产量=渔获量+捕食死亡+生物量积累量+净迁移量+其他死亡。假设各生物组的食性在研究期间保持不变，生产力被利用的公式可以进一步被表示为

$$B_i \times \left(\frac{P}{B}\right)_i \times \text{EE}_i - \sum_{i=1}^{n} B_i \times \left(\frac{Q}{B}\right)_i \times \text{DC}_{ji} - Y_i - E_i - \text{BA}_i = 0 \tag{3.11}$$

建立 Ecopath 模型需要输入的基本参数：生物量 B_i、生产量/生物量（P/B）$_i$、消耗量/生物量（Q/B）$_i$、生态营养转换效率 EE_i、捕捞量 Y_i、食物网矩阵 DC_{ji}，其中 Y_i、DC_{ji}是必须输入的，其他 4 个参数需要输入任意 3 个，其中 EE_i在平衡的系统中介于 0~1。

建立的 Ecopath 模型要保证功能组能够覆盖能量的全部流动过程。能量在系统中的移

动可用能量形式［如碳（g C/m^2）或生物湿重（t/km^2）］或营养形式［如氮（mg N/m^2）或磷（mg P/m^2）］表示。模型的时间尺度可以设置为 1 年或 1 个月或数月。调试策略（调整顺序）如下：①模型平衡要满足的基本条件为 $0<EE\leqslant 1$；②P/Q 值不超过 0.6；③生物量值；④食物网矩阵 DC_{ji}。

3）近海生态系统食物网的营养动力过程模型

基于 Lotka-Volterra 模型构建近海生态系统食物网的营养动力过程模型。模型描述了捕食者与被捕食者的种群动态变化过程，其中，碎屑者的生物量动态变化为

$$\dot{X}_D = \frac{\mathrm{d}X_D}{\mathrm{d}t} = R_D + \sum_{i=1}^{n}\sum_{j=1}^{n}(1-a_i)C_{ij}X_jX_i + \sum_{i=1}^{n}d_iX_i - \sum_{j=1}^{n}C_{Dj}X_DX_j \tag{3.12}$$

式中，$\dot{X}_D$为碎屑者 D 的生物量增长率；X_i、X_j、X_D 分别为营养组 i、营养组 j、碎屑者 D 的生物量，g/m^2；R_D 为初级生产者分泌物进入碎屑的速率，g/m^2；a_i 为同化效率；C_{ij}为营养组 j 对营养组 i 的取食系数，m^2/（g · a）；C_{Dj}为营养组 j 对碎屑者 D 的取食系数，m^2/（g · a）；d_i 为特定死亡率（可能是由营养不足、物理或化学环境条件的限制、寄生等导致的非捕食死亡率）。

生产者生物量的动态变化为

$$\dot{X}_i = \frac{\mathrm{d}X_i}{\mathrm{d}t} = X_i\left(r_i - \sum_{j=1}^{n}C_{ij}X_j\right) \tag{3.13}$$

式中，$\dot{X}_i$为生产者 i 的生物量增长率；r_i为生产者 i 的内禀增长率。

消费者生物量的动态变化为

$$\dot{X}_i = \frac{\mathrm{d}X_i}{\mathrm{d}t} = X_i\left(-d_i - \sum_{j=1}^{n}C_{ij}X_j + \sum_{j=1}^{n}a_ip_iC_{ji}X_j\right) \tag{3.14}$$

式中，$\dot{X}_i$为消费者 i 的增长率；p_i 为消费者 i 的生产效率。

营养组 j 对营养组 i 的相互作用强度 α_{ij}是指在平衡态时，营养组 j 密度或生物量轻微变化后，营养组 i 的生物量的瞬时变化率，数学上可表达为 $\alpha_{ij} = \left(\dfrac{\partial \dfrac{\mathrm{d}X_i}{\mathrm{d}t}}{\partial X_j}\right)^*$，式中，$\partial \dfrac{\mathrm{d}X_i}{\mathrm{d}t}$表征营养组 i 的密度或生物量的瞬时变化率，$*$ 表示平衡态。在平衡点处，利用泰勒展开式将二维模型降为一维，可得到食物网的雅可比矩阵，即由各偏导数组成的矩阵。

在平衡点处，生产者或消费者生物量动态变化式的泰勒展开式为

$$g(\dot{X}_i) = f_i(X_1^*, X_2^*, \cdots, X_n^*) + (X_1 - X_1^*)\frac{\partial f_i}{\partial X_1} + (X_2 - X_2^*)\frac{\partial f_i}{\partial X_2} + \cdots + (X_n - X_n^*)\frac{\partial f_i}{\partial X_n} \tag{3.15}$$

由于各营养组处于平衡态，则 $f_i(X_1^*, X_2^*, \cdots, X_n^*) = 0$，进一步写成矩阵形式为

$$\begin{bmatrix} \dot{x}_1 \\ \dot{x}_2 \\ \vdots \\ \dot{x}_n \end{bmatrix} = \begin{bmatrix} \frac{\partial f_1}{\partial X_1} & \frac{\partial f_1}{\partial X_2} & \cdots & \frac{\partial f_1}{\partial X_n} \\ \frac{\partial f_2}{\partial X_1} & \frac{\partial f_2}{\partial X_2} & \cdots & \frac{\partial f_2}{\partial X_n} \\ \vdots & \vdots & & \vdots \\ \frac{\partial f_n}{\partial X_1} & \frac{\partial f_n}{\partial X_2} & \cdots & \frac{\partial f_n}{\partial X_n} \end{bmatrix} \begin{bmatrix} X_1 \\ X_2 \\ \vdots \\ X_n \end{bmatrix} \tag{3.16}$$

式中，各偏导数组成的矩阵即为雅可比矩阵。

在平衡点时，可进一步将 Lotka-Volterra 模型和 Ecopath 模型耦合，耦合方程为 $F_{ij}=C_{ij}X_iX_j$ 和 $X_i^*=B_i$，式中，F_{ij} 为 Ecopath 获取的营养组 j 对营养组 i 的碳流通量，B 为野外多次实测生物量，将碳流通量和生物量数据代入雅可比矩阵得到相互作用强度矩阵。在这里，相互作用强度矩阵仅考虑近海生态系统食物网内生物群落间的相互作用强度，不考虑生物群落与碎屑之间的相互作用。在该矩阵中，上三角矩阵元素表示基于下行效应的捕食者 j 对被捕食者 i 的相互作用强度，为

$$\alpha_{ij} = -C_{ij}X_i^* = -\frac{F_{ij}}{B_j} \tag{3.17}$$

下三角矩阵元素表示基于上行效应的被捕食者 i 对捕食者 j 的相互作用强度，为

$$\alpha_{ji} = a_j p_j c_{ji} X_j^* = \frac{a_j p_j F_{ij}}{B_i} \tag{3.18}$$

相互作用强度矩阵的对角线元素代表营养组的种内相互作用强度。受数据的限制，种内相互作用强度较难通过实际数据量化。有研究分析了种内相互作用强度不同对食物网稳定性的影响，包括：①所有营养组的种内相互作用强度相等（多设为-1 或 0）；②依赖于营养级高低；③依赖于生物量大小；④依赖于特定死亡率的大小，发现不同假设的种内相互作用强度对不同经验食物网的稳定性的排序影响不大。

当相互作用强度矩阵最大特征根的实部为负值时，反映该食物网是稳定的。近年来的研究多将种内相互作用强度假设为 0，这时，相互作用强度矩阵的特征根会有一些实部为正值，则不能在严格的数学意义上认为该矩阵是稳定的，然而，最大特征根的实部 $\mathrm{Re}(\lambda_{\max})$ 仍可表示稳定性的大小，$\mathrm{Re}(\lambda_{\max})$ 越小，食物网的稳定性越高，即当食物网受到较小的干扰后，其返回原平衡态的能力较强。数学意义上，该值反映了相互作用强度矩阵达到稳定所需的最小的种内相互作用强度值。

3.2.2 基于相互作用强度的食物网内相互作用环的识别方法

相互作用环指食物网内由功能群间的相互作用形成的闭合回路，且环内无重复连接的功能群或相互作用，这里，相互作用既包括捕食者对被捕食者的相互作用又包括被捕食者对捕食者的相互作用。环内功能群的个数为环长。对食物网内相互作用环的识别有利于分析食物网内物种之间相互作用强度的分布特征，进而识别影响食物网稳定性较大的关键相互作用环，有利于为系统尺度的生态修复提供科学支撑。

本书共识别了食物网内由3～8个功能群间相互作用组成的环，即环长3～8。这里以包含3个功能群的环为例，介绍其内部结构。食物网内包含杂食者的3个功能群可形成集团内捕食模块（intraguild predation module，图3.1），该模块内包含基础食源（basal prey，b）、中间消费者（intermediate consumer，i）和杂食者（omnivore，t），杂食者捕食中间消费者和基础食源，同时，中间消费者进一步和杂食者竞争摄食基础食源。集团内捕食模块可产生两个杂食性环（omnivorous loops）：一个为正反馈的杂食性环（逆时针环，包含两个负相互作用强度即捕食者对被捕食者的相互作用强度 α_{it}、α_{bi} 和一个正相互作用强度即被捕食者对捕食者的相互作用 α_{tb}）；另一个为负反馈的杂食性环（顺时针环，包含两个正相互作用强度 α_{ti}、α_{ib} 和一个负相互作用强度 α_{bt}）。这里的正、负反馈是指形成相互作用环的所有相互作用强度的乘积为正值或负值。

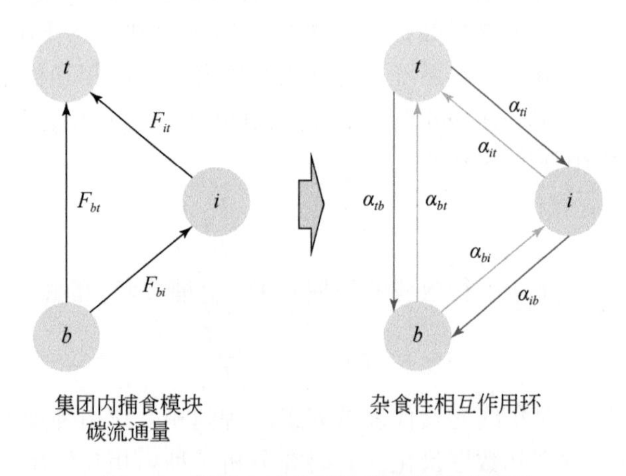

图3.1　集团内捕食模块形成的杂食性环

其中，相互作用环内箭头代表捕食者对被捕食者的相互作用和被捕食者对捕食者的相互作用。

环内相互作用强度绝对值的几何平均值为环的环重：

$$W^{(k)} = |\alpha_{i_1i_2}\alpha_{i_2i_3}\cdots\alpha_{i_ki_1}|^{1/k} \tag{3.19}$$

式中，W 为环重；k 为环长；$\alpha_{i_1i_2}$ 为环中功能群 i_2 对功能群 i_1 的相互作用强度。已有研究证实食物网内相互作用环的最大环重对食物网稳定性有显著的表征作用，即最大环重越高，食物网越不稳定。因此对食物网内每个相互作用环进行环重量化，有利于识别抑制食物网稳定性较大的关键相互作用环。

3.3　近海食物网稳定性评估方法

3.3.1　稳定性

在理论研究中，当物种 j 在平衡浓度受到微小干扰时，物种 i 的增长速度会发生改变，改变量以矩阵 $\boldsymbol{A}$ 的元素 a_{ij} 表示。平衡浓度即为平稳状态，物种浓度随时间保持不变。矩

阵 **A** 相当于动态系统的雅可比矩阵，动态系统建立在连续时间基础上，雅可比矩阵在平衡点估算，有时也称为群落矩阵。该矩阵对于研究平衡点的局部稳定性特别重要。实际上，雅可比矩阵最大特征值实部决定系统的稳定性。如果最大特征值实部为正，该平衡点不稳定，也就是说，该平衡点任何一个极小扰动都会被放大，直至收敛于另一个平衡点或者极限环甚至混沌。在另一个平衡点，群落中的某些物种可能会灭绝。如果最大特征值实部为负，平衡点附近的扰动会被抑制，系统回到原来的平衡点，则该平衡点是局部稳定的。最大特征值实部的符号可以指示稳定性。对于稳定平衡点，最大特征根实部绝对值的倒数暗示系统回到原来平衡点的时间。经受干扰之后快速回到原来平衡点的能力称为弹性（resilient）。如果最大特征值实部为负，其绝对值就是弹性。弹性只是定义在稳定平衡点上，它只是系统的一种渐近性质，不同于 Neubert 和 Caswell（1997）提出的瞬间指标。全局稳定性和局部稳定性意味着任何小的扰动都会被吸引。全局稳定性通常发生在一个平衡点的线性系统上。

当改变参数值时，系统的平衡点、极限环和混沌等动态行为并未改变，这称为结构稳定性（structural stability）（Solé and Valls，1992）。但是，Rohr 等（2014）拓展了结构稳定性，所有系统物种共存的概率或者吸引域拓展为结构稳定性。如果平衡点所有物种（S）共存，密度大于0，该平衡点称为可行平衡点。假设系统处在一个可行平衡点上，缓慢改变一个参数如环境容量、内在增长率、捕食转化率和处理时间等，将会将系统带到另外一个可行平衡点，两个平衡点的物种密度不同。如果系统接近某个参数的分岔点，再改变此参数值，系统的渐近性质可能发生定性的变化。这种定性变化可能是从可行平衡点到不可行平衡点（有些物种灭绝），或者到非平稳周期轨道等。将所有具有可行平衡点的参数用图形描绘出来就是稳定共存的吸引域，该吸引域反映了结构稳定性，吸引域越大说明系统结构越稳定（Rohr et al.，2014）。

在平衡点共存物种的数量也是稳定性的一种度量，在可行平衡点，共存物种数量为整个网络的丰富度 S。如果某些物种灭绝，共存物种就会减少。如果一个物种在参数改变时，一直不灭绝，称为持续性（persistence）。持续物种占整个物种的比例也是一种稳定性度量（Thébault and Fontaine，2010）。

对于非平稳的渐近状态如极限环和混沌吸引子，采用李雅普诺夫指数来衡量稳定性。如果研究经验时间序列，其他稳定性指标可能更有用。例如，时间稳定性（temporal stability），或者可变性（variability）。时间稳定性定义为均值和标准差的比例（变异系数的倒数）。

另一种考虑稳定性的方法是从系统中移除目标物种。一个目标物种被移除后，其他物种的损失用批量灭绝（extinction cascade）衡量。稳健性（robustness）（Dunne et al.，2002）、删除稳定性（deletion stability）和抵抗力（resistance）（Borrvall et al.，2000）衡量系统抵抗批量灭绝的能力。物种可以随机删除，也可以选择连接数最多的物种或者最高或最低的营养级别物种进行删除。

代替移除物种，可入侵性（invasibility）描述一个系统或者原生物种被新物种入侵的倾向性（Hui et al.，2016）。相比容易被外来生物入侵的系统，没有被外来生物入侵的系统更稳定。抵抗入侵性可以用来衡量系统稳定性。入侵物种可以导致系统新的稳定可行平衡，最坏的情形是导致更多物种灭绝（Hui et al.，2016）。

不同系统稳定性指标见表3.1，见Pimm（1984）、Logofet（2005）、Ives和Carpenter（2007），以及Donohue等（2013）、Borrelli等（2015）对各种稳定性概念的总结。

表3.1　网络稳定性度量

网络稳定性指标	定义	文献
渐近稳定性	生态系统在小的干扰下回到原来的平衡状态	Macarthur，1955；May，1972
		食物网：De Angelis，1975；De Ruiter et al.，1995；Haydon，2000；Neutel et al.，2002，2007；Emmerson and Yearsley，2004；Emmerson and Raffaelli，2004；Rooney et al.，2006；Otto et al.，2007；Allesina and Pascual，2008；Gross et al.，2009；Allesina and Tang，2012；Visser et al.，2012；Van Altena et al.，2016
		互惠网络：Feng and Takemoto，2014
		竞争网络：Lawlor，1980；Christianou and Kokkoris，2008；Fowler，2009
弹性	生态系统受到干扰后回到原来平衡态的时间	食物网：Thébault and Fontaine，2010
		互惠网络：Okuyama and Holland，2008
		竞争网络：Lawlor，1980；Christianou and Kokkoris，2008
持续力	在生态平衡状态，共存物种占整个物种的比例。	食物网：Haydon，1994；McCann et al.，1998；Krause et al.，2003；Kondoh，2006；Kondoh，2003，2005；Thébault and Fontaine，2010；Stouffer and Bascompte，2011；Heckmann et al.，2012
		互惠网络：Ferriere et al.，2002；West et al.，2002；Bascompte et al.，2005；Bastolla et al.，2009；Oliver et al.，2009；James et al.，2012；Valdovinos et al.，2013；Song and Feldman，2014
		竞争网络：Kokkoris et al. 2002；Christianou and Kokkoris，2008
结构稳定性	在参数干扰下，系统可达到的平衡状态发生变化	MacArthur，1955；May，1972
		食物网：De Angelis，1975；Haydon，1994；Kondoh，2006，2003，2005；Allesina and Tang，2012
		互惠网络：Rohr et al.，2014
		竞争网络：Christianou and Kokkoris，2008
时间稳定性	衡量了稳定性在时间上的波动性。用均值除以标准差，即变异系数的倒数	Elton，1958
		食物网：McCann et al.，1998；Ives et al.，2000；Kondoh，2006，2003，2005
		竞争网络：Hughes and Roughgarden，1998；Lehman and Tilman，2000；Fowler，2009
删除稳定性（批量灭绝）	移除一个目标物种，其他物种的损失	食物网：Pimm，1979，1980；Borrvall et al.，2000；Dunne et al.，2002；Dunne and Williams，2009
		互惠网络：Memmott et al.，2004；Campbell et al.，2012；Vieira and Almeida-Neto，2015

续表

网络稳定性指标	定义	文献
稳健性	移除一个目标物种，系统抵抗其他物种灭绝的能力	食物网：Dunne et al.，2002；Dunne and Williams，2009
		互惠网络：Ramos-Jiliberto et al.，2012
抵抗入侵性	系统抵抗其他物种入侵的能力	Elton，1958
		食物网：Hui et al.，2016
		互惠网络：Kokkoris et al.，1999

3.3.2 随机生态系统稳定性

给定一个线性（或线性化的）系统：

$$\frac{\mathrm{d}x}{\mathrm{d}t} = \boldsymbol{A}x, x_0 = x(0) \tag{3.20}$$

式中，$\boldsymbol{A}$ 为系统3.20的雅可比矩阵。

1）恢复力

恢复力（resilience）源自拉丁文Resilio，即跳回的动作，20世纪70年代后引申为承受压力的系统恢复和回到初始状态的能力。1973年，Holling首次把“恢复力”的概念引入生态学领域，以帮助理解可观测的生态系统中的非线性动态（Holling，1973）。在其经典著作中，Holling将恢复力定义为当系统状态变量、驱动变量和参数变化时，系统继续回到原来状态的能力（Holling，1973）；在这一定义中，恢复力是系统的属性，而系统继续存在或灭绝是结果。1977年，Pimm和Lawton为了量化平衡点的稳定性，引入了一种称为恢复力的测量方法。恢复力，典型扰动的渐近衰减率，在这里使用符号 V_∞ 表示，给定线性化系统 $\mathrm{d}x=\boldsymbol{A}x$ 的渐近稳态（其中 $\boldsymbol{A}$ 是 n 维方阵，x 是系统状态与平衡态之间的差），一般扰动为 $x_0=x(0)$，计算如下：$V_\infty(\boldsymbol{A})=-\mathrm{Re}(\lambda(\boldsymbol{A})_{\max})$。式中，$\lambda(\boldsymbol{A})_{\max}$ 是实部最大的特征值。平衡态恢复力越强，扰动衰减越快。1984年，Pimm将恢复力定义为系统在遭受扰动后恢复到原有稳定态的速度（Pimm，1984）。

2）反应力（reactivity）

系统吸引子的渐近稳定性定义了系统对小扰动的长期响应，但不提供有关瞬态行为的信息。为了规避这一限制，在平衡态的情况下，1977年Neubert和Caswell提出了一种描述与系统小扰动相关的短期动力学的方法，给定线性化（或线性）系统 $\frac{\mathrm{d}x}{\mathrm{d}t}=\boldsymbol{A}x$ 的渐近稳态（其中 $\boldsymbol{A}$ 是 n 维方阵，x 是系统状态与平衡态之间的差），一般扰动为 $x(0)$，Neubert和Caswell给出了“反应力（reactivity）”的定义，在这里用符号 V_0 表示。反应力（reactivity）是指在所有初始条件下，小扰动瞬时放大率的最大值，即 $V_0 = \max_{\|x(0)\|\neq 0}\left(\frac{1}{\|x\|}\frac{\mathrm{d}\|x\|}{\mathrm{d}t}\right)|t$，其中 $\|\cdot\|$ 表示向量的欧几里得范数。最后计算 $V_0 =$

$\lambda(H(\boldsymbol{A}))_{\max}$，$H(\boldsymbol{A})=\dfrac{\boldsymbol{A}+\boldsymbol{A}^{\mathrm{T}}}{2}$。

恢复力和反应力描述了系统解的动力学行为的两种极限情况：$t\to\infty$ 和 $t\to 0$。但是两者都未对 $0<t<\infty$ 时的暂态情况进行描述。所以为解决此问题，Neubert 和 Caswell（1997）提出了放大包络 $\rho(t)$ 的概念，放大包络是任何初始值扰动在时间 t 的解中可能引起的最大放大，记为 $\rho(t)=\max_{x(0)\neq 0}\left(\dfrac{\|x(t)\|}{\|x(0)\|}\right)$。

计算公式为 $\rho(t)=\max_{x(0)\neq 0}\left(\dfrac{\|x(t)\|}{\|x(0)\|}\right)=|\|\mathrm{e}^{At}\||$。（$|\|\mathrm{e}^{At}\||$ 表示 e^{At} 的矩阵范数的绝对值）。

$\rho_{\max}$ 是 $\rho(t)$ 的最大值，相应地，$\rho_{\max}$ 出现的时间为 $t_{\max}$。

综上可知系统的恢复力、反应力和放大包络的计算公式如下：

系统 3.20 的均方根恢复力表示为 $-\mathrm{Re}(\lambda(\boldsymbol{A})_{\max})$。

系统 3.20 的均方根反应力表示为 $-\dfrac{1}{2}\lambda\left(\dfrac{\boldsymbol{A}+\boldsymbol{A}^{\mathrm{T}}}{2}\right)_{\max}$。

系统 3.20 的均方根放大包络表示为 $\|\mathrm{e}^{At}\|$。

对于一般的线性随机微分方程：

$$\mathrm{d}X(t)=\boldsymbol{A}X(t)\,\mathrm{d}t+\sum_{i=1}^{m}B_iX(t)\,\mathrm{d}W_i(t) \tag{3.21}$$

式中，矩阵 $\boldsymbol{A}\in R^{d\times d}$；$B_i$，…，$B_m\in R^{d\times d}$。

所用到的方法是：利用克罗内克积构建上述系统的均方稳定矩阵。

1）定义：克罗内克积

$m\times n$ 矩阵 $\boldsymbol{A}$ 和 $P\times q$ 矩阵 $\boldsymbol{B}$ 的克罗内克积为

$$\boldsymbol{A}\otimes\boldsymbol{B}=\begin{pmatrix} a_{11}B & \cdots & a_{1n}B \\ \vdots & & \vdots \\ a_{m1}B & \cdots & a_{mn}B \end{pmatrix}$$

如果 $\boldsymbol{A}$ 是 $n\times n$ 矩阵，$\boldsymbol{B}$ 是 $m\times m$ 矩阵，$\boldsymbol{I}_k$ 是 $k\times k$ 单位矩阵，那么 $\boldsymbol{A}$ 和 $\boldsymbol{B}$ 的克罗内克和就是 $mn\times mn$ 矩阵：

$$\boldsymbol{A}\oplus\boldsymbol{B}=\boldsymbol{A}\otimes\boldsymbol{I}_m+\boldsymbol{I}_n\otimes\boldsymbol{B}$$

$m\times n$ 阶矩阵 $\boldsymbol{A}$ 的向量化 $\mathrm{vec}(A)$ 是将矩阵 $\boldsymbol{A}$ 的列相互叠加得到的 $mn\times 1$ 的列向量。

2）定义：随机系统均方稳定矩阵

对于随机系统 3.21 的均方稳定矩阵 $\boldsymbol{S}$ 为

$$\boldsymbol{S}=I_d\otimes\boldsymbol{A}+\boldsymbol{A}\otimes I_d+\sum_{i=1}^{m}\boldsymbol{B}_i\otimes\boldsymbol{B}_i \tag{3.22}$$

综上可知，随机系统的恢复力、反应力和放大包络的计算公式如下：

随机系统 3.21 的均方根恢复力表示为 $-\dfrac{1}{2}\mathrm{Re}(\lambda(\boldsymbol{AS}))$。

随机系统 3.21 的均方根反应力表示为 $-\dfrac{1}{2}\lambda\left(\dfrac{\boldsymbol{S}+\boldsymbol{S}^{\mathrm{T}}}{2}\right)_{\max}$。

随机系统 3.21 的均方根放大包络表示为$\sqrt{\|e^{St}\|}$。

3.3.3 利用退出时间来计算随机系统的恢复力

Holling（1973）从系统状态的角度来描述恢复力，系统受到一个小的扰动后，判断系统是否能回到原来的状态。Arani 等（2021）从时间的角度来度量系统的恢复力。

高频数据要求具有马尔可夫性，通过式（3.23）验证马尔可夫性。

$$p(x_3,t_3|x_1,t_1)=\int p(x_3,t_3|x_2,t_2)p(x_2,t_2|x_1,t_1)\mathrm{d}x_2 \tag{3.23}$$

数据估计漂移系数 $D_1(x)$ 和扩散系数 $D_2(x)$：

$$M_n(x,\tau)=E((x(t+\tau)-x(t))^n|x(t)=x) \tag{3.24}$$

$$D_n(x)=\frac{1}{n!}\lim_{\tau\to 0}\frac{M_n(x,\tau)}{\tau},\ n=1,2,4 \tag{3.25}$$

利用漂移系数 $D_1(x)$ 和扩散系数 $D_2(x)$ 来计算平均退出时间 $T(x_0)$：

$$D_1(x_0)\frac{\mathrm{d}T}{\mathrm{d}x_0}+D_2(x_0)\frac{\mathrm{d}^2T}{\mathrm{d}x_0^2}=-1 \tag{3.26}$$

$$D_2(x_0)=\frac{1}{2}\sigma(x_0)^2 \tag{3.27}$$

用平均退出时间（中位数退出时间）来估计恢复力。

（1）存活概率 $S(t|x_0)=\Pr(T>t|x_0)$，为了简便起见，记为存活概率函数 $S(x_0,t)$，通过 PDE 求解：

$$\frac{\partial S(x_0,t)}{\partial t}=D_1(x_0)\frac{\partial S(x_0,t)}{\partial x_0}+D_2(x_0)\frac{\partial S^2(x_0,t)}{\partial x_0^2} \tag{3.28}$$

（2）平均退出时间 $T(x_0)$：以 x_0 为起点的轨道退出一个吸引域花费的平均时间：

$$\int_0^{+\infty}S(x_0,t)\mathrm{d}t=T(x_0) \tag{3.29}$$

利用式（3.30）来计算稳态概率密度函数 $P(x,t)$：

$$\frac{\partial P(x,t)}{\partial t}=\frac{\partial(D_1(x)P(x,t))}{\partial x}+\frac{\partial(D_2(x)\ P^2(x,t))}{\partial\ x^2} \tag{3.30}$$

利用式（3.31）来计算势函数 $U(x)$：

$$U(x)=-\int_0^x D_1(y)\mathrm{d}y \tag{3.31}$$

参考文献

高小迪，陈新军，李云凯 . 2018. 水生食物网研究方法的发展和应用［J］. 中国水产科学，25（6）：1347-1360.

林光辉 . 2013. 稳定同位素生态学［M］. 北京：高等教育出版社 .

任崇兰 . 2021. 基于定量脂肪酸特征分析法的浙江南部海域主要海洋生物食物网结构研究［D］. 上海：上海海洋大学 .

唐峰华，戴澍蔚，樊伟，等 . 2020. 西北太平洋公海日本鲭（Scomber japonicus）胃含物及其摄食等级研究［J］. 中国农业科技导报，22（1）：138-148.
王娜. 2008. 脂肪酸等生物标志物在海洋食物网研究中的应用［D］. 上海：华东师范大学.
席晓晴，鲍宝龙，章守宇. 2015. DNA 条形码在鱼类胃含物种类鉴定中的应用［J］. 上海海洋大学学报，24（2）：203-210.
徐军，王玉玉，王康，等. 2020. 水域生态学中生物稳定同位素样品采集、处理与保存［J］. 水生生物学报，44：989-997.
徐雯，杨蕊，陈淦，等. 2022. 基于胃含物和碳，氮稳定同位素研究浙江南部近海蓝圆鲹的摄食生态［J］. 应用生态学报，33（11）：3097-3104.
薛莹，金显仕. 2003. 鱼类食性和食物网研究评述［J］. 海洋水产研究，24（2）：76-87.
杨凡，刘明智，蒋日进，等. 2023. 基于生物标志物和胃含物分析法的马鞍列岛海域大黄鱼摄食习性研究［J］. 中国水产科学，30（2）：247-258.
尹洪洋，朱文涛，马文刚. 2022. 三亚蜈支洲岛海洋牧场区域夏季食物网研究［J］. 生态学报，42（8）：3241-3253.
俞昊天. 2020. 八里河食物网动力学模型构建及稳定性研究［D］. 北京：华北电力大学.
张硕，高世科，于雯雯，等. 2019. 碳、氮稳定同位素在构建海洋食物网及生态系统群落结构中的研究进展［J］. 水产养殖，40（7）：6-10.
Allesina S, Pascual M. 2008. Network structure, predator-prey modules, and stability in large food webs［J］. Theoretical Ecology, 1（1）：55-64.
Allesina S, Tang S. 2012. Stability criteria for complex ecosystems［J］. Nature, 483（7388）：205-208.
Amundsen P A, Sánchez-Hernández J. 2019. Feeding studies take guts-critical review and recommendations of methods for stomach contents analysis in fish［J］. Journal of Fish Biology, 95（6）：1364-1373.
Arani B M S, Carpenter S R, Lahti L, et al. 2021. Exit time as a measure of ecological resilience［J］. Science, 372（6547）：eaay4895.
Bascompte J, Melián C J, Sala E. 2005. Interaction strength combinations and the overfishing of a marine food web［J］. Proceedings of the National Academy of Sciences, 102（15）：5443-5447.
Bastollal U, Fortuna M A, Pascual-García A, et al. 2009. The architecture of mutualistic networks minimizes competition and increases biodiversity［J］. Nature, 458（7241）：1018-1020.
Borrelli J, Allesina S, Amarasekare, et al. 2015. Selection on stability across ecological scales［J］. Trends in Ecology & Evolution, 30（7）：417-425.
Borrvall C, Ebenman B, Jonsson T J. 2000. Biodiversity lessens the risk of cascading extinction in model food webs［J］. Ecology Letters, 3（2）：131-136.
Buckland A, Baker R, Loneragan N, et al. 2017. Standardising fish stomach content analysis: The importance of prey condition［J］. Fisheries Research, 196：126-140.
Campbell C, Yang S, Shea K, et al. 2012. Topology of plant-pollinator networks that are vulnerable to collapse from species extinction［J］. Physical Review E, 86（2）：021924.
Christianou M, Kokkoris G D. 2008. Complexity does not affect stability in feasible model communities［J］. Journal of Theoretical Biology, 253（1）：162-169.
Cremona F, Timm H, Agasild H, et al. 2014. Benthic food web structure in a large shallow lake studied by stable isotope analysis［J］. Freshwater Science, 33（3）：885-894.
De Angelis D L. 1975. Stability and connectance in food web models［J］. Ecology, 56（1）：238-243.
De Ruiter P C, Neutel A M, Moore J C. 1995. Energetics, patterns of interaction strengths, and stability in real ecosystems［J］. Science, 269（5228）：1257-1260.

De Visser S N, Freymann B P, Olff H. 2011. The Serengeti food web: Empirical quantification and analysis of topological changes under increasing human impact [J]. Journal of Animal Ecology, 80 (2): 484-494.

Donohue I, Petchey O L, Montoya J M, et al. 2013. On the dimensionality of ecological stability [J]. Ecology Letters, 16 (4): 421-429.

Dunne J A, Williams R J. 2009. Cascading extinctions and community collapse in model food webs [J]. Philosophical Transactions of the Royal Society B: Biological Sciences, 364 (1524): 1711-1723.

Dunne J A, Williams R J, Martinez N D. 2002. Food-web structure and network theory: The role of connectance and size [J]. Proceedings of the National Academy of Sciences, 99 (20): 12917-12922.

Elton C. S. 1958. The Ecology of Invasions by Animals and Plants [M]. London: Methuen.

Emmerson M C, Raffaelli D. 2004. Predator-prey body size, interaction strength and the stability of a real food web [J]. Journal of Animal Ecology, 73 (3): 399-409.

Emmerson M, Yearsley J M. 2004. Weak interactions, omnivory and emergent food-web properties [J]. Proceedings of the Royal Society of London. Series B: Biological Sciences, 271 (1537): 397-405.

Feng W, Takemoto K. 2014. Heterogeneity in ecological mutualistic networks dominantly determines community stability [J]. Scientific Reports, 4 (1): 1-11.

Ferriere R, Bronstein J L, Rinaldi S, et al. 2002. Cheating and the evolutionary stability of mutualisms [J]. Proceedings of the Royal Society of London. Series B: Biological Sciences, 269 (1493): 773-780.

Fowler M S. 2009. Increasing community size and connectance can increase stability in competitive communities [J]. Journal of Theoretical Biology, 258 (2): 179-188.

Gross T, Rudolf L, Levin S A, et al. 2009. Generalized models reveal stabilizing factors in food webs [J]. Science, 325 (5941): 747-750.

Haydon D. 1994. Pivotal assumptions determining the relationship between stability and complexity: An analytical synthesis of the stability-complexity debate [J]. The American Naturalist, 144 (1): 14-29.

Haydon D T. 2000. Maximally stable model ecosystems can be highly connected [J]. Ecology, 81 (9): 2631-2636.

Heckmann L, Drossel B, Brose U, et al. 2012. Interactive effects of body-size structure and adaptive foraging on food-web stability [J]. Ecology letters, 15 (3): 243-250.

Holling C S. 1973. Resilience and stability of ecological systems [J]. Annual Review of Ecology Systematics, 4 (1): 1-23.

Horswill C, Jackson J A, Medeiros R, et al. 2018. Minimising the limitations of using dietary analysis to assess foodweb changes by combining multiple techniques [J]. Ecological Indicators, 94: 218-225.

Howell D L, Pond D W, Billett W, et al. 2004. Feeding ecology of deep-sea seastars (Echinodermata: Asteroidea): A fatty-acid biomarker approach [J]. Marine Ecology Progress Series, 266 (1): 103-110.

Hughes J B, Roughgarden J. 1998. Aggregate community properties and the strength of species' interactions [J]. Proceedings of the National Academy of Sciences, 95 (12): 6837-6842.

Hui C, Richardson D M, Landi P, et al. 2016. Defining invasiveness and invasibility in ecological networks [J]. Biological Invasions, 18: 971-983.

Hyslop E J. 1980. Stomach contents analysis—A review of methods and their application [J]. Journal of Fish Biology, 17 (4): 411-429.

Ives A R, Carpenter S R. 2007. Stability and diversity of ecosystems [J]. Science, 317 (5834): 58-62.

Ives A R, Klug J L, Gross K. 2000. Stability and species richness in complex communities [J]. Ecology Letters, 3 (5): 399-411.

James A, Pitchford J W, Plank M J. 2012. Disentangling nestedness from models of ecological complexity [J]. Nature, 487 (7406): 227-230.

Kokkoris G D, Jansen V A A, Loreau M, et al. 2002. Variability in interaction strength and implications for biodiversity [J]. Journal of Animal Ecology, 71 (2): 362-371.

Kokkoris G D, Troumbis A Y, Lawton J H. 1999. Patterns of species interaction strength in assembled theoretical competition communities [J]. Ecology Letters, 2 (2): 70-74.

Kondoh M. 2003. Foraging adaptation and the relationship between food- web complexity and stability [J]. Science, 299 (5611): 1388-1391.

Kondoh M. 2005. Is biodiversity maintained by food-web complexity? —The adaptive food-web hypothesis [C] // Belgrano A, Scharler U M, Dunne J, et al. Aquatic Food Webs: An Ecosystem Approach. Oxford: Oxford University Press: 130-142.

Kondoh M. 2006. Does foraging adaptation create the positive complexity-stability relationship in realistic food-web structure? [J]. Journal of Theoretical Biology, 238 (3): 646-651.

Krause A E, Frank K A, Mason D M, et al. 2003. Compartments revealed in food-web structure [J]. Nature, 426 (6964): 282-285.

Lawlor L R. 1980. Structure and stability in natural and randomly constructed competitive communities [J]. The American Naturalist, 116 (3): 394-408.

Lehman C L, Tilman D. 2000. Biodiversity, stability, and productivity in competitive communities [J]. The American Naturalist, 156 (5): 534-552.

Li S, Wang R, Jiang Y, et al. 2022. Seasonal variation of food web structure and stability of a typical artificial reef ecosystem in Bohai Sea, China [J]. Frontiers in Marine Science, 9: 49.

Logofet D O. 2005. Stronger-than-Lyapunov notions of matrix stability, or how "flowers" help solve problems in mathematical ecology [J]. Linear Algebra and Its Applications, 398: 75-100.

MacArthur R. 1955. Fluctuations of animal populations and a measure of community stability [J]. Ecology, 36 (3): 533-536.

Magnone L, Bessonart M, Gadea J, et al. 2015. Trophic relationships in an estuarine environment: A quantitative fatty acid analysis signature approach [J]. Estuarine, Coastal and Shelf Science, 166: 24-33.

May R M. 1972. Will a large complex system be stable? [J]. Nature, 238 (5364): 413-414.

McCann K, Hastings A, Huxel G R. 1998. Weak trophic interactions and the balance of nature [J]. Nature, 395 (6704): 794-798.

McCary M A, Mores R, Farfan M A, et al. 2016. Invasive plants have different effects on trophic structure of green and brown food webs in terrestrial ecosystems: A meta- analysis [J]. Ecology Letters, 19 (3): 328-335.

Memmott J, Waser N M, Price M V. 2004. Tolerance of pollination networks to species extinctions [J]. Proceedings of the Royal Society of London. Series B: Biological Sciences, 271 (1557): 2605-2611.

Neubert M G, Caswell H. 1997. Alternatives to resilience for measuring the responses of ecological systems to perturbations [J]. Ecology, 78 (3): 653-665.

Neutel A M, Heesterbeek J A P, de Ruiter P C. 2002. Stability in real food webs: Weak links in long loops [J]. Science, 296 (5570): 1120-1123.

Neutel A M, Heesterbeek J A P, Van de Koppel J, et al. 2007. Reconciling complexity with stability in naturally assembling food webs [J]. Nature, 449 (7162): 599-602.

Okuyama T, Holland J N. 2008. Network structural properties mediate the stability of mutualistic communities [J].

Ecology Letters, 11 (3): 208-216.

Oliver T H, Leather S R, Cook J M. 2009. Tolerance traits and the stability of mutualism [J]. Oikos, 118 (3): 346-352.

Otto S B, Rall B C, Brose U. 2007. Allometric degree distributions facilitate food-web stability [J]. Nature, 450 (7173): 1226-1229.

Pimm S L, Lawton J H. 1977. Number of trophic levels in ecological communities [J]. Nature, 268 (5618): 329-331.

Pimm S L. 1979. Complexity and stability: Another look at MacArthur's original hypothesis [J]. Oikos, 351-357.

Pimm S L. 1980. Properties of food webs [J]. Ecology, 61 (2): 219-225.

Pimm S L. 1984. The complexity and stability of ecosystems [J]. Nature, 307 (5949): 321-326.

Pinkas L, Oliphant M S, Iverson I L K. 1971. Food habits of albacore, bluefin tuna and bonito in Californian waters [J]. California Fish&Game, 152 (1): 1-105.

Ramos R, González-Solís J. 2012. Trace me if you can: The use of intrinsic biogeochemical markers in marine top predators [J]. Frontiers in Ecology & the Environment, 10 (5): 258-266.

Ramos-Jiliberto R, Valdovinos F S, Moisset de Espanés P, et al. 2012. Topological plasticity increases robustness of mutualistic networks [J]. Journal of Animal Ecology, 81 (4): 896-904.

Rohner C A, Couturier L I E, Richardson A J, et al. 2013. Diet of whale sharks Rhincodon typus inferred from stomach content and signature fatty acid analyses [J]. Marine Ecology Progress Series, 493: 219-235.

Rohr R P, Saavedra S, Bascompte J. 2014. On the structural stability of mutualistic systems [J]. Science, 345 (6195): 1253497.

Rooney N, McCann K, Gellner G, et al. 2006. Structural asymmetry and the stability of diverse food webs [J]. Nature, 442 (7100): 265-269.

Sakaguchi S O, Shimamura S, Shimizu Y, et al. 2017. Comparison of morphological and DNA-based techniques for stomach content analyses in juvenile chum salmon *Oncorhynchus keta*: a case study on diet richness of juvenile fishes [J]. Fisheries Science, 83: 47-56.

Sánchez-Hernández J, Cobo F. 2018. Examining the link between dietary specialization and foraging modes of stream-dwelling brown trout *Salmo trutta* [J]. Journal of Fish Biology, 93 (1): 143-146.

Solé R V, Valls J. 1992. On structural stability and chaos in biological systems [J]. Journal of theoretical Biology, 155 (1): 87-102.

Song Z, Feldman M W. 2014. Adaptive foraging behaviour of individual pollinators and the coexistence of co-flowering plants [J]. Proceedings of the Royal Society B: Biological Sciences, 281 (1776): 20132437.

Steven X C, Lisa A K, Stefano M. 2014. Stock Identification Methods [M]. Amsterdam: Elsevier.

Stouffer D B, Bascompte J. 2011. Compartmentalization increases food-web persistence [J]. Proceedings of the National Academy of Sciences, 108 (9): 3648-3652.

Thébault E, Fontaine C. 2010. Stability of ecological communities and the architecture of mutualistic and trophic networks [J]. Science, 329 (5993): 853-856.

Valdovinos F S, Moisset de Espanés P, Flores J D, et al. 2013. Adaptive foraging allows the maintenance of biodiversity of pollination networks [J]. Oikos, 122 (6): 907-917.

Van Altena C, Hemerik L, de Ruiter P C. 2016. Food web stability and weighted connectance: The complexity-stability debate revisited [J]. Theoretical Ecology, 9 (1): 49-58.

Van der Zee E M, Angelini C, Govers L L, et al. 2016. How habitat-modifying organisms structure the food web of two coastal ecosystems [J]. Proceedings of the Royal Society B: Biological Sciences, 283

(1826): 20152326.

Vieira M C, Almeida-Neto M. 2015. A simple stochastic model for complex coextinctions in mutualistic networks: Robustness decreases with connectance [J]. Ecology Letters, 18 (2): 144-152.

Visser A W, Mariani P, Pigolotti S. 2012. Adaptive behaviour, tri-trophic food-web stability and damping of chaos [J]. Journal of the Royal Society Interface, 9 (71): 1373-1380.

Wang B, Zhang K, Liu Q X, et al. 2022. Long- distance facilitation of coastal ecosystem structure and resilience [J]. Proceedings of the National Academy of Sciences, 119 (28): e2123274119.

West S A, Kiers E T, Pen I, et al. 2002. Sanctions and mutualism stability: When should less beneficial mutualists be tolerated? [J]. Journal of Evolutionary Biology, 15 (5): 830-837.

Yoon T H, Kang H E, Lee S R, et al. 2017. Metabarcoding analysis of the stomach contents of the Antarctic toothfish (*Dissostichus mawsoni*) collected in the Antarctic Ocean [J]. Peer J, 5: e3977.

第4章　近海生态系统食物网稳定性的主要影响因素及驱动机制

4.1　生态系统稳定性驱动机制

本书结合理论与实践，以海洋食物网作为重要切入口，以EwE模型作为主要研究工具，利用全球海洋食物网探索驱动稳定性变化的关键因素，从而为提升海洋生态系统稳定性提供理论和实践指导。

为得到具有普适性的理论，以全球海洋生态系统为研究对象，探讨海洋食物网稳定性的关键驱动因素及其效应。基于EwE模型的储存库EcoBase中全球171个海洋生态系统的食物网模型，分析食物网内部特征与外源压力对稳定性的影响特征，探索其因果关系，从而阐明典型海洋生态系统稳定性驱动因素及其效应。

基于EcoBase中全球171个海洋生态系统的食物网模型进行理论探索。通过Ecopath模型计算食物网特征和渔业捕捞指标；基于Ecopath模型的捕食关系构建食物矩阵计算局域稳定性；利用Ecosim模型进行渔业扰动计算非局域稳定性指标；利用随机森林和偏最小二乘结构方程模型，分析内部特征（食物网特征）和外源干扰（渔业捕捞）对食物网稳定性的驱动作用。并根据研究结果提出提升食物网稳定性的生态修复措施。

4.2　原理与方法

4.2.1　EwE模型及其应用

利用计算机程序和数学方程对生态过程进行模拟，目前已成为研究生态系统性质和行为的有效方法（黄孝锋等，2011）。生态模型是复杂生态系统分析中的有用工具，可以包含大量的系统元素，能揭示系统整体性质，模拟生态系统的反应。生态网络分析是一种基于食物网，将定性与定量相结合，注重系统结构与功能研究的建模方法（Lindeman，1942；Borrett et al.，2018），可以从生态系统水平上全面探究其内在属性（Fath and Patten，1999；李中才等，2011），近年来已被广泛应用于生态系统稳定性、健康性、可持续性的评价（胡科等，2016）。生态系统稳定性驱动机制的研究和生态修复效果的评价应该建立在对食物网特征的深入理解和综合分析之上，生态网络分析为此提供一种有效工具（Colléter et al.，2015）。

1. EwE 模型概述及原理

EwE 模型最初由 Polovina（1984）提出，经 Ulanowicz（1986）、Christensen 和 Pauly（1992）、Walters 等（1997，1999）的发展，形成了包含 Ecopath、Ecosim 和其他模块的综合生态建模工具集。

Ecopath 模型是基于物质和能量守恒原理的静态模型，用于描述食物网结构，定量物质和能量在各组分之间的流动，评估生态系统特征。模型定义生态系统由一系列功能组组成，所有功能组覆盖了生态系统能量流动全过程。模型假设每个功能组的能量输入与输出保持平衡，模型原理可表示为

$$\frac{P_i}{B_i} \times B_i \times \mathrm{EE}_i - \sum_{j=1}^{n} B_j \times \frac{Q_j}{B_j} \times \mathrm{DC}_{ij} - Y_i - E_i - \mathrm{BA}_i = 0 \tag{4.1}$$

式中，P 为总生产量；B 为生物量；Q 为消耗量；DC_{ij}为被捕食者 i 占捕食者 j 的食物组成的比例；Y 为总捕捞量；E 为净迁移；BA 为生物量积累；EE 为生态营养效率，即功能组生产量在系统中被利用的比例。Ecopath 模型要求输入参数中必须包含食物组成矩阵 DC_{ij} 和捕捞量 Y，在 B、P/B、Q/B 和 EE 4 个基本参数中任选 3 个作为输入参数。

Ecosim 模型在 Ecopath 模型基础上加入时间序列数据，用于重建捕捞压力和环境驱动下历史种群数量和生物量的时间动态变化，并预测未来的变化趋势，探究单一或多重压力对生态系统的影响。模型原理由式（4.2）表示：

$$\frac{\mathrm{d}B_i}{\mathrm{d}t} = g_i \sum_{j=1}^{n} Q_{ij} - \sum_{j=1}^{n} Q_{ij} + I_i - (M_i + F_i + e_i) \times B_i = 0 \tag{4.2}$$

式中，$\mathrm{d}B_i/\mathrm{d}t$ 为单位时间内的生物量变化；g 为净生长效率；I 为迁入率；M 为自然死亡率；e 为迁出率；Q_{ij}为消耗速率，计算为

$$Q_{ij} = \frac{v_{ij}\, a_{ij}\, B_i\, B_j}{v_{ij} + v'_{ij} + a_{ij}\, B_j} \tag{4.3}$$

式中，a_{ij}为捕食者 j 对被捕食者 i 的有效搜索效率；v_{ij}和 v'_{ij}分别为被捕食者 i 在易被捕食和不易被捕食两种状态之间的转换率，系统默认设置 $v_{ij}=2$（混合控制模式）。

2. 食物网特征指标

Ecopath 模型构建了复杂食物网络，将个体和种群的属性扩展到生态系统层次。Ecopath 模型根据 Odum（1969）提出的表征生态系统发育的六方面（群落能量、群落结构、营养物质循环等）的性质，建立了生态系统关键属性列表，从食物网复杂性、能量循环和成熟度等方面描述生态系统特征。这些指标已被广泛用于描述生态系统结构与功能特征和评价生态系统状况，对于模型的构建具有鲁棒性，在不同海洋生态系统之间具有可比性（Heymans et al.，2014）。

1）食物网复杂性指标

生物功能组数量（number of living groups，NLG）：模型的功能组数与碎屑功能组数之差，可用于衡量生态系统的物种多样性。

连接指数（connectance index，CI）：食物网中实际连接数与理论连接数之比。

$$\mathrm{CI}=\frac{L}{N^2} \tag{4.4}$$

式中，N 为包含碎屑在内的所有功能组数量。

系统杂食指数（system omnivory index，SOI）：杂食指数（omnivory index，OI）利用捕食者的食物组成营养水平方差来计算。SOI 是所有捕食者 OI 的加权平均值。SOI 通过量化营养级之间的捕食关系来衡量食物网的复杂程度。SOI 介于 0～1，0 表示捕食高度专一化，仅捕食一个营养级，1 表示捕食者捕食多个营养级的生物。数值越大表示食物网复杂程度越高。

$$\mathrm{OI}_i=\sum_{j=1}^{n}\left[\mathrm{TL}_j-(\mathrm{TL}_i-1)\right]^2\cdot \mathrm{DC}_{ij} \tag{4.5}$$

$$\mathrm{SOI}=\frac{\sum_{j=1}^{n}\left[\mathrm{OI}_i\cdot \lg(Q_i)\right]}{\sum_{i=1}^{n}\lg(Q_i)} \tag{4.6}$$

式中，TL_j 和 TL_i 分别为捕食者 j 和被捕食者 i 的营养水平；Q_i 为捕食者的食物摄入量。

2）能量循环指标

Finn 循环指数（Finn's cycling index，FCI）：生态系统参与循环利用的能量占总能流的比例，表示系统通过正反馈保持其结构和完整性的能力。

$$\mathrm{FCI}=\frac{\mathrm{TST_c}}{\mathrm{TST}} \tag{4.7}$$

式中，TST 为生态系统的总能流；$\mathrm{TST_c}$ 为参与循环的能量。

Finn 平均路径长度（Finn's mean path length，FML）：能量流入或流出生态系统所涉及功能组的数量，量化了循环路径的平均长度。

$$\mathrm{FML}=\frac{\mathrm{TST}}{\mathrm{TE+TR}} \tag{4.8}$$

式中，TE 为生态系统总输出量；TR 为生态系统总呼吸量。

3）渔业指标

渔业总效率（gross efficiency，GE）：渔业捕捞量占生态系统总初级生产量的比例。

$$\mathrm{GE}=\frac{\mathrm{TC}}{\mathrm{TPP}} \tag{4.9}$$

式中，TC 为总捕捞量；TPP 为生态系统的总初级生产量。

渔获量平均营养级（mean trophic level of the catch，MTLc）：所有渔业捕捞物种的平均营养水平。

$$\mathrm{MTLc}=\frac{\sum_i \mathrm{TL}_i\cdot Y_i}{\sum_i Y_i} \tag{4.10}$$

4）成熟度指标

总初级生产量/总呼吸量（total primary production/total respiration，TPP/TR）：被认为是表征生态系统成熟度最好的指标。处于发育早期的生态系统，较多的能量被用于物种的生长发育，TPP/TR>1；随着生态系统的发育，系统内部有机体的生物量逐渐增大，用于维持呼吸作用的能量逐渐增多，净生产量减少，TPP/TR 逐渐接近 1；对于成熟的生态系统，TPP/TR=1。

总初级生产量/总生物量（total primary production/total biomass，TPP/TB）：在不成熟的系统中，大多数功能组的生产量超过总呼吸量，随着生态系统发育，生物量随时间累积，因此该比值随着系统成熟度的增加而降低。

相对聚合度（ascendency/capacity，A/C）：对环境变化和生态演替敏感，可以用于衡量生态系统的发展（如年龄、规模）和成熟度，该比例越小表示生态系统越成熟。

$$C = - \mathrm{TST} \cdot \sum_{ij} \frac{T_{ij}}{\mathrm{TST}} \cdot \lg\left(\frac{T_{ij}}{\mathrm{TST}}\right) \tag{4.11}$$

$$A = \sum_{ij} T_{ij} \cdot \lg\left(\frac{T_{ij} \cdot \mathrm{TST}}{T_j \cdot T_i}\right) \tag{4.12}$$

式中，T_{ij}为功能组 i 与 j 之间的能量流动。

3. EwE 模型的应用

EwE 模型在水生生态系统中的应用集中在：①评估生态系统的结构和功能；②研究生态系统的时空变化特征；③评价环境因素和人类活动对生态系统的影响；④制定水生生态系统管理方案。

清楚地理解生态系统的结构和功能是基于生态系统层次管理的前提。Hattab 等（2013）、Chea 等（2016）、Stäbler 等（2018）、Li 等（2019）分别在洞里萨湖、加贝斯湾、竺山湖湿地、北海南部建立了 Ecopath 模型，通过分析营养结构、能量流动及效率、混合营养影响、连接指数、杂食性指数、Finn 循环指数等生态指标，评估了生态系统当前的生态状况。Heymans 等（2014）通过分析全球已建立的 EwE 模型的生态系统指标与系统类型、大小、深度、位置的关系，探讨了生态系统结构和功能的模式。Hermosillo-Nunez 等（2018）使用 Ecosim 模型，用系统恢复时间来评估生态系统当前的弹性和抵抗力。

通过比较不同时间或空间的 Ecopath 模型可以探究生态系统长时间尺度的变化特征和空间异质性。Neira 等（2014）运用 Ecopath 模型评价了 20 世纪南洪堡经历的轻度开发、大量捕捞海洋哺乳动物、工业捕鱼、过度开发 4 个时期的生态系统变化过程。Nuttall 等（2011）构建大南湾 4 个时期（19 世纪 80 年代、20 世纪 30 年代、20 世纪 80 年代、21 世纪前 10 年）的 Ecopath 模型，发现 120 年间该生态系统的结构和能量流动发生了巨大变化：生态系统的成熟度下降，顶级关键捕食者消失，与海洋的连通性下降。Wang 等（2018）在东河建立了 6 个不同位点的 Ecopath 模型，分析河流生态系统的纵向变化，发现东河生态系统特征表现出较高的空间异质性，上游食物网组织不发达但系统发育较为成熟，而下游由于受到城市和工业多方面的压力，生态系统尚不成熟。

环境因素和人为活动通过食物网将影响传递到生态系统各组分，引起生态系统整体响应，进而影响生态系统的成熟度、完整性、稳定性等方面的性质。利用 EwE 模型可以基于生态系统层次量化这些因素的影响。Wang 等（2019b）研究发现海上风力发电厂降低了江苏沿海地区的食物网复杂性、营养利用率和传递效率。Wang 等（2019a）通过对比生态修复前、中、后期的 Ecopath 模型，发现对富营养化水库进行生态修复使营养转移效率增加，营养控制从自上而下转变为蜂腰控制，生态系统有更强的循环能力，更加成熟、发达。Xu 等（2019）利用 EwE 模型，比较人工鱼礁实施前后生态系统特征，指出人工鱼礁的建设能显著提高生态系统的成熟度。Coll 等（2016）揭示了捕捞和环境因素（盐度、温度、深度）主要通过协同作用影响地中海鳕鱼、鳀鱼和沙丁鱼的生物量，且捕捞是影响最大的驱动因素。Hoover 等（2013a，2013b）利用 Ecosim 模型重建了 1970 ~ 2009 年捕捞和气候变化对哈得孙湾的影响，表明营养级较高的生物更易受捕捞压力的影响，而营养级较低的生物主要受气候因素影响；并构建一系列未来情景，预测未来 50 年捕捞和气候变化会使该海湾食物网发生转变，导致一些物种消失。

EwE 模型作为定量化的生态网络分析工具，促进了人们对水生生态系统结构和功能的全面理解，提高了人们对环境和人为压力对水生生态系统的影响的认知，对基于生态系统的水生态管理与保护起着重要作用。海洋生态系统稳定性驱动因素分析和海洋生态修复效果评估需要基于生态系统层次进行研究，需要对食物网结构与功能特征进行综合分析，因此 EwE 模型是有用的建模分析工具。

4.2.2 研究区域及数据来源

本研究从 EwE 模型的储存库 EcoBase（http：//ecobase. ecopath. org/）中筛选了 171 个海洋食物网的 Ecopath 模型（图 4.1，附表 1），包含了不同复杂程度的食物网，从 6 个功能组组成的简单食物网，到由 96 个功能组组成的复杂食物网，平均功能组数量为 32。包含大陆架、远洋、上升流、海湾、潟湖、河口、珊瑚礁、海峡等生态系统类型。

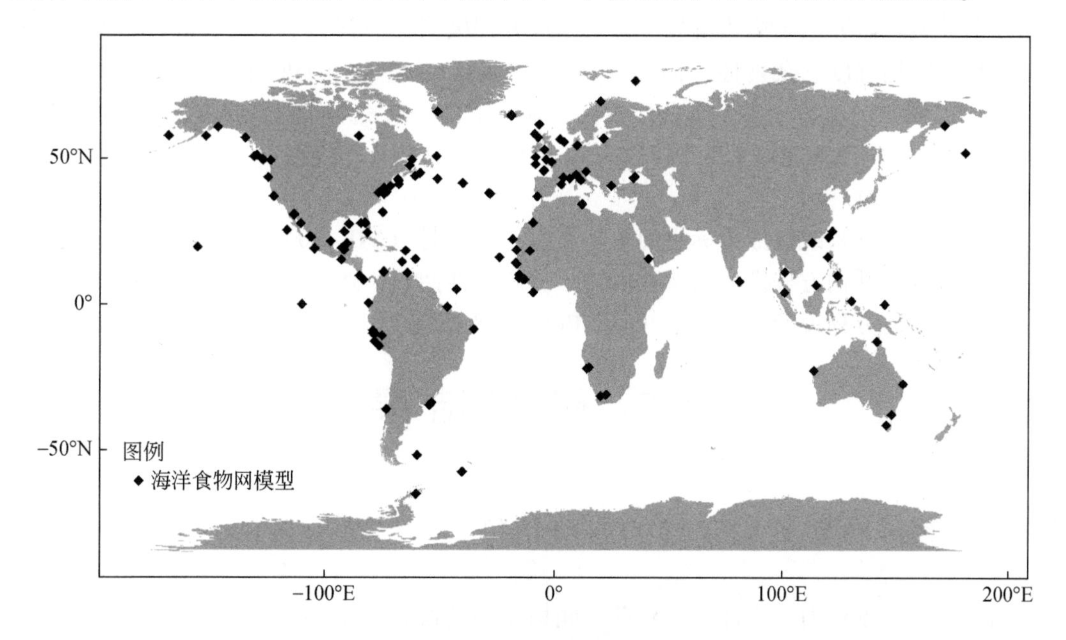

图 4.1　海洋食物网模型分布

4.2.3 数据分析

利用一般线性回归分析稳定性指标间的两两关系，探究稳定性的多维特征。建立随机森林模型，辨析影响稳定性的重要因素。随机森林是一种基于决策树的机器学习算法，利用 Bootstrap 重抽样方法从原样本中抽取多个样本，对每个样本进行决策树建模，结合多棵决策树的预测，通过投票得出最终预测结果。随机森林算法对异常值和噪声有很好的容忍度，可以避免过度拟合，同时对多个影响因素进行准确、全面的分析。本研究构建 500 棵决策树，使用 tuneRF 函数确定每个节点的最优预测器数量。根据精度平均减少值（%IncMSE）定量各影响因素对稳定性指标影响的重要程度与差异，其中%IncMSE 数值越高表明该指标越重要，从而分析生态系统特征对各稳定性性质的相对重要性。然后用一般线性回归研究了单因素（随机森林分析结果中的相对重要的因素）对稳定性的影响特征。

为明确各生态系统特征对稳定性的驱动机制，利用偏最小二乘结构方程模型分析稳定性与多重影响因素之间的因果关系。结构方程模型是一种多元数据分析方法，可以同时揭示多个变量，甚至是不可观察的变量之间的直接和间接因果关系（Haenlein and Kaplan，2004）。结构方程模型由测量模型和结构模型两部分构成，测量模型讨论潜变量及其测量变量之间的关系，结构模型揭示潜变量之间的关系（Min et al.，2020）。偏最小二乘结构方程模型是一种基于方差的结构方程模型方法，使用普通最小二乘回归方法来最大化内生变量的解释方差（Hair et al.，2011）。相较于传统结构方程模型，偏最小二乘结构方程模型更适用于小样本研究（$n=30\sim100$），以及已知理论较少的理论探索研究（Urbach and Ahlemann，2010），能有效地识别多个变量和多个路径的复杂网络中的关键驱动因素。本书基于前人文献研究结果构建偏最小二乘结构方程模型，包含 7 个变量：物种丰富度、连接度、相互作用强度、杂食性、循环（FCI、FML）、成熟度（TPP/TB、TPP/TR、*A/C*）、渔业（GE、MTLc）。由于 4 个复杂性指标分别表示食物网复杂性的不同方面，且被证明对稳定性有不同的较大的相关性，因此本书单独将它们作为 4 个变量，以探究不同复杂性方面对稳定性的影响。

经检验，生态系统特征指标之间不存在多重共线性（VIF<10），指标之间的相关性不影响偏最小二乘结构方程模型的参数估计。一般线性回归、随机森林均基于 R3.6.2 实现。偏最小二乘结构方程模型分析基于 Smart-PLS3.2.8 实现。

4.3 研究结果

4.3.1 海洋食物网稳定性的维度特征

Re(λ_{max})与抵抗力、弹性、变异性之间均无显著统计学关系［图 4.2（a）~（c）；$p>0.05$］，表明局域稳定性和非局域稳定性之间无相关性。而非局域稳定性之间均存在显著统计学关系。抵抗力与弹性相关性较弱［图 4.2（d）；$R^2=0.20$，$p<0.001$］，说明抵抗力

和弹性是非局域稳定性的不同维度。变异性与抵抗力［图 4.2（e）；$R^2=0.74$，$p<0.001$］和弹性［图 4.2（f）；$R^2=0.30$，$p<0.001$］负相关，说明高抵抗力和从扰动中快速恢复的能力稳定了种群的时间动态变化。

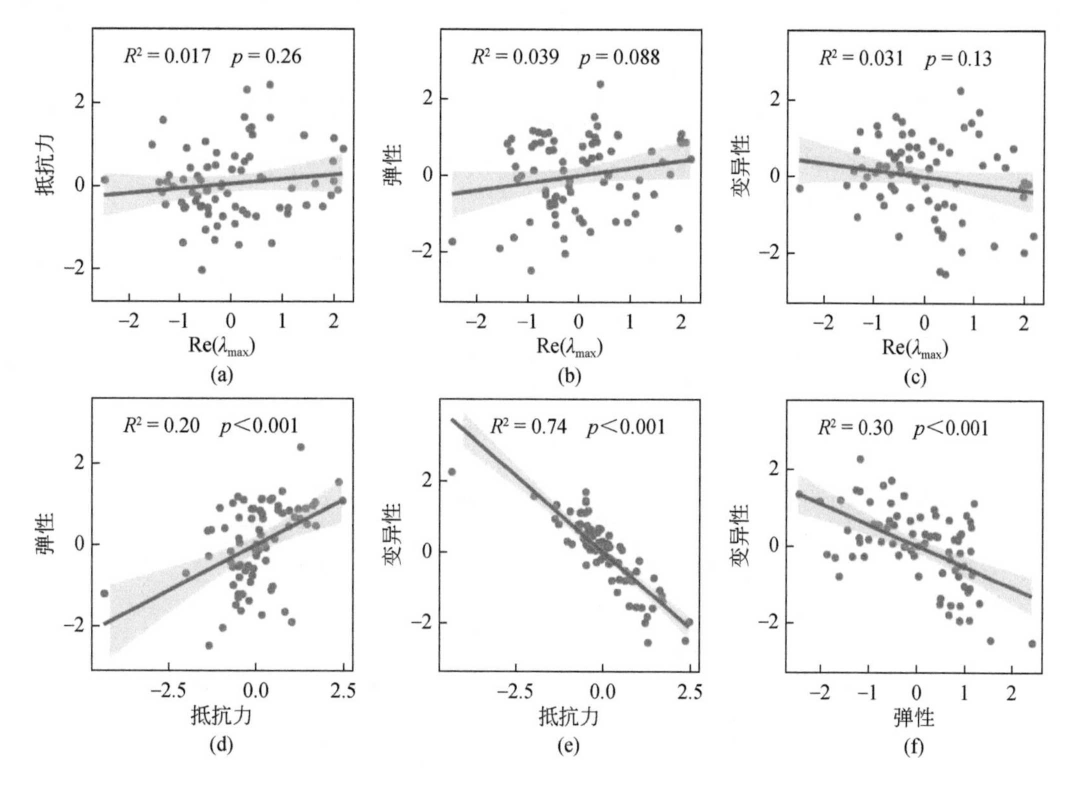

图 4.2 稳定性指标间的两两关系：(a) ~ (c) 局域稳定性与非局域稳定性指标的关系；(d) ~ (f) 各非局域稳定性指标之间的关系

实线表示线性拟合；灰色阴影区域表示 95% 置信区间

4.3.2 海洋食物网稳定性的影响因素及其效应

在随机森林回归中，基于精度平均减少值（%IncMSE）将各影响因素对稳定性指标的重要性进行排序（图 4.3）。相互作用强度指数（ISI）对 $Re(\lambda_{max})$ 的影响最大（图 4.2），但其对 3 个非局域稳定性指标的影响较小［图 4.3（b）~（d）］。GE 对抵抗力、变异性影响最大［图 4.3（b）、（d）］。对弹性影响最大的因素是 NLG，其相对重要性远超排名第二的 TPP/TB［图 4.3（c）］，同时 NLG 对另外两个压力非局域稳定性指标的影响也均较大。

上述 3 个重要因素与稳定性之间均存在显著的线性关系（图 4.3）。ISI 与 $Re(\lambda_{max})$ 呈正相关［图 4.4（a）；$R^2=0.18$，$p<0.001$］，表明 ISI 对局域稳定性有负向影响。随着 GE 的增加，抵抗力降低［图 4.4（b）；$R^2=0.18$，$p<0.001$］，变异性增加［图 4.4（c）；$R^2=0.27$，$p<0.001$］，表明渔业捕捞强度越高的食物网，抵抗力越弱，时间稳定性越低。

抵抗力［图4.4（d）；$R^2=0.14$，$p<0.001$］和弹性［图4.4（e）；$R^2=0.08$，$p=0.006$］随NLG的增加而增加，而变异性随之降低［图4.4（f）；$R^2=0.24$，$p<0.001$］，表明高物种丰富度与高抵抗力、高弹性、高时间稳定性有关，即物种丰富度对非局域稳定性有积极影响。

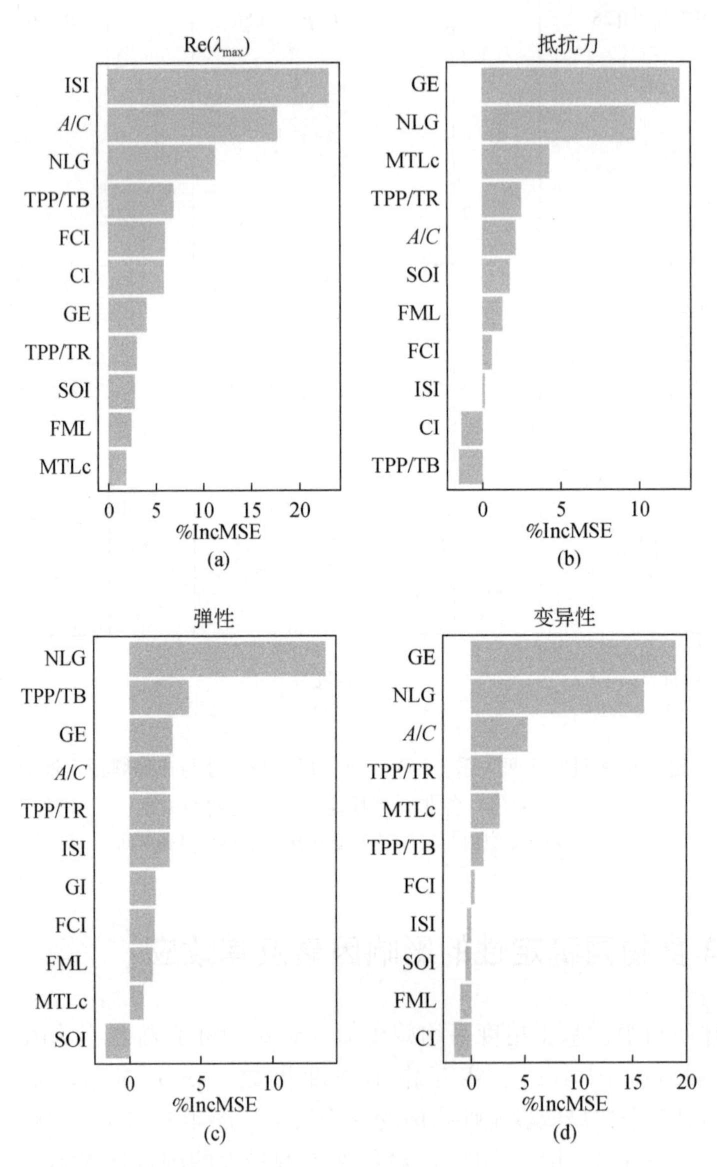

图4.3 食物网特征和捕捞压力对稳定性影响的重要性

影响因子的重要性程度根据随机森林回归模型计算的% IncMSE进行排序。% IncMSE越高，重要性越强

4.3.3 海洋食物网稳定性的驱动机制

偏最小二乘结构方程模型结果揭示了多重影响因素对稳定性的因果效应（图4.5）。

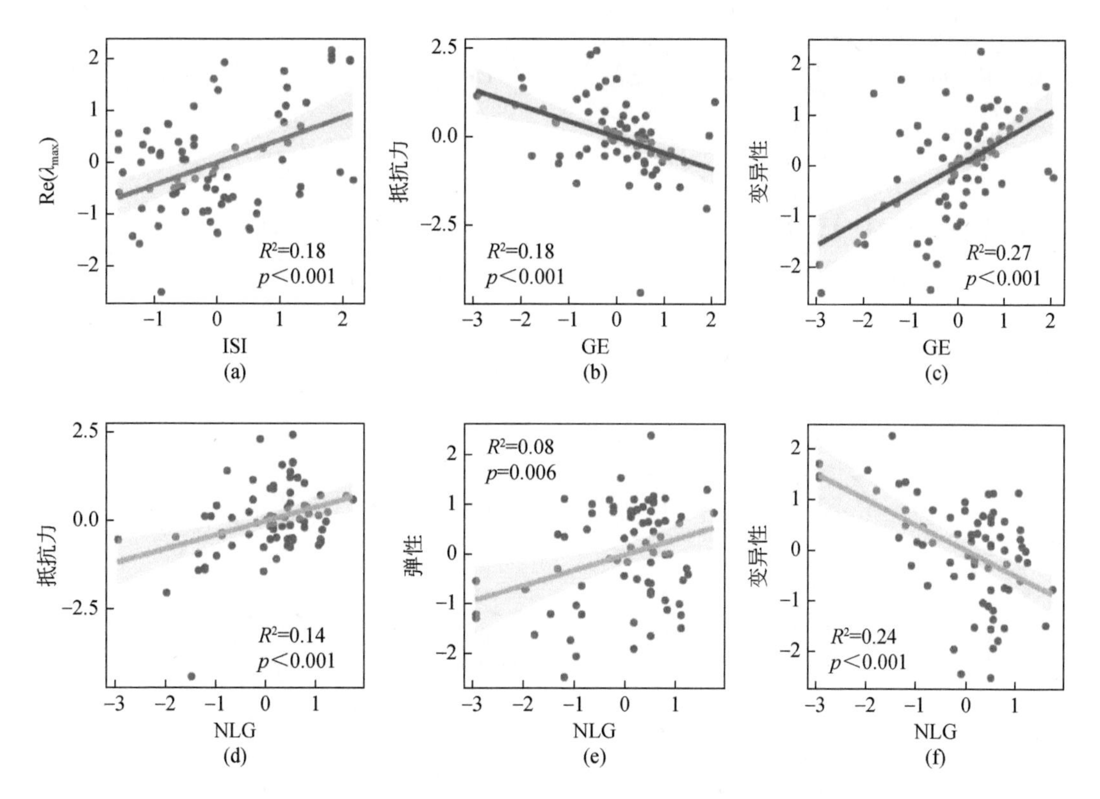

图 4.4　3 个重要影响因素对稳定性的影响效应

实线分别代表 ISI（a）、GE［（b）、（c）］和 NLG［（d）~（f）］与稳定性指标的线性回归拟合；灰色阴影区域表示 95% 置信区间

发现相互作用强度指数对局域稳定性的直接驱动作用和间接调节作用。相互作用强度直接增加了 $Re(\lambda_{max})$［图 4.5（a）］，表明其对海洋食物网局域稳定性的负向驱动作用。此外，物种丰富度和渔业通过降低相互作用强度，间接增加局域稳定性［图 4.5（a）］。

物种丰富度对 3 个非局域稳定性指标均有显著的驱动作用。物种丰富度的增加，提高了抵抗力和弹性［图 4.5（b）、（c）］，减小了种群生物量波动［图 4.5（d）］，从而提高了海洋食物网的非局域稳定性。同时物种丰富度通过降低连接度，降低了抵抗力［图 4.5（b）］，但其间接效应小于物种丰富度对抵抗力的直接正向影响。渔业对非局域稳定性也有较强的直接驱动作用。较高的渔业捕捞强度（高捕捞效率，低渔获物营养级）降低了抵抗力，增加了种群变异性，从而降低了非局域稳定性。此外，连接度和杂食性作为复杂性的不同方面对非局域稳定性的影响较小，食物网连接度提高了抵抗力，而杂食性降低了抵抗力［图 4.5（b）］。本研究还发现海洋生态系统的发育程度越成熟的生态系统，受扰动后生物量波动越小，变异性越小，同时能量循环通过提高成熟度降低了变异性。

除了各影响因素与稳定性的关系外，本研究还发现各生态系统指标之间的因果关系。物种丰富度直接影响了复杂性的其他方面性质。丰富度的增加降低了连接度，降低了相互作用强度，增加了系统杂食性。而能量循环直接决定了生态系统的成熟度，能量参与循环的比例越高，循环路径越长，生态系统成熟度越高。

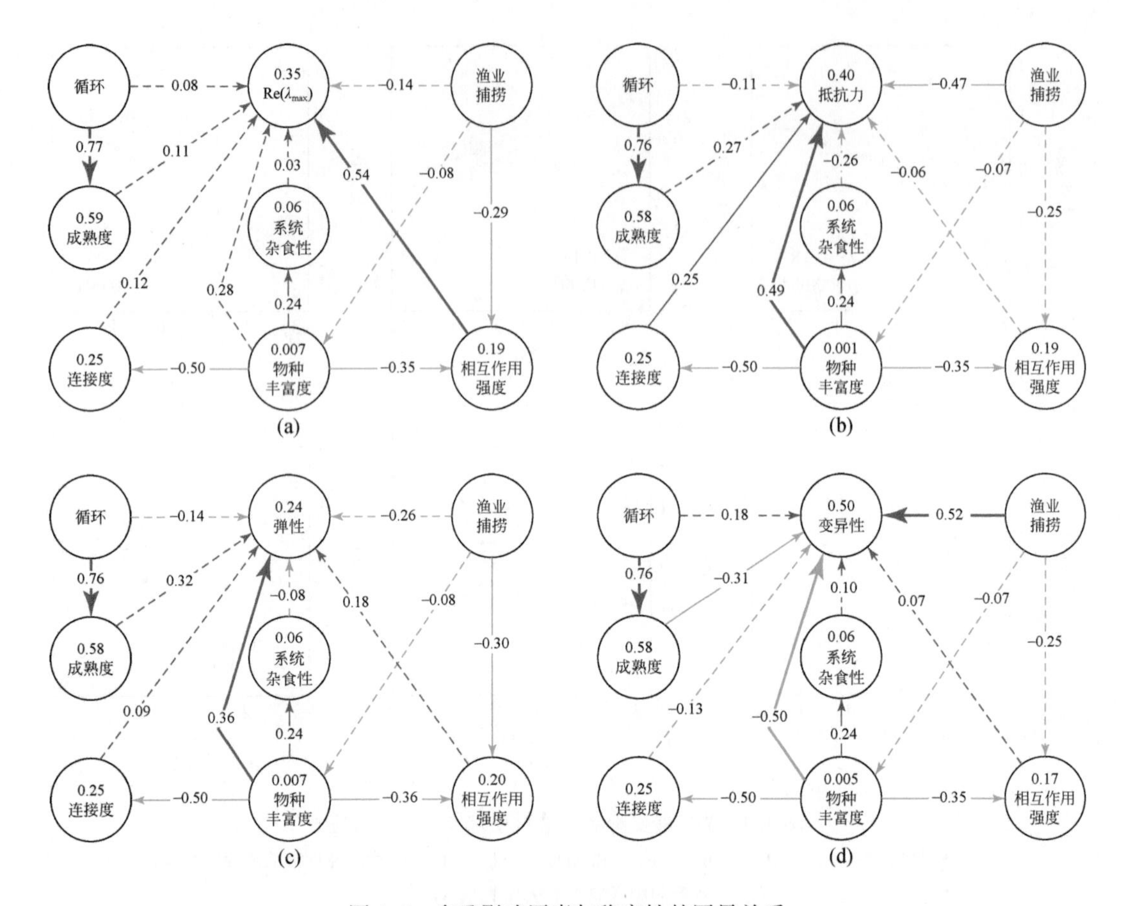

图 4.5　多重影响因素与稳定性的因果关系

实线箭头表示显著（$p<0.05$）的路径关系，虚线表示不显著的路径关系（$p>0.05$）；红色和蓝色箭头分别代表正向和负向的因果关系；箭头上的数字表示路径关系的强度；圈内的数字是决定系数，表示被解释的方差比例

4.4　讨　　论

研究发现，海洋食物网的稳定性是多维的，理论和实验研究中常用的局域稳定性和非局域稳定性是两类完全不同的性质。非局域稳定性指标之间存在一定的相关性，变异性与抵抗力和弹性之间有较强的负相关关系，而抵抗力与弹性之间的相关性较弱。海洋食物网稳定性的相关研究要以准确区分稳定性性质为前提；定量海洋食物网稳定性需要同时考虑多个不同的性质，至少要同时定量抵抗力和弹性。食物网内部特征和渔业捕捞共同决定了海洋食物网的稳定性。对于稳定性的不同性质，驱动因素及其效应有所不同。相互作用强度是局域稳定性最重要的驱动因素，降低了局域稳定性。非局域稳定性主要受物种丰富度和渔业捕捞的驱动，丰富度提高了抵抗力、弹性和时间稳定性，渔业捕捞降低了抵抗力和时间稳定性。此外，连接度、成熟度和能量循环也提高了非局域稳定性。

4.4.1 海洋食物网稳定性的多维特征

首先是关于稳定性的维度特征。Re(λ_{max})与其他 3 个稳定性指标之间的弱相关性揭示了理论和实验研究常用的局域稳定性和非局域稳定性两大类是完全不同的性质。局域稳定性是一个明确定义的数学概念，仅能描述生态系统在平衡点附近的行为特征（Allesina and Tang，2012）。而学者认为，实际生态系统不存在明确的平衡点（Deangelis and Waterhouse，1987），同时自然生态系统也被认为远非平衡稳定态（Allesina and Tang，2012）。此外，局域稳定性也被认为没有考虑到系统的一些复杂动态行为，是对自然生态系统的过度简化（Christianou and Kokkoris，2008）。但该方法具有通用性，且数学网络模型可以用来简化过于复杂的实际生态系统，适用于难以进行经验参数化的较大的生态系统（Allesina and Tang，2012）。一些学者建议可以将其作为对自然生态系统研究的出发点（Deangelis and Waterhouse，1987）。

非局域稳定性是在人为扰动或自然扰动下，通过生态系统的响应来定量的，能反映生态系统在面对自然界相对较大扰动时的不同响应特征和整体稳定性，因此更贴近实际的复杂情况。稳定性性质不同可能是造成生态学很多问题具有争论的原因。首次同时定量并比较了局域稳定性和非局域稳定性。因此，建议今后对稳定性问题的讨论要以准确区分稳定性类别为重要前提；同时对文献的参考也要谨慎，稳定性类别不同，结果不具有通用性。

3 种非局域稳定性指标之间存在一定的联系。变异性和抵抗力之间存在着最强的相关性，与之前的研究（Donohue et al.，2013；Pennekamp et al.，2018；Hillebrand and Kunze，2020）一致，即具有更大的抵抗扰动能力的生态系统，相应受到外界的改变更小，因此在模拟期间种群生物量波动更小。Hillebrand 等（2018）解释了抵抗力和弹性脱节的原因，他们认为生态系统更倾向于优化干扰后恢复相关的特性而不是抵抗扰动相关的特性。同样 Hoover 等（2014）在现场实验中也证实了低抵抗力并不影响生态系统快速恢复。综上所述，弹性和抵抗力是独立属性，是全局稳定性的互补性质（Vallina and Le Quéré，2011）。

4.4.2 海洋食物网稳定性的驱动因素及其效应

随机森林重要性分析、线性拟合和偏最小二乘结构方程模型的结果共同阐明了对于稳定性的不同性质，驱动因素及其效应存在差别。局域稳定性主要受相互作用强度的影响，压力稳定性主要受物种丰富度和渔业捕捞的驱动作用。

对于局域稳定性而言，相互作用强度是最重要的影响因子，且在所有指标中，局域稳定性只受相互作用强度驱动。越来越多的研究表明，捕食者-被捕食者的相互作用模式是生态系统过程和稳定性的关键决定因素（O'gorman and Emmerson，2009；Pietro et al.，2018），相互作用强度的均值和方差均对局域稳定性有重要意义（May，1972；Kokkoris et al.，2002）。理论和经验研究均已证实弱相互作用通过抑制振荡促进群落的局域稳定性（McCann et al.，1998；McCann，2000）。一般来说，弱相互作用和强相互作用的强偏态分布被普遍认为是促进局域稳定性的模式。Van Altena 等（2016）在真实食物网的研究中却提出了相反观点，认为偏态分布会降低稳定性。Christianou 和 Kokkoris（2008）认为群落需要物种具有相似的竞争强度才能维持稳定。研究发现相互作用强度的均匀分布增加了局域稳定性。在前人研究的基础上，研究认为海洋自然生态系统的局域稳定性的维持不能仅靠弱相互作用的存在，而要取决于弱相互作用的分布情况，弱相互作用分布越均匀，局域稳定性越强。这从因果关系的角度证实了 Jansen 和 Kokkoris（2003），以及 Van Altena 等（2016）、Pettersson 等（2020）的研究结果。虽然所用数据库和指标定量方法均与本书相同，但 Jacquet 等（2016）在真实食物网中没有发现相互作用强度与局域稳定性的关系。原因可能是本书研究仅针对海洋生态系统，而 Jacquet 等的研究包含了淡水、陆地、海洋三类生态系统，不同的生态系统相互作用强度的作用模式可能有区别。

与局域稳定性的结果有很大的差别，非局域稳定性主要受物种丰富度、渔业捕捞的驱动。物种丰富度是非局域稳定性最重要的驱动因素。对 3 个非局域稳定性指标而言，物种丰富度的相对重要性在所有特征指标中居前二，此外，在偏最小二乘结构方程模型结果中，物种丰富度与稳定性之间的路径系数最大。物种丰富度对稳定性的重要作用是可以理解的，因为生态系统的物质与能量的传递与转化都是以生物为载体的生物过程，不同物种都在其中发挥着一定的作用，物种的缺失会直接导致传递环节的丢失，从而影响整个生态过程（de Ruiter et al.，1998）。研究结果表明，物种丰富度促进了非局域稳定性。丰富度对时间稳定性的促进作用与 Tilman 等（2006）、Downing 等（2014）、Cusson 等（2015）、Venail 等（2015）、Isbell 等（2015）、Pennekamp 等（2018）的研究一致。统计平均效应、保险效应、选择效应等机制可能是这一促进作用的原因。统计平均效应表明随着更多的物种加入群落中，物种属性波动趋于平均，使群落生物量或生产力的波动更小。另外，保险效应认为不同物种对环境波动和干扰的响应具有异步性，应对扰动时的反应速率存在差异，高度的多样性更有可能包含不同物种，因此高多样性能在扰动背景下缓冲时空变化，从而稳定生态系统的时间稳定性（Yachi and Loreau，1999）。同样，如果不同物种对扰动的抵抗和恢复能力有区别，保险效应也可以类似地增加生态系统的抵抗力和弹性（Downing and Leibold，2010），这或许可以解释本研究结果中发现的丰富度对抵抗力和弹性的促进作用。

渔业是非局域稳定性的另一重要驱动因素，本书研究结果表明，渔业捕捞降低了生态系统的非局域稳定性，表现为增加群落的时间变异性，降低生态系统抵抗扰动的能力。Shelton 和 Mangel（2011）、Hsieh 等（2006）、Anderson 等（2008）在种群层次研究了渔业对稳定性的降低作用，认为受到渔业捕捞的种群比未受到渔业捕捞的种群有更高的时间变异性。而捕捞不仅对目标物种有直接影响，还对非目标物种存在间接影响（Wu et al.，2016），因而捕捞可能对海洋生态系统整体结构和稳定性产生潜在影响。本书将渔业对稳定性的影响扩展到了群落层次，发现捕捞活动同样降低了群落整体的时间稳定性，此外还降低了群落对扰动的抵抗力。年龄截断效应可能是其潜在机制之一，捕捞活动具有高度选择性，通常以物种中的较大个体为目标，使得目标群体的平均大小和年龄下降，降低了种群对环境事件的缓冲能力（Pauly et al.，2002；Hsieh et al.，2006；Anderson et al.，2008），从而降低了群落整体抵抗扰动的能力，并使群落整体的变异性增加。此外，生态学理论认为群落稳定性的下降是营养级下降的结果（Britten et al.，2014）。由于捕捞活动，高营养级捕食者被不断从群落中移除，低营养级物种占据了生态系统的优势地位（Pauly and Palomares，2005），导致群落发生更多的变化，降低群落稳定性（Britten et al.，2014）。也有学者认为捕捞活动优先以生态系统的优势种为目标，而优势种的缺失对食物网有直接破坏作用（Bascompte et al.，2005）。Pauly 等（2002）认为捕捞会简化食物网，导致变异性增加，但本书研究尚未观察到由食物网复杂性介导的渔业-多样性关系。本书在群落层次定量分析渔业捕捞与稳定性的关系，明确了捕捞对群落稳定性的负向驱动作用。在全球捕捞量持续上升、渔获物营养级持续降低的背景下（Pauly et al.，1998；Gascuel et al.，2016；Bell et al.，2017），本书研究对基于生态系统的渔业资源管理具有重要意义。我们建议将捕捞努力量减少至原来的 1/3 ~ 1/2，甚至更多（Pauly et al.，1998），这不仅有利于渔业的可持续发展，而且对维持海洋生态系统的健康和稳定至关重要。

本书研究发现高连接度在应对渔业扰动时有更强的抵抗力，与 Pimm（1984）和 Smith-Ramesh 等（2017）的研究一致。这一现象的机制可能类似 Fowler（2009）提出的反馈作用，即连接度增加可以增加反馈，从而降低增长率，稳定群落动态。本书的研究结果挑战了 May（1972）提出的高连接度导致不稳定的经典理论。产生这种差异的原因可能是方法上的区别，May 利用相互作用矩阵定量稳定性，而相互作用矩阵则是通过随机抽取元素来构建的，而在真实食物网中，相互作用强度及其分布不是随机的，而是具有一定的模式，这在前面已经讨论过。此外，研究发现杂食性对抵抗力有较弱的抑制作用，验证了经典数学食物网理论（Pimm and Lawton，1978）。Gellner 和 McCann（2012）通过定量杂食强度同样也支持了 Pimm 和 Lawton（1978）的理论。而一些研究认为杂食性稳定了群落（Fagan，1997；Borrvall et al.，2000），而这些研究往往只是在几个具有不同杂食性结构的食物网之间进行稳定性比较，而没有定量系统杂食性以及杂食性-稳定性关系。Vandermeer（2006）及 Ispolatov 和 Doebeli（2011）认为杂食是否能稳定群落主要取决于网络结构条件，因此很难用一般理论去预测自然食物网的杂食性。本书的研究首次在大量自然海洋生态网络下定量杂食性，并分析它与稳定性的驱动关系。研究认为针对海洋生态系统，高杂食性的群落在以当前状况为基准的情况下对渔业扰动的抵抗能力更弱。由于难以定量自然生态系统的成熟度（Orians，1975），目前缺乏成熟度与稳定性之间的关系的探讨。研究利用 Ecopath 模型量化了成熟度，发现高成熟度的生态系统受到扰动后可以抑制群落生物量波动，从而促进群落稳定性。

虽然有学者发现物种丰富度和连接度之间存在负向关系（Pimm et al.，1991；Rooney and McCann，2012），但复杂性指标之间的因果关系尚不明确。研究首次同时考察了复杂性指标之间的关系，表明一些食物网性状随物种丰富度的变化而变化，而物种丰富度是其他复杂性属性的决定因素。

本书研究中改变了渔业扰动程度，以探讨不同扰动大小是否会对结果产生影响。结果表明，在提高 20%、100% 捕捞努力量的情况下，相互作用强度、物种丰富度、渔业对稳定性的驱动效应与提高 50% 捕捞努力量的结果相似（图 4.6、图 4.7）。由于数据量的变化，研究在显著性结果上出现了一些差异。

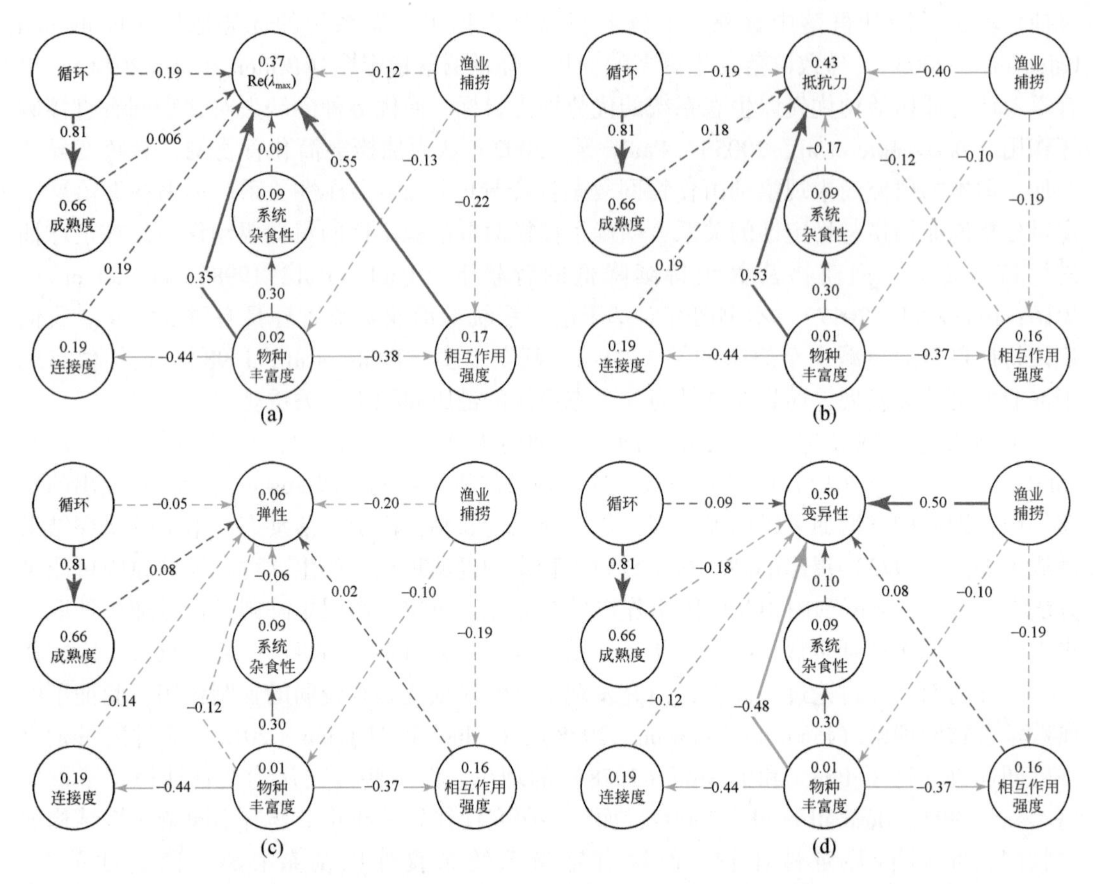

图 4.6 捕捞努力量提高 20% 的扰动下多重影响因素与稳定性的因果关系

实线箭头表示显著（$p<0.05$）的路径关系，虚线表示不显著的路径关系；红色和蓝色箭头分别代表正向和负向的因果关系；箭头上的数字表示路径关系的强度；圆圈内数字是决定系数，表示被解释的方差比例

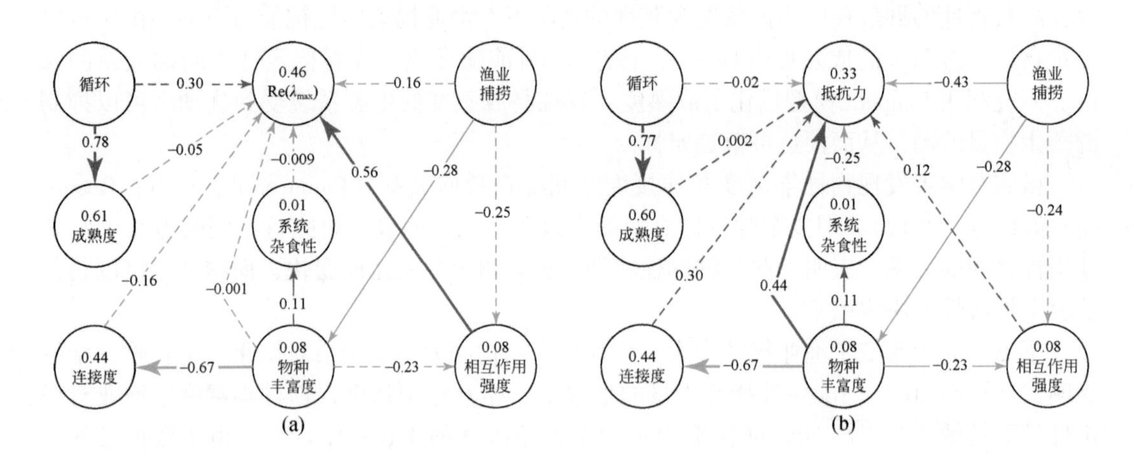

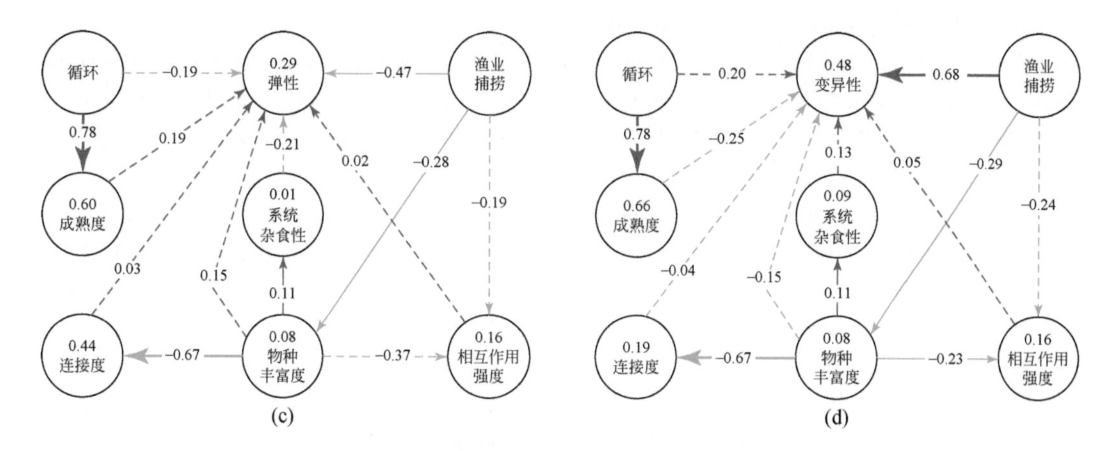

图 4.7　捕捞努力量提升 100% 的扰动下多重影响因素与稳定性的因果关系

实线箭头表示显著（$p<0.05$）的路径关系，虚线表示不显著的路径关系；红色和蓝色箭头分别代表正向和负向的因果关系；箭头上的数字表示路径关系的强度；圈内的数字是决定系数，表示被解释的方差比例

参 考 文 献

胡科，刘晓磊，魏希文，等. 2016. 应用生态网络分析方法评价中国经济系统的可持续性［J］. 生态学报，36（24）：7942-7950.

黄孝锋，邴旭文，张宪中. 2011. EwE 模型在评价渔业水域生态系统中的应用［J］. 水生态学杂志，32（6）：125-129.

李中才，徐俊艳，吴昌友，等. 2011. 生态网络分析方法研究综述［J］. 生态学报，31（18）：5396-5405.

Allesina S，Tang S. 2012. Stability criteria for complex ecosystems［J］. Nature，483（7388）：205-208.

Anderson C N，Hsieh C H，Sandin S A，et al. 2008. Why fishing magnifies fluctuations in fish abundance［J］. Nature，452（7189）：835-839.

Bascompte J，Melián C J，Sala E. 2005. Interaction strength combinations and the overfishing of a marine food web［J］. Proceedings of the National Academy of Sciences，102（15）：5443-5447.

Bell J D，Watson R A，Ye Y. 2017. Global fishing capacity and fishing effort from 1950 to 2012［J］. Fish and Fisheries，18（3）：489-505.

Borrett S R，Sheble L，Moody J，et al. 2018. Bibliometric review of ecological network analysis：2010-2016［J］. Ecological Modelling，382：63-82.

Borrvall C，Ebenman B，Tomas Jonsson T J. 2000. Biodiversity lessens the risk of cascading extinction in model food webs［J］. Ecology Letters，3（2）：131-136.

Britten G L，Dowd M，Minto C，et al. 2014. Predator decline leads to decreased stability in a coastal fish community［J］. Ecology Letters，17（12）：1518-1525.

Chea R，Guo C，Grenouillet G，et al. 2016. Toward an ecological understanding of a flood-pulse system lake in a tropical ecosystem：Food web structure and ecosystem health［J］. Ecological Modelling，323：1-11.

Christensen V，Pauly D. 1992. Ecopath Ⅱ—A software for balancing steady- state ecosystem models and calculating network characteristics［J］. Ecological Modelling，61（3）：169-185.

Christianou M，Kokkoris G D. 2008. Complexity does not affect stability in feasible model communities［J］.

Journal of Theoretical Biology, 253 (1): 162-169.

Coll M, Steenbeek J, Sole J, et al. 2016. Modelling the cumulative spatial- temporal effects of environmental drivers and fishing in a NW Mediterranean marine ecosystem [J]. Ecological Modelling, 331: 100-114.

Colléter M, Valls A, Guitton J, et al. 2015. Global overview of the applications of the Ecopath with Ecosim modeling approach using the EcoBase models repository [J]. Ecological Modelling, 302: 42-53.

Cusson M, Crowe T P, Araújo R, et al. 2015. Relationships between biodiversity and the stability of marine ecosystems: Comparisons at a European scale using meta-analysis [J]. Journal of Sea Research, 98: 5-14.

de Ruiter P C, Neutel A M, Moore J C. 1998. Biodiversity in soil ecosystems: The role of energy flow and community stability [J]. Applied Soil Ecology, 10 (3): 217-228.

Deangelis D L, Waterhouse J. 1987. Equilibrium and nonequilibrium concepts in ecological models [J]. Ecological Monographs, 57 (1): 1-21.

Donohue I, Petchey O L, Montoya J M, et al. 2013. On the dimensionality of ecological stability [J]. Ecology Letters, 16 (4): 421-429.

Downing A L, Brown B L, Leibold M A. 2014. Multiple diversity- stability mechanisms enhance population and community stability in aquatic food webs [J]. Ecology, 95 (1): 173-184.

Downing A L, Leibold M A. 2010. Species richness facilitates ecosystem resilience in aquatic food webs [J]. Freshwater Biology, 55 (10): 2123-2137.

Fagan W F. 1997. Omnivory as a stabilizing feature of natural communities [J]. The American Naturalist, 150 (5): 554-567.

Fath B D, Patten B C. 1999. Review of the foundations of network environment analysis [J]. Ecosystems, 2 (2): 167-179.

Fowler M S. 2009. Increasing community size and connectance can increase stability in competitive communities [J]. Journal of Theoretical Biology, 258 (2): 179-188.

Gascuel D, Coll M, Fox C, et al. 2016. Fishing impact and environmental status in European seas: A diagnosis from stock assessments and ecosystem indicators [J]. Fish and Fisheries, 17 (1): 31-55.

GellneR G, Mccann K. 2012. Reconciling the omnivory- stability debate [J]. The American Naturalist, 179 (1): 22-37.

Haenlein M, Kaplan A M. 2004. A beginner's guide to partial least squares analysis [J]. Understanding Statistics, 3 (4): 283-297.

Hair J F, Ringle C M, Sarstedt M. 2011. PLS- SEM: Indeed a silver bullet [J]. Journal of Marketing Theory Practice, 19 (2): 139-152.

Hattab T, Ben Rais Lasram F, Albouy C, et al. 2013. An ecosystem model of an exploited southern Mediterranean shelf region (Gulf of Gabes, Tunisia) and a comparison with other Mediterranean ecosystem model properties [J]. Journal of Marine Systems, 128: 159-174.

Hermosillo- Nunez B B, Ortiz M, Rodriguez- Zaragoza F A, et al. 2018. Trophic network properties of coral ecosystems in three marine protected areas along the Mexican Pacific Coast: Assessment of systemic structure and health [J]. Ecological Complexity, 36: 73-85.

Heymans J J, Coll M, Libralato S, et al. 2014. Global patterns in ecological indicators of marine food webs: A modelling approach [J]. PLoS One, 9 (4): e95845.

Hillebrand H, Kunze C. 2020. Meta- analysis on pulse disturbances reveals differences in functional and compositional recovery across ecosystems [J]. Ecology Letters, 23 (3): 575-585.

Hillebrand H, Langenheder S, Lebret K, et al. 2018. Decomposing multiple dimensions of stability in global change experiments [J]. Ecology Letters, 21 (1): 21-30.

Hoover C, Pitcher T, Christensen V. 2013a. Effects of hunting, fishing and climate change on the Hudson Bay marine ecosystem: Ⅰ. Re-creating past changes 1970-2009 [J]. Ecological Modelling, 264: 130-142.

Hoover C, Pitcher T, Christensen V. 2013b. Effects of hunting, fishing and climate change on the Hudson Bay marine ecosystem: II. Ecosystem model future projections [J]. Ecological Modelling, 264: 143-156.

Hoover D L, Knapp A K, Smith M D. 2014. Resistance and resilience of a grassland ecosystem to climate extremes [J]. Ecology, 95 (9): 2646-2656.

Hsieh C H, Reiss C S, Hunter J R, et al. 2006. Fishing elevates variability in the abundance of exploited species [J]. Nature, 443 (7113): 859-862.

Isbell F, Craven D, Connolly J, et al. 2015. Biodiversity increases the resistance of ecosystem productivity to climate extremes [J]. Nature, 526 (7574): 574-577.

Ispolatov I, Doebeli M. 2011. Omnivory can both enhance and dampen perturbations in food webs [J]. Theoretical Ecology, 4 (1): 55-67.

Jacquet C, Moritz C, Morissette L, et al. 2016. No complexity-stability relationship in empirical ecosystems [J]. Nature communications, 7 (1): 12573.

Jansen V A, Kokkoris G D. 2003. Complexity and stability revisited [J]. Ecology Letters, 6 (6): 498-502.

Kokkoris G D, Jansen V A A, Loreau M, et al. 2002. Variability in interaction strength and implications for biodiversity [J]. Journal of Animal Ecology, 71 (2): 362-371.

Li C H, Xian Y, Ye C, et al. 2019. Wetland ecosystem status and restoration using the Ecopath with Ecosim (EWE) model [J]. Science of the Total Environment, 658: 305-314.

Lindeman R L. 1942. The trophic-dynamic aspect of ecology [J]. Ecology, 23 (4): 399-417.

May R M. 1972. Will a large complex system be stable? [J]. Nature, 238 (5364): 413-414.

McCann K S. 2000. The diversity-stability debate [J]. Nature, 405 (6783): 228-233.

McCann K, Hastings A, Huxel G R. 1998. Weak trophic interactions and the balance of nature [J]. Nature, 395 (6704): 794-798.

Min J, Iqbal S, Khan M A S, et al. 2020. Impact of supervisory behavior on sustainable employee performance: Mediation of conflict management strategies using PLS-SEM [J]. PLoS One, 15 (9): e0236650.

Neira S, Moloney C, Shannon L J, et al. 2014. Assessing changes in the southern Humboldt in the 20th century using food web models [J]. Ecological Modelling, 278: 52-66.

Nuttall M A, Jordaan A, Cerrato R M, et al. 2011. Identifying 120 years of decline in ecosystem structure and maturity of Great South Bay, New York using the Ecopath modelling approach [J]. Ecological Modelling, 222 (18): 3335-3345.

Odum E P. 1969. The Strategy of Ecosystem Development: An understanding of ecological succession provides a basis for resolving man′s conflict with nature [J]. Science, 164 (3877): 262-270.

O'gorman E J, Emmerson M C. 2009. Perturbations to trophic interactions and the stability of complex food webs [J]. Proceedings of the National Academy of Sciences, 106 (32): 13393-13398.

Orians G H. 1975. Diversity, Stability and Maturity in Natural Ecosystems [M]. Dordrecht: Springer.

Pauly D, Christensen V, Dalsgaard J, et al. 1998. Fishing down marine food webs [J]. Science, 279 (5352): 860-863.

Pauly D, Christensen V, Guénette S, et al. 2002. Towards sustainability in world fisheries [J]. Nature, 418 (6898): 689-695.

Pauly D, Palomares M L. 2005. Fishing down marine food web: It is far more pervasive than we thought [J].

Bulletin of Marine Science, 76 (2): 197-212.

Pennekamp F, Pontarp M, Tabi A, et al. 2018. Biodiversity increases and decreases ecosystem stability [J]. Nature, 563 (7729): 109-112.

Pettersson S, Savage V M, Nilsson J M. 2020. Predicting collapse of complex ecological systems: Quantifying the stability-complexity continuum [J]. Journal of the Royal Society Interface, 17 (166): 20190391.

Pietro L, Henintsoa O M, Ake B, et al. 2018. Complexity and stability of ecological networks: A review of the theory [J]. Population Ecology, 60: 319-345.

Pimm S L, Lawton J H, Cohen J E. 1991. Food web patterns and their consequences [J]. Nature, 350 (6320): 669-674.

Pimm S L. 1984. The complexity and stability of ecosystems [J]. Nature, 307 (5949): 321-326.

Pimm S, Lawton J H. 1978. On feeding on more than one trophic level [J]. Nature, 275 (5680): 542-544.

Polovina J J. 1984. Model of a coral reef ecosystem [J]. Coral Reefs, 3 (1): 1-11.

Rooney N, McCann K S. 2012. Integrating food web diversity, structure and stability [J]. Trends in Ecology & Evolution, 27 (1): 40-46.

Shelton A O, Mangel M. 2011. Fluctuations of fish populations and the magnifying effects of fishing [J]. Proceedings of the National Academy of Sciences, 108 (17): 7075-7080.

Smith-Ramesh L M, Moore A C, Schmitz O J. 2017. Global synthesis suggests that food web connectance correlates to invasion resistance [J]. Global Change Biology, 23 (2): 465-473.

Stäbler M, Kempf A, Temming A. 2018. Assessing the structure and functioning of the southern North Sea ecosystem with a food-web model [J]. Ocean & Coastal Management, 165: 280-297.

Tilman D, Reich P B, Knops J M. 2006. Biodiversity and ecosystem stability in a decade-long grassland experiment [J]. Nature, 441 (7093): 629-632.

Ulanowicz R E. 1986. Growth and Development: Ecosystems Phenomenology [M]. New York: Springer-Verlag.

Urbach N, Ahlemann F. 2010. Structural equation modeling in information systems research using partial least squares [J]. Journal of Information Technology Theory Application, 11 (2): 5-40.

Vallina S M, Le Quéré C. 2011. Stability of complex food webs: Resilience, resistance and the average interaction strength [J]. Journal of Theoretical Biology, 272 (1): 160-173.

Van Altena C, Hemerik L, De Ruiter P C. 2016. Food web stability and weighted connectance: The complexity-stability debate revisited [J]. Theoretical Ecology, 9 (1): 49-58.

Vandermeer J. 2006. Omnivory and the stability of food webs [J]. Journal of Theoretical Biology, 238 (3): 497-504.

Venail P, Gross K, Oakley T H, et al. 2015. Species richness, but not phylogenetic diversity, influences community biomass production and temporal stability in a re-examination of 16 grassland biodiversity studies [J]. Functional Ecology, 29 (5): 615-626.

Walters C, Christensen V, Pauly D. 1997. Structuring dynamic models of exploited ecosystems from trophic mass-balance assessments [J]. Reviews in Fish Biology and Fisheries, 7 (2): 139-172.

Walters C, Pauly D, Christensen V. 1999. Ecospace: Prediction of mesoscale spatial patterns in trophic relationships of exploited ecosystems, with emphasis on the impacts of marine protected areas [J]. Ecosystems, 2 (6): 539-554.

Wang J, Zou X, Yu W, et al. 2019b. Effects of established offshore wind farms on energy flow of coastal ecosystems: A case study of the Rudong offshore wind farms in China [J]. Ocean & Coastal Management, 171: 111-118.

Wang S, Wang L, Chang H Y, et al. 2018. Longitudinal variation in energy flow networks along a large subtropical river, China [J] . Ecological Modelling, 387: 83-95.

Wang S, Wang L, Zheng Y, et al. 2019a. Application of mass- balance modelling to assess the effects of ecological restoration on energy flows in a subtropical reservoir, China [J] . Science of the Total Environment, 664: 780-792.

Xu M, Qi L, Zhang L B, et al. 2019. Ecosystem attributes of trophic models before and after construction of artificial oyster reefs using Ecopath [J] . Aquaculture Environment Interactions, 11: 111-127.

Yachi S, Loreau M. 1999. Biodiversity and ecosystem productivity in a fluctuating environment: The insurance hypothesis [J] . Proceedings of the National Academy of Sciences, 96 (4): 1463-1468.

第5章　近海生态系统食物网复杂性对稳定性的影响

5.1　一般复杂性指标对稳定性的影响

为了验证海洋食物网中一般复杂性指标和稳定性的关系，基于第4章127个海洋生态系统Ecopath模型，本章计算出平衡点的雅可比矩阵，即群落矩阵。127个海洋生态系统的群落矩阵网络图见附图1。以最大特征根实部表示系统的稳定性。综合考虑物种数量[图5.1（a）]、连接度[图5.1（b）]、交互作用强度标准差[图5.1（c）]、May's复杂性度量$\sigma\sqrt{SC}$[图5.1（d）]、交互作用变异系数[图5.1（e）]、交互作用偏度[图5.1（f）]、交互作用峰度[图5.1（g）]等各种指标，结果表明这些复杂性指标和海洋生态系统的稳定性相关性很小（图5.1）。所用模型的物种数量集中在20～30个功能组[图5.1（h）]。为了找出海洋食物网稳定性的关键驱动因素，还需要考虑其他指标。

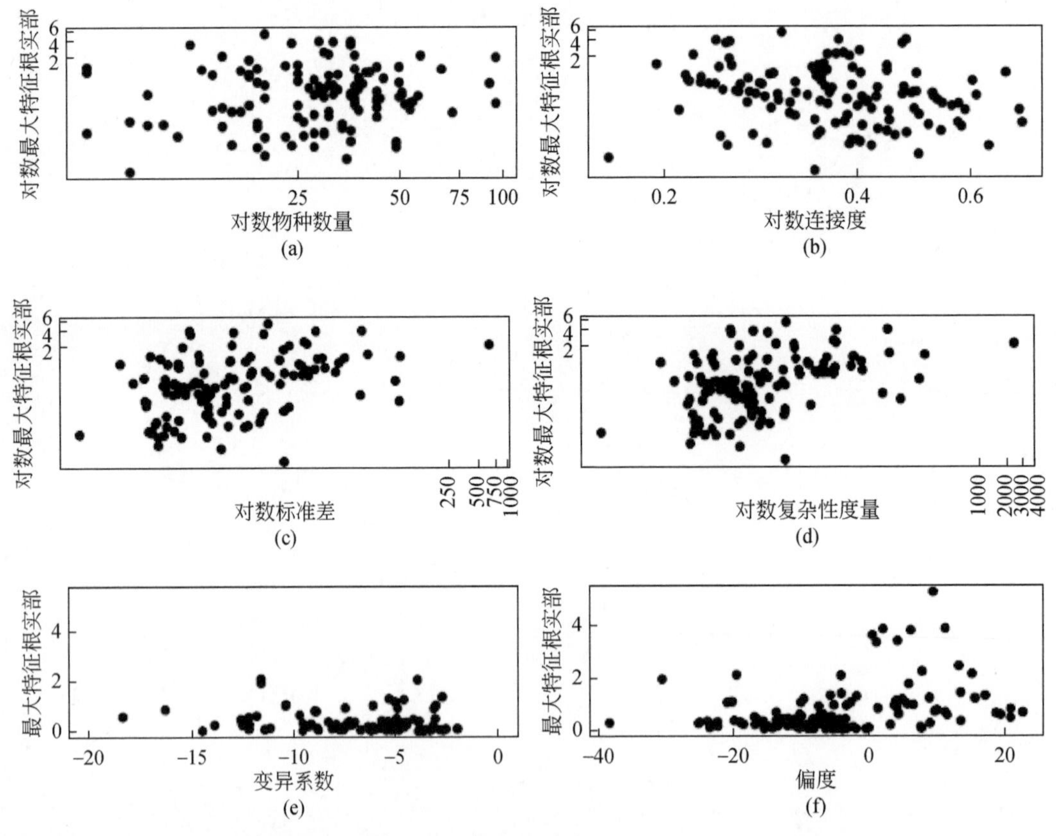

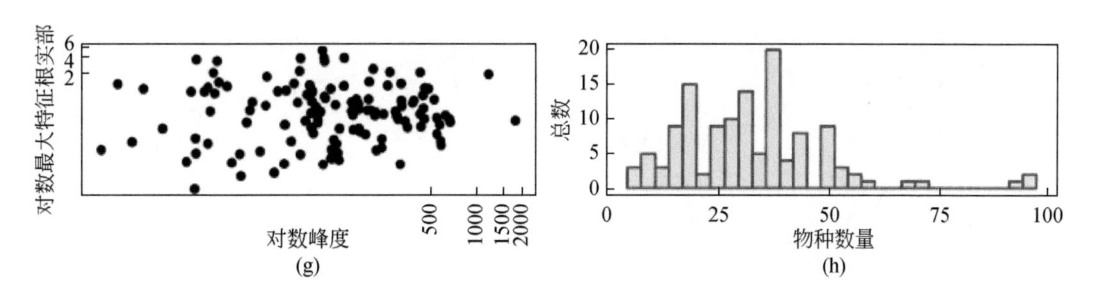

图 5.1　127 个海洋生态系统 Ecopath 模型中各种复杂性指标和稳定性关系

5.2　群落矩阵反馈环

5.2.1　反馈环分析意义

在海洋食物链中，捕食者和被捕食者之间形成正负反馈的闭环（图 5.2）。最小的杂食反馈环是三物种反馈环（图 5.3），还有更多物种的杂食反馈环（图 5.4）。物种之间的相互作用用箭头表示，其大小就是平衡点的雅可比矩阵对应元素，即群落矩阵。

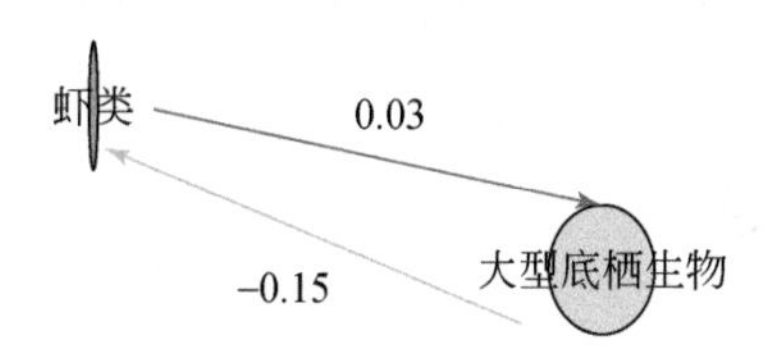

图 5.2　捕食者和被捕食者形成的正负反馈闭环

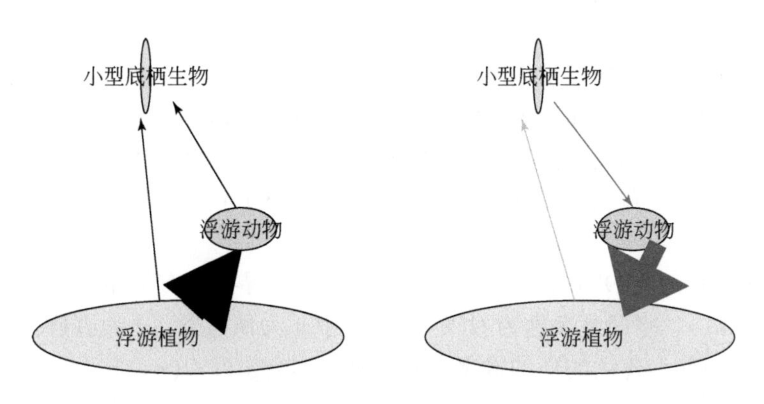

图 5.3　最小的杂食反馈环

在一个稳定的海洋生物群落中，由于某种原因浮游植物突然增长，浮游动物和底栖生物由于食物的增加，其数量也会增长。但是底栖生物也会捕食浮游动物。最终浮游动物数

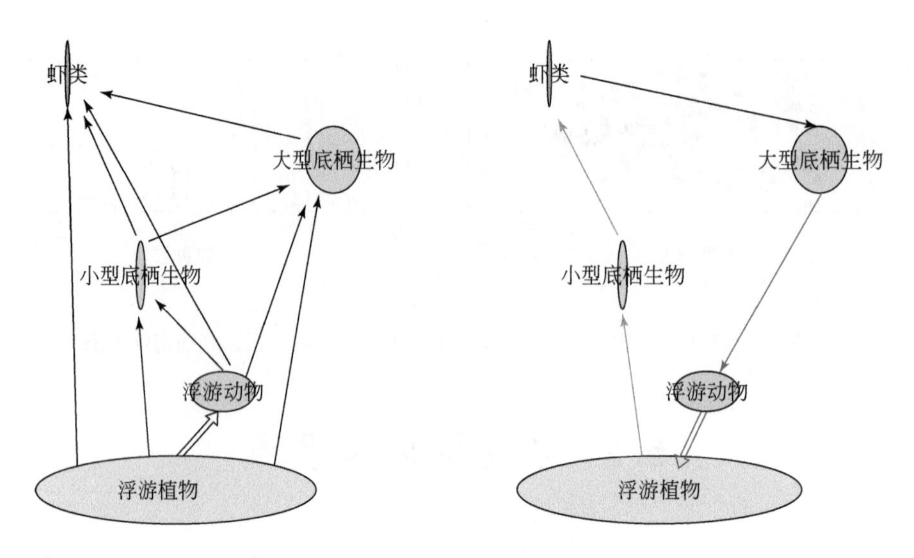

图 5.4　更多物种的杂食反馈环

量是否改变取决于多方的力量对比。虽然浮游植物被捕食，但是底栖生物和浮游动物排泄物及其尸体也会促进浮游植物的生长。如果浮游植物在一系列相互作用下回到最初的生物量，说明该系统是稳定的。如果最终浮游植物脱离原来的生物量，说明该系统是不稳定的。捕食浮游植物和对浮游植物的反馈共同决定其是不是能回到原来的生物量，所以反馈环对系统的稳定性至关重要。

5.2.2　反馈环分析方法

反馈环就是图论中的简单环，通过 Johnson 算法找出所有长度的环。这是个非确定性多项式难题（NP 问题），需要特别多的计算时间。考虑到实际需要，只计算物种数量小于 7 的反馈环。对于每个反馈环，将所有边的相互作用强度 a_{ij} 相乘就得到该环的权重。为了消除不同环长的影响，平均权重取几何平均。127 个海洋生态系统 Ecopath 模型的反馈环（长度小于 7）见附表 2。Neutel 等（2002）通过研究发现最大权重一般出现在三物种反馈环，并且对系统稳定性起决定作用，4 个物种以及更多物种的长环效果不显著。注意到固定长度的反馈环，其正负权重基本对称（图 5.5、图 5.6），权重总和与最大权重相关性很强。

Johnson 算法发表于 1975 年，用于在一个有向图中寻找所有简单环。时间复杂性上界为 $O((n+e)(c+1))$，空间复杂性为 $O(n+e)$，其中 n 为顶点数，e 为边数，c 为存在环数。在算法执行时，每两个连续的环的输出之间的时间不会超过 $O(n+e)$。

所谓简单环，即除了第一个和最后一个顶点，其余所有顶点在路径中只出现一次。这里排除了自循环的边和在两个顶点之间多条边的情况。本算法沿用 Tiernan 算法的记号，每个简单环都是由根顶点 S 的子图构建的，这个子图由根顶点 S 和“大于”根顶点的顶点构成。因此每个输出都根据路径的最小点 S 来分类。

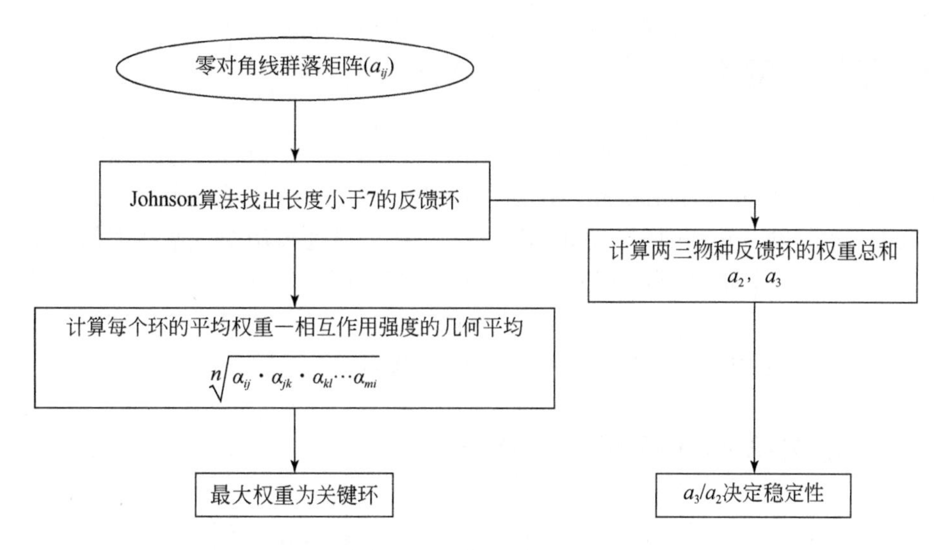

图 5.5　反馈环计算思路

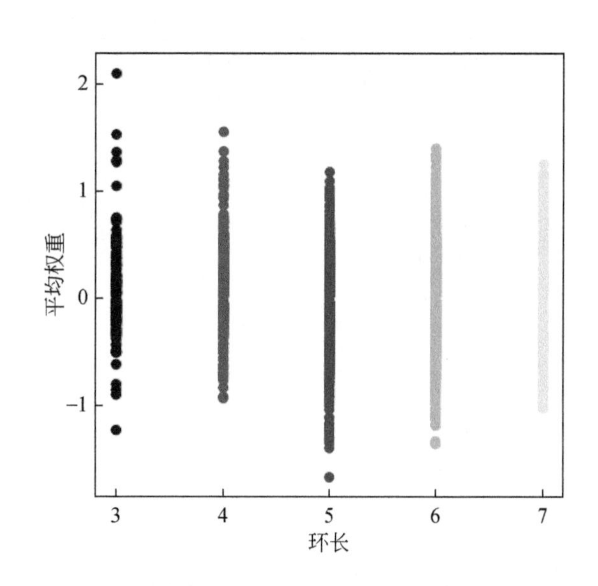

图 5.6　一个海洋食物网群落矩阵的各种长度的反馈环平均权重

当从 S 开始遍历路径，把一个顶点 v 加入这个路径时，会把这个顶点的状态设为“阻塞”(blocked)，直到从 v 到 S 的所有路径都完成检索，v 会一直保持这种状态，这样保证了一个顶点不会被重复添加。另外，除非一个顶点是构造简单环路径的最小点，否则这个点不会成为路径的根顶点。这样保证不会无意义地搜索。

算法的输入是一个图结构，图的表示是邻接表形式。假设每个顶点用 1 ~ n 的一个数字表示，图表示为 AG，则 AG(v)是一个数组表示第 v 个顶点的邻接顶点。算法的过程是这样的：从一个根顶点 S 开始构建简单环，所经过的路径的顶点保存在一个栈中。算法通过调用 CIRCUIT 过程添加新顶点，添加时务必将其设置为 blocked，并且在过程调用返回时删除这个顶点，但是此时不一定将其阻塞状态去除。

5.2.3 最重关键环

利用反馈环研究稳定性的开创性工作起始于 Neutel 等（2002），它以美国中部平原试验场（The Central Plains Experimental Range，CPER）的 7 个土壤食物网为例，通过随机化扩展到 107 个食物网。物种数量、进食率和相互作用强度通过历史观测数据估算得到，相互作用强度即平衡点处的雅可比矩阵。以最小种内自由度衡量食物网的稳定性，结果表明反馈环的最大平均权重和系统稳定性具有极强的相关性。随着反馈环长的增加，其平均权重越来越小，所以最大的权重基本出现在三物种反馈环。

5.2.4 最重关键环对稳定性影响较大

在海洋食物网中，反馈环最大权重和稳定性的判决系数 R^2 达到 0.722（图 5.7），说明它们之间存在很强的相关性。

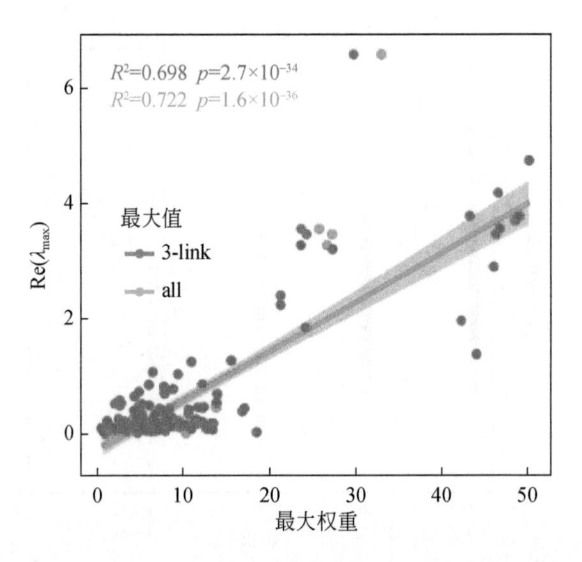

图 5.7 127 个 Ecopath 海洋食物网最大权重和稳定性的关系

5.3 食物网反馈环决定稳定性

Neutel 和 Thorne（2014）将最大权重推广到权重总和比值 a_3/a_2，其中 a_3 表示所有三物种反馈环的权重之和，a_2 表示所有两物种反馈环的权重之和。结果表明反馈环重总和比值与稳定性的相关性大于最大平均权重与稳定性的相关性。

127 个海洋生态系统模型中最大的物种数量有 95，大部分系统物种数量小于 50，而 Neutel 等的食物网物种数量在 20 ~ 30。物种数量越大，反馈环的寻找相对更困难。

5.3.1 基于矩阵迹改进权重总和

为了计算反馈环重总和 a_n，采用矩阵次幂的迹 $a_n = \mathrm{tr}((\Gamma_0)^n)$ 来估算，其中 Γ_0 为零对角线雅可比矩阵。迹方法会重复计算部分相互作用强度，通过对比简单反馈环和迹方法重复环的权重总和，发现迹方法重复环的权重总和远远大于简单反馈环的权重总和，起决定作用的是杂食反馈环 [图 5.8 (b)、(d)]。

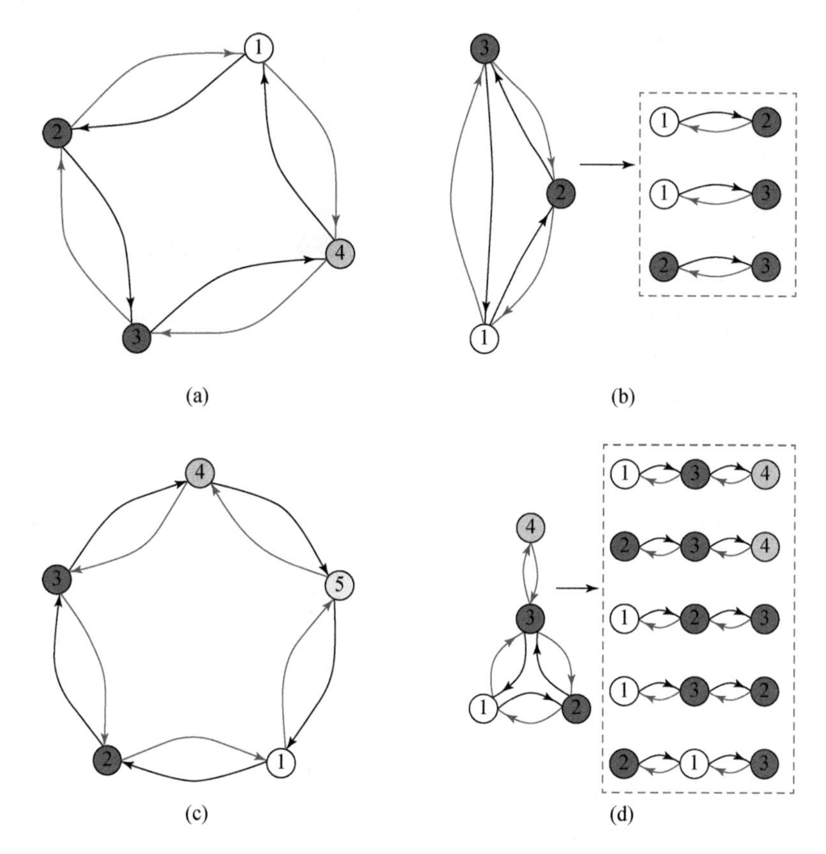

图 5.8 简单反馈环和矩阵迹方法重复环关系

5.3.2 权重总和比值结果

在海洋食物网中，反馈环最大权重与稳定性的判决系数 R^2 达到 0.722（图 5.9），说明它们之间存在很强的相关性。目前文献只是研究三物种-两物种权重总和比值和稳定性关系，本书借助矩阵的迹可以轻松计算任意物种数量的反馈环权重总和，结果表明 a_3/a_2，a_5/a_4，a_7/a_6…与稳定性的判决系数 R^2 都在 0.9 左右，高于最大权重和稳定性的相关性，但是 a_4/a_3，a_6/a_5…与稳定性没有多少关系。四物种、六物种反馈环不存在杂食物种，应该是杂食反馈环对系统稳定性起重要作用。三物种反馈环可以拆成 3 个两物种反馈环，四物种反馈环可以拆成4个三物种反馈环，“它们”两两权重总和比值 a_3/a_2、a_5/a_4 可以看成相邻反馈环之间的耦合程度，相邻反馈环之间的耦合程度在某种程度上决定食物网的稳定性。

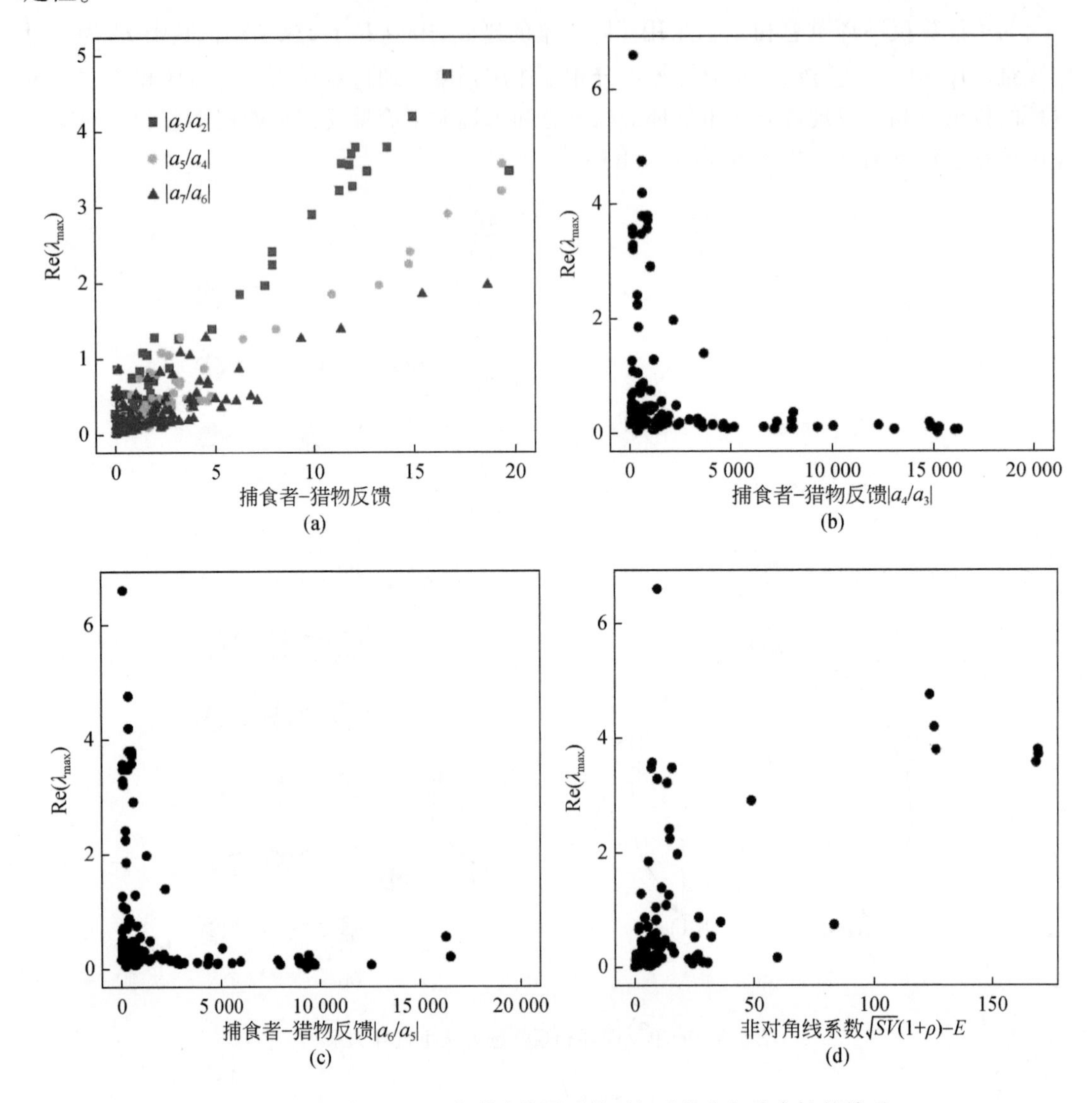

图 5.9　127 个 Ecopath 海洋食物网反馈环权重总和与稳定性的关系

在 Neutel 等研究基础上，通过对 127 个 Ecopath 海洋食物网的环重–稳定性分析，发现相邻反馈环之间的耦合程度对系统稳定性起着非常重要的作用。但是通过反馈环权重总和计算的耦合程度只能比较相对稳定性，对于缺乏连续的观测数据的海洋食物网，只计算一次调查的耦合程度不能反映该系统的稳定性大小。改用最大权重来反映稳定性，拥有最大权重的反馈环就是关键环，也是最危险的环，其权重越大，系统的稳定性就越弱。要想增强系统的稳定性，可以采取措施降低关键环的某些相互作用强度，从而降低其权重。

5.4 预警稳定性变化的敏感物种

5.4.1 简介

跃变（critical transition，abrupt transition）（Kuehn，2011；Balke et al.，2014）是生态系统研究的热点之一，在很多实际生态系统中观测到某物种的生物量在较短时间内突然发生巨大的改变，是一种量变引起质变的结果。一种理论的解释是生态系统发生了状态转移（regime shift，catastrophic shifts，abrupt shifts）（Steele，1998；Scheffer et al.，2001；Rietkerk et al.，2004），因为一般复杂动力系统存在多稳态（alternative stable state，alternative regimes）（Beisner et al.，2003；Petraitis and Dudgeon，2004；Henderson et al.，2016）。随着外在条件的缓慢变化，如氮的累积、从融化的冰盖流入海洋的不断增加的淡水通量，生态系统一点一点靠近突变的临界点（catastrophic point，tipping point 和 threshold）。同时系统的韧性下降，一个很小的扰动都可能导致系统转移到另外的状态。大多数情况下，很难得到系统触发的时机或者相关信息。一旦系统状态发生转移，将要花费巨大的代价才能回到原来的状态。

理论和实践证明在系统发生状态转移之前（Aparicio et al.，2021），可以检测到早期预警信号（early waring signals，EWS）（Scheffer et al.，2009；Drake and Griffen，2010；Hastings and Wysham，2010；Dakos et al.，2012；Boerlijst et al.，2013；Clements et al.，2019）。EWS 是系统达到临界值的征兆，受到许多学者的关注。在许多物种的复杂生态系统中，不可能全部考虑这些物种，因为有些物种的预警信号很弱（Boerlijst et al.，2013）或者消失（Dakos，2017）。在互惠生态系统中，如果只知道植物-动物的相互作用系统拓扑结构，很难确定哪个物种能够提前预测系统的突变（Aparicio et al.，2021）。特别地，运用动态系统的结构可测数学理论，确定“传感物种”（sensor species）的最小集合。最小集合的观察可以保证推断所有其他物种丰度的变化（Aparicio et al.，2021）。

在系统量变引起质变的过程中，很难提前确定群落中哪个物种或者栖息地网络中哪块区域能够最好地检测系统广义突变。对于一个简单湖泊食物网模型，在预警跃变能力方面，从浮游植物估计的指标是从浮游动物估计指标的两倍多（Carpenter et al.，2008）。另外，在捕食食物网中，只有幼年猎物的动态变化才可以预警捕食者的崩溃。成年捕食者和猎物的动态变化对食物网的退化毫无征兆（Boerlijst et al.，2013）。从经验互惠网络导出的抵抗力指标表明对于即将到来的生态系统坍塌，不同物种的预警能力不一样（Dakos and Bascompte，2014）。根据物种特性，入侵物种很容易导致其他物种的灭迹，但是物种交互作用数量与抵抗力指标之间的关系不大。通过特征向量分解方法，以物种对群落变化的贡献量为标准，找出最佳的预警物种（Dakos，2017）。

找出预警能力最强的物种，对于预测未来可能的系统突变至关重要，但是关于这方面的研究还比较少（Aparicio et al.，2021；Dakos，2017）。从 Ecopath 模型和 Ecosim 模型（https://ecopath.org/）（Colleter et al.，2013，2015）导出 127 个自然海洋生态系统，利用

Julia 快速重构和模拟物种生物量。结果表明有些物种可能会有跃变，有些物种没有这种现象。将突变点（critical transition point）之前的一元线性回归斜率作为突变斜率，突变斜率可以看作一种 EWS。突变斜率越大，该物种预警能力越强，可以被认为是敏感物种（sensor species）。本书研究的主要目的就是寻求敏感物种。

5.4.2 研究方法

直接从 Ecopath 模型和 Ecosim 模型模拟海洋生态系统物种的生物量速度较慢，而且也不方便后续的数据处理。利用 R 语言中的 rpath 包和 JuliaCall 包调用 Julia 模拟 Ecopath 模型和 Ecosim 模型微分方程。每个海洋生态系统迭代 4000 步，同时变换分岔参数从 1 到 0，保存生态系统每个营养层物种的模拟生物量，利用 segmented 包的分段线性回归函数 segmented 计算每个营养层物种的斜率，作为一种系统跃变的 EWS。

5.4.3 结果

1. 常规 EWS

以 Tecchio 等（2013）的地中海西部深海模型为例，总共 15 个营养层（可以看成 15 个物种）。模拟时间为 1 ~ 4000 个月，总计三百多年。高营养层的物种表现出极速下降趋势［图 5.10（a）］。取滑动窗口宽度为 800 个月（整个模拟时间长度的 20%），常规 EWS 如自相关 AR（1）系数［AR（1）coefficient］、标准差（standard deviation）、偏度（skewness）、峰度（kurtosis）、回报率（return rate）、变异系数（coefficient of variation）、密度比（density ratio）和自偏相关 ACF（1）系数（图 5.10）以 R 语言包 early warnings 中的函数 generic_ews 计算。自相关 AR（1）系数、标准差、密度比和自偏相关比去噪的生物量有更明显的突变。回报率的变化方向与其他指标相反。对于原始模拟生物量，偏度、峰度和变异系数振荡，在 1000 个月时达到最大值，1000 个月可以认为是变点（change point）。在该例子中，偏度、峰度和变异系数比其他 EWS 表现得更好一些。

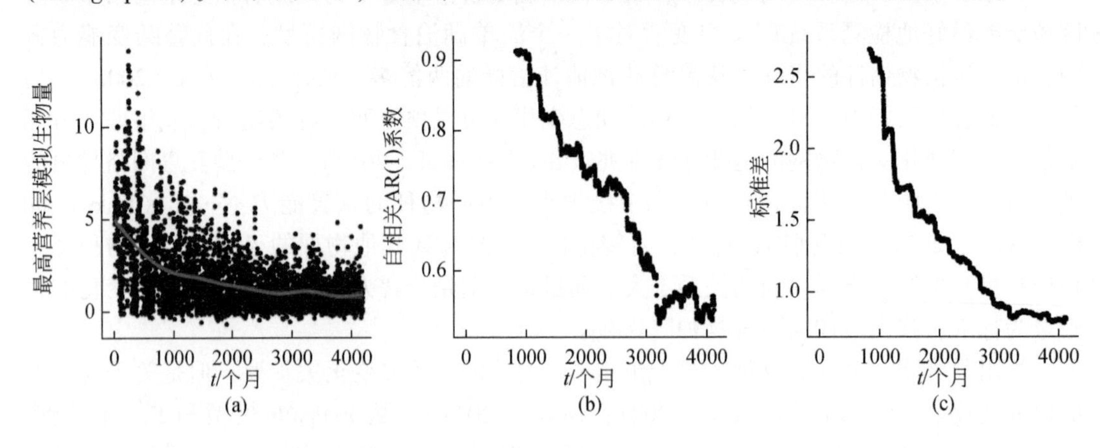

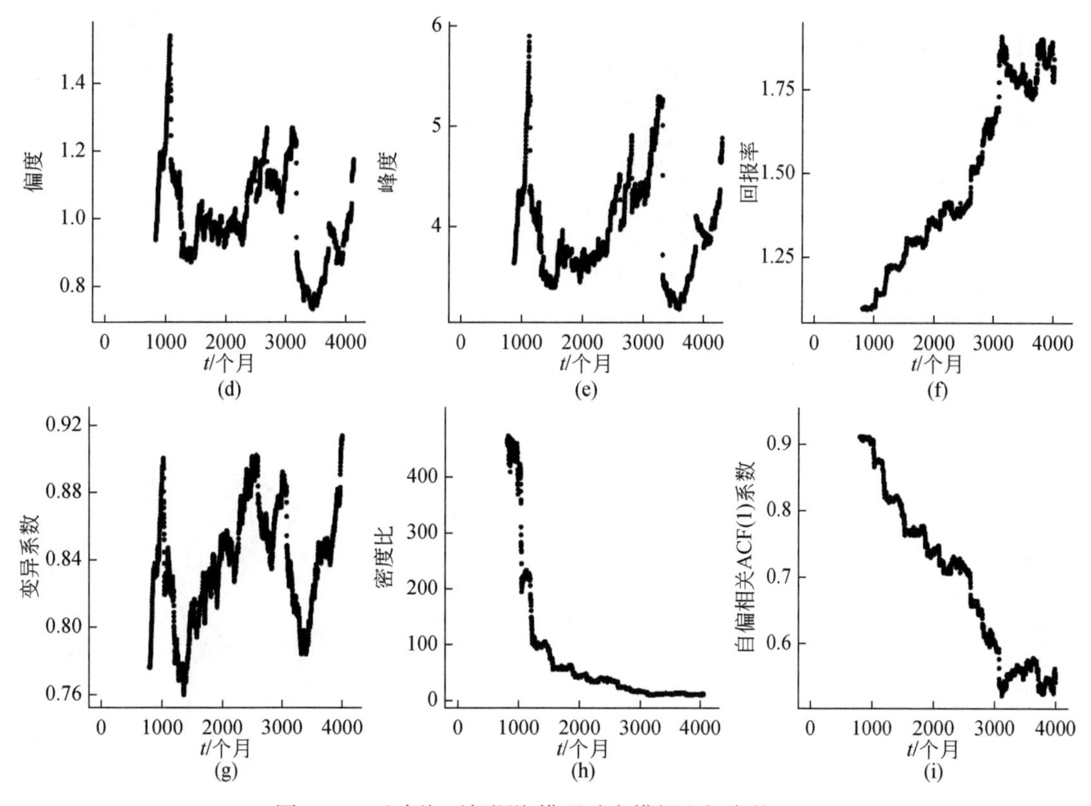

图 5.10　地中海西部深海模型动态模拟和相应的 EWS

(a) 1～4000 个月最高营养层模拟生物量；(b) 自相关 AR (1) 系数 EWS；(c) 标准差 EWS；(d) 偏度 EWS；(e) 峰度 EWS；(f) 回报率 EWS；(g) 变异系数 EWS；(h) 密度比 EWS；(i) 自偏相关 ACF (1) 系数 EWS。

资料来源：Tecchio 等 (2013)

2. 斜率 EWS

从模拟生物量 [图 5.11 (a)] 来看，不同营养层次物种下降速度不一样。先找出变点时间，然后取一元线性回归斜率作为 EWS。斜率越陡 (斜率负值越小)，暗示该物种对系统突变状态的预警能力越强。营养层级越高，生物量负值斜率 EWS 越小，下降速度越快 (图 5.11)。

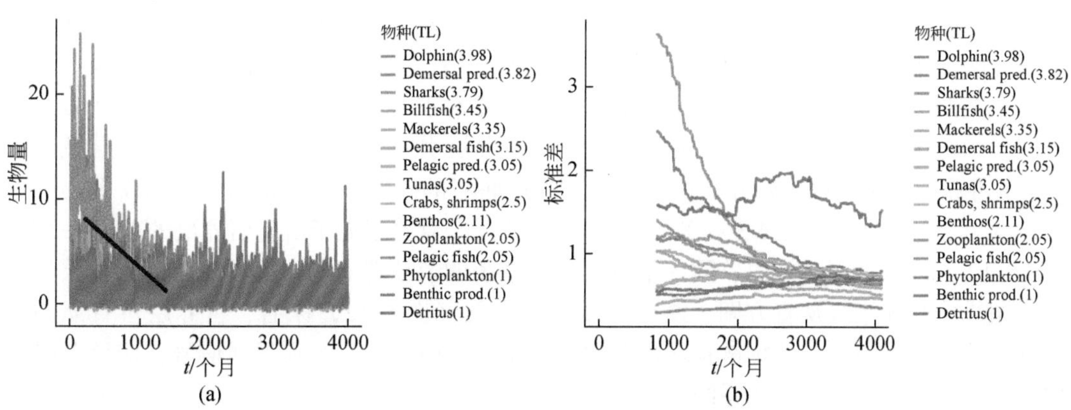

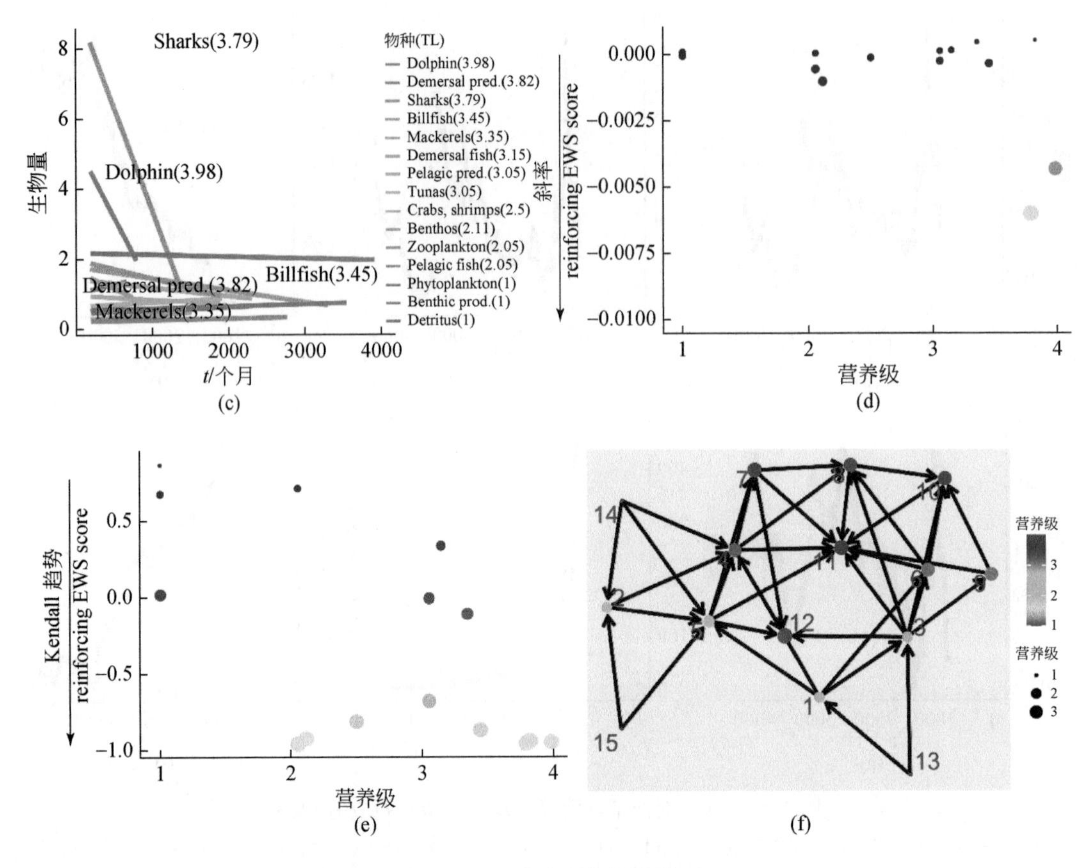

图 5.11 地中海西部深海模型

斜率 EWS（a）所有营养层生物量模拟，括号里 TL 表示营养层级别；（b）所有营养层模拟生物量标准差；（c）所有营养层模拟生物量的斜率 EWS；（d）不同营养级别的斜率 EWS，斜率越小（负值越小），代表该营养层的预警突变能力越强；（e）不同营养级别的生物量和时间的 Kendall 系数，同样 Kendall 系数越小（负值越小），代表该营养层的预警突变能力越强；（f）所有营养层模型的相互作用网络结构。

资料来源：Tecchio 等（2013）

3. 海洋生态系统斜率 EWS 所处营养层位置

在所有 127 个海洋生态系统模型中，每个海洋生态系统包含的营养层数量不一样。本书研究取斜率 EWS 最陡（负值斜率最小）的前三个营养层，分别为第一 EWS、第二 EWS 和第三 EWS。研究发现，斜率 EWS 陡峭的营养层水平一般比较高，处于食物链的顶端。不同生态系统的营养层水平不尽相同，统一以营养层水平的排名位置衡量。营养层位置为 1 表示营养层级别最高，营养层位置为 0 表示最底层的碎屑和浮游植物。有 100 多个生态系统的第一 EWS、第二 EWS 和第三 EWS 至少有一个营养层处于所有营养层的前 75% 位置［图 5.12（a）中黄色线条］，同一个海洋生态系统的预警突变能力最强的三个营养层物种用一条线串联起来。从直方图、密度曲线和散点图（图 5.12）来看，营养层位置靠前的物种预警突变能力强，食物链顶端物种的变化是系统崩溃的一个很强烈信号，应该及时采取必要的措施努力恢复生态系统。

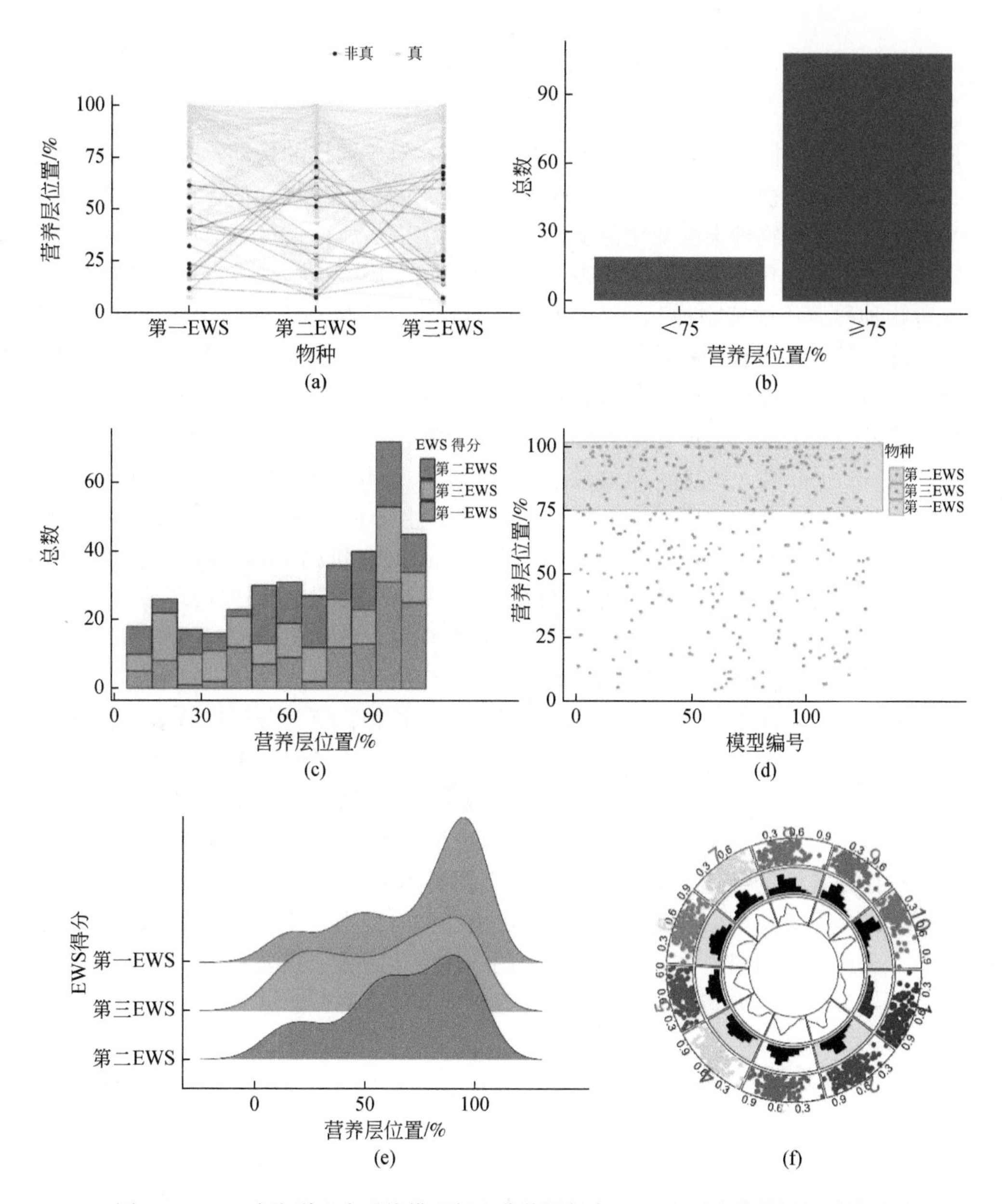

图 5. 12　127 个海洋生态系统模型每个营养层斜率 EWS 和对应营养层级别关系

(a) 第一 EWS 是指在所有物种中斜率 EWS 最陡的（斜率负值最小）。第二 EWS 就是斜率 EWS 第二陡的，第三 EWS 就是斜率 EWS 第三陡的。营养层位置为 1 的物种表示营养层级别最高，营养层位置为 0 的物种表示营养层级别最低。同一条线相连的是同一个生态系统；(b) 127 个海洋生态系统中，有 100 多个系统的斜率最陡的前三个营养层至少有一个营养层的位置处于所有营养层水平的前 75%；(c) 127 个海洋生态系统中第一 EWS、第二 EWS 和第三 EWS 物种所处营养层位置的直方图；(d) 127 个海洋生态系统中第一 EWS、第二 EWS 和第三 EWS 物种所处营养层位置的散点图；(e) 127 个海洋生态系统中第一 EWS、第二 EWS 和第三 EWS 物种所处营养层位置的核密度；(f) 127 个海洋生态系统中第一 EWS ~ 第十 EWS 的散点图、直方图和密度图

5.4.4 讨论

同一生态系统不同物种对干扰的响应各不相同，对于同样的扰动，有的物种几乎没有变化，继续维持在平衡丰度上。有的物种丰度变化幅度小，当扰动消失后，该物种回到原来的平衡丰度。有的物种丰度变化幅度大，当扰动消失后，该物种也能回到原来的平衡丰度。有的物种丰度变化到另外一个状态，即使扰动消失后，该物种丰度也回不到原来的数量，这种物种称为“敏感物种”。产生扰动的原因很多，生态系统周边环境发生了改变，如温度、降水量等，也有可能是突发事件，如地震、火山、森林大火等。从数学模型的角度来看，环境变化对应模型的某些参数发生缓慢变化，这些参数也称为分岔参数。突发事件可以用脉冲干扰来模拟，即在某个时间点上，物种丰度突然发生剧烈的改变。

不同于 Aparicio 等（2021）的“最小集合”方法，本书利用生态模型来模拟辨识敏感物种，模型选择 127 个海洋生态系统 Ecopath 模型，由于 Ecopath 模型人工操作不利于后续数据分析，导出各种模型参数，利用 R 语言的 JuliaCall 包重构 Ecopath 模型，并加入随机误差。选定一个分岔参数从 1 慢慢变化为 0，以此来模拟生态系统周边环境的缓慢变化。采用 R 语言 segment 包的分段线性回归函数分别拟合每个物种的丰度时间序列，以最大斜率为 EWS 信号。斜率越陡，说明 EWS 信号越强，该物种对环境的扰动越敏感，是敏感物种。逐一对 127 个海洋生态系统计算最敏感的前三种物种，统计分析这些敏感物种都处于较顶层的营养层级。即食物链的顶端生物对环境的变化更为敏感，更容易灭绝。

虽然物种数量、营养层次、捕食矩阵等参数来自前期学者实际调查的 Ecopath 模型结果，但敏感物种辨识主要基于假定模型的模拟数据，不同的假定模型可能导致不同的结论。为了得到更普遍的结论，需要尝试更多不同类型的模型。本书只是变动一个分岔参数，在实际的生态系统中，可能环境的很多方面会同时发生变化，这就需要同时变动几个模型参数。分段线性回归主要捕捉物种丰度的线性变化趋势，跟随着环境变化的物种丰度可能呈现非线性的剧烈突变，这时候需要考虑其他非线性回归。这些方向可以在以后的研究中重点考虑。

参考文献

Aparicio A, Velasco- Hernandez J, Moog C, et al. 2021. Structure- based identification of sensor species for anticipating critical transitions [J]. Proceedings of the National Academy of Sciences, 118: e2104732118.

Balke T, Herman P M J, Bouma T J. 2014. Critical transitions in disturbance- driven ecosystems: Identifying Windows of Opportunity for recovery [J]. Journal of Ecology, 102 (3): 700-708.

Beisner B E, Haydon D T, Cuddington K. 2003. Alternative stable states in ecology [J]. Frontiers in Ecology and the Environment, 1 (7): 376-382.

Boerlijst M C, Oudman T, de Roos A M. 2013. Catastrophic collapse can occur without early warning: Examples of silent catastrophes in structured ecological models [J]. PLoS One, 8 (4): e62033.

Carpenter S R, Brock W A, Cole J J, et al. 2008. Leading indicators of trophic cascades [J]. Ecology Letters, 11 (2): 128-138.

Clements C F, McCarthy M A, Blanchard J L. 2019. Early warning signals of recovery in complex systems [J].

Nature Communications, 10 (1): 1681.

Colleter M, Valls A, Guitton J, et al. 2013. EcoBase: A repository solution to gather and communicate information from EwE models [J]. Fisheries Centre Research Reports, 21: 60.

Colltter M, Valls A, Guitton J, et al. 2015. Global overview of the applications of the Ecopath with Ecosim modeling approach using the EcoBase models repository [J]. Ecological Modelling, 302: 42-53.

Dakos V, Bascompte J. 2014. Critical slowing down as early warning for the onset of collapse in mutualistic communities [J]. Proceedings of the National Academy of Sciences, 111 (49): 17546-17551.

Dakos V, Van Nes E H, d'Odorico P, et al. 2012. Robustness of variance and autocorrelation as indicators of critical slowing down [J]. Ecology, 93 (2): 264-271.

Dakos V. 2017. Identifying best- indicator species for abrupt transitions in multispecies communities [J]. Ecological Indicators, 94: 494-502.

Drake J M, Griffen B D. 2010. Early warning signals of extinction in deteriorating environments [J]. Nature, 467 (7314): 456-459.

Hastings A, Wysham D B. 2010. Regime shifts in ecological systems can occur with no warning [J]. Ecology Letters, 13 (4): 464-472.

Henderson K A, Bauch C T, Anand M. 2016. Alternative stable states and the sustainability of forests, grasslands, and agriculture [J]. Proceedings of the National Academy of Sciences, 113 (51): 14552-14559.

Kuehn C. 2011. A mathematical framework for critical transitions: Bifurcations, fast- slow systems and stochastic dynamics [J]. Physica D: Nonlinear Phenomena, 240 (12): 1020-1035.

Neutel A M, Heesterbeek J A P, de Ruiter P C. 2002. Stability in real food webs: Weak links in long loops [J]. Science, 296 (5570): 1120-1123.

Neutel A M, Thorne M A. 2014. Interaction strengths in balanced carbon cycles and the absence of a relation between ecosystem complexity and stability [J]. Ecology Letters, 17 (6): 651-661.

Petraitis P S, Dudgeon S R. 2004. Detection of alternative stable states in marine communities [J]. Journal of Experimental Marine Biology and Ecology, 300 (1-2): 343-371.

Rietkerk M, Dekker S C, De Ruiter P C, et al. 2004. Self- organized patchiness and catastrophic shifts in ecosystems [J]. Science, 305 (5692): 1926-1929.

Scheffer M, Bascompte J, Brock W A, et al. 2009. Early- warning signals for critical transitions [J]. Nature, 461 (7260): 53-59.

Scheffer M, Carpenter S, Foley J A, et al. 2001. Catastrophic shifts in ecosystems [J]. Nature, 413 (6856): 591-596.

Scheffer M, Hosper S H, Meijer M L, et al. 1993. Alternative equilibria in shallow lakes [J]. Trends in Ecology & Evolution, 8 (8): 275-279.

Steele J H. 1998. Regime shifts in marine ecosystems [J]. Ecological Applications, 8 (spl): S33-S36.

Tecchio S, Coll M, Christensen V, et al. 2013. Food web structure and vulnerability of a deep-sea ecosystem in the NW Mediterranean Sea [J]. Deep Sea Research Part Ⅰ: Oceanographic Research Papers, 75: 1-15.

应 用 篇

第6章 渤海湾大神堂牡蛎礁生态系统特征及食物网稳定性评估

大神堂海域位于渤海西部的渤海湾，行政区划隶属天津市滨海新区汉沽。海域地质条件特殊，在海洋动力作用下，底层沉积物和牡蛎礁形成了贝壳残骸和沙泥质的混合堆积层。海域内底栖海洋生物资源丰富，以牡蛎、扇贝、毛蚶等贝类资源为主。独特的地质环境和丰富的生物资源共同构成了华北平原现存唯一的活牡蛎礁生态系统，同时也是渤海湾至关重要的生态敏感区。

随着环渤海经济的快速发展，作为该经济圈的核心地带，滨海新区聚集了一大批生物医药、海洋化工、汽车和装备制造产业等产业集群，陆源污染物排放增加；同时也进行了围填海、港口建设等多个大型用海工程，破坏了自然海岸带生境；再加上渔业捕捞对生物资源的过度掠夺和海上溢油事件对水质的污染，牡蛎礁生态系统已经在密集的人为扰动下显示出退化特征，表现为生物资源衰退，牡蛎礁区栖息环境严重破坏，稳定性大幅降低。2012年礁区面积已从20世纪70年代的35km^{2}降至3km^2，礁体分散且有继续破碎化的趋势。海洋生物资源和生物多样性已明显降低，有重要经济价值物种已从70种降至10种。郭彪等（2015）的研究指出大神堂海域生态系统组织程度和稳定性较低，生态状况较差。

大神堂牡蛎礁生态系统不断退化的趋势已经威胁到海洋资源和天津市海洋经济的可持续发展，迫切需要对大神堂海域进行生态修复。为了修复已退化的海洋生境，恢复海域生物资源，提高生态系统的稳定性，保护独特的牡蛎礁生态系统，并防止牡蛎礁进一步退化，天津市对大神堂海域开展了生态修复项目。由于人工鱼礁在增殖海洋生物资源、改善海域生态环境、增加食物网复杂性、降低捕捞影响等方面的作用，天津市将人工鱼礁作为一项修复措施投放至该海域。2009~2014年，天津市海洋牧场建设项目在大神堂海域累计投放大窗箱型和大小窗型人工鱼礁共17 487个，形成礁区面积9.58km^2。

6.1 样品采集与测定

在人工鱼礁区设置5个监测站位，鱼礁投放区域和监测站位见图6.1。2013年8月、2014年8月和2015年8月分别在研究区域进行三次海洋调查。根据海洋调查数据构建食物网模型，探究2013~2015年大神堂海域人工鱼礁生态系统特征和稳定性的变化，从生态系统层次全面评估人工鱼礁的生态修复效应。

海洋调查包括对各监测站位的浮游植物、浮游动物、底栖生物和游泳动物进行采样和检测。采样调查严格按照我国《海洋调查规范——第6部分：海洋生物调查》（GB 12763.6—2007）进行。浮游植物和浮游动物采用拖网采样，分别使用浅水Ⅲ型、Ⅱ型浮游生物采集网，从距海底1.5m处垂直向上拖网至海表，浮游生物样品采用1%鲁格试剂

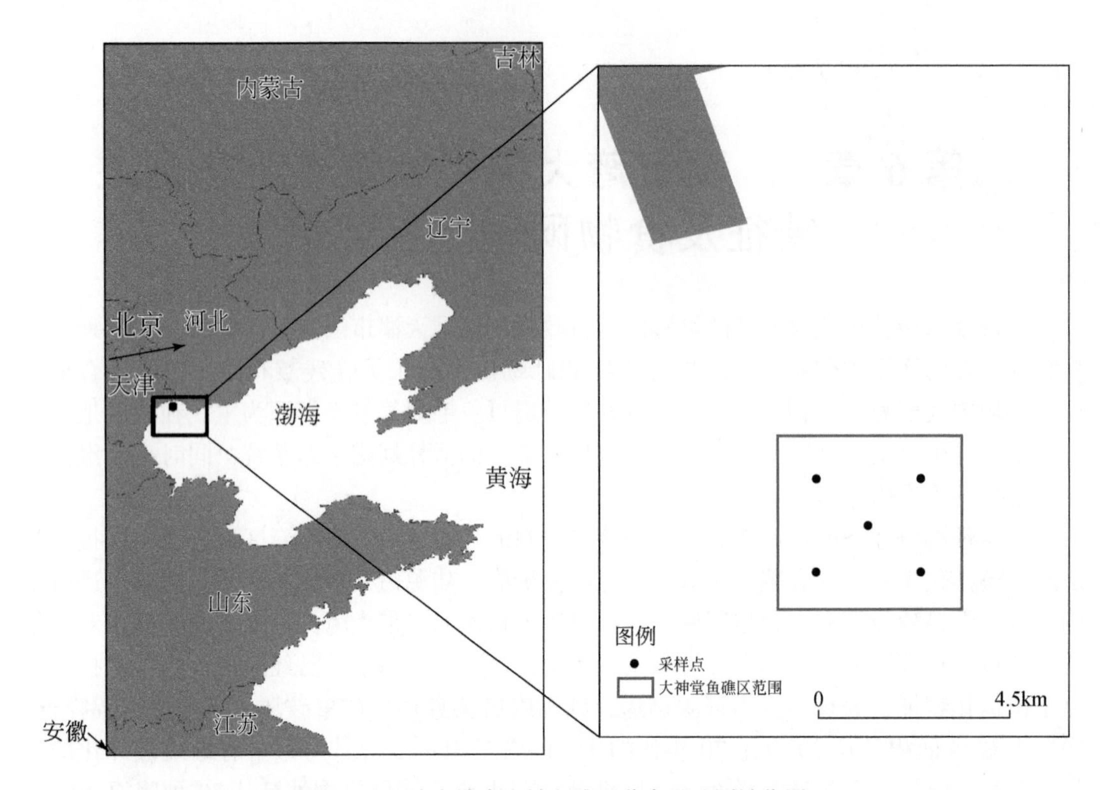

图 6.1　天津大神堂海域鱼礁区分布及监测站位图

(Lugol's solution) 固定保存。同时取 1L 水样用于叶绿素 a 的测量。小型底栖生物采用 0.05m^{2}抓斗式采泥器采样，然后采用 0.5mm 筛网子淘洗泥样，筛出底栖生物样品，底栖生物样品用 70% 乙醇固定。游泳动物采用拖网采样，采用网口宽度为 8m 的网具在恒定船速下拖网 30 ~ 60min。

根据《海洋调查规范——第 6 部分：海洋生物调查》(GB 12763.6—2007) 和《海洋监测规范》(GB 17378.7—2007) 鉴定每个站位浮游植物、浮游动物、底栖生物、游泳动物物种并测定生物量，测量叶绿素 a 含量。浮游植物、浮游动物、小型底栖生物在光学显微镜下进行物种鉴定。叶绿素 a 采用分光光度法测定。浮游植物生物量根据叶绿素 a 浓度换算（杜胜蓝等，2011）。浮游动物生物量计算如下：

$$P_z = \frac{m_z}{V} \times L \tag{6.1}$$

式中，P_z 为单位面积浮游动物生物量，mg/m^2；m_z 为浮游动物样品湿重；V 为滤水量，m^3；L 为绳长，m。

底栖动物生物量计算如下：

$$P_d = \frac{m_d}{S} \tag{6.2}$$

式中，P_d 为单位面积底栖动物生物量，mg/m^2；m_d 为底栖动物湿重；S 为抓斗式采泥器开口面积，m^2。

游泳动物生物量通过扫海面积法计算：

$$P_{n}=\frac{c}{q\times\alpha} \tag{6.3}$$

式中，P_n 为游泳动物生物量，kg/km^2；c 为拖网渔获量，kg/h；α 为每小时扫海面积，km^2，为网口水平扩张宽度（km）与拖曳距离（km）的乘积，拖曳距离是拖网速度（km/h）和拖网时间（h）的乘积；q 为网具捕获率，取 0.5。所有生物量均以湿质量的形式表示，最终单位统一换算为 t/km^2。

6.2 模型分析

利用 Ecopath with Ecosim（EwE）6.6 作为建模平台，基于 2013 ~ 2015 年大神堂海域海洋调查生物数据，构建人工鱼礁区 Ecopath 模型，评估人工鱼礁区的生态系统结构和功能变化，并基于 Ecopath 模型驱动 Ecosim 模型评估鱼礁区稳定性变化。

6.2.1 功能组划分

Ecopath 模型定义生态系统由一系列功能组组成，通常将生态学或者分类地位上相似的物种整合为一个功能组，关键生物资源可作为独立的功能组，功能组中必须包含碎屑（Christensen et al., 2005）。将大神堂海域生物学、食性和栖息环境类似的生物资源整合为一个功能组，同时将重要经济价值的物种作为独立的功能组。为了保证结果的可比性，2013 ~ 2015 年的功能组划分标准一致，2013 年共划分 11 个功能组，2014 年共划分 16 个功能组，2015 年共划分 15 个功能组。功能组基本覆盖了大神堂海域生态系统能量流动过程，2013 ~ 2015 年功能组的划分及组成分别见表 6.1 ~ 表 6.3。

表 6.1 2013 年大神堂海域人工鱼礁区功能组划分

编号	功能组	组成
1	短吻红舌鳎 *Cynoglossus joyneri*	短吻红舌鳎 *Cynoglossus joyneri*
2	斑鰶 *Konosirus punctatus*	斑鰶 *Konosirus punctatus*
3	虾虎鱼 Gobiidae	六丝钝尾虾虎鱼 *Amblychaeturichthys hexanema*
4	蟹类 Crabs	日本蟳 *Charybdis japonica*、日本拟平家蟹 *Heikeopsis japonicus*、隆线强蟹 *Eucrate crenata*、绒毛近方蟹 *Hemigrapsus penicillatus*
5	虾类 Shrimps	口虾蛄 *Oratosquilla oratoria*、中国明对虾 *Fenneropenaeus chinensis*、日本鼓虾 *Alpheus japonicus*
6	头足类 Cephalopoda	火枪乌贼 *Loligo beka*
7	双壳类 Bivalvia	菲律宾蛤仔 *Ruditapes philippinarum*、金星蝶铰蛤 *Trigonothracia jinxingae*
8	其他底栖动物 other benthos	多毛类 Polychaeta、其他软体动物 other Mollusca
9	浮游动物 zooplankton	毛颚类 Chaetognatha、浮游幼虫 larva、桡足类 Copepoda

续表

编号	功能组	组成
10	浮游植物 phytoplankton	硅藻门 Bacillariophyta、甲藻门 Pyrrophyta
11	碎屑 detritus	碎屑 detritus

表 6.2　2014 年大神堂海域人工鱼礁区功能组划分

编号	功能组	组成
1	短吻红舌鳎 *Cynoglossus joyneri*	短吻红舌鳎 *Cynoglossus joyneri*
2	斑鰶 *Konosirus punctatus*	斑鰶 *Konosirus punctatus*
3	鳀科 Engraulidae	赤鼻棱鳀 *Thrissa kammalensis*
4	虾虎鱼 Gobiidae	六丝钝尾虾虎鱼 *Amblychaeturichthys hexanema*、髭缟虾虎鱼 *Tridentiger barbatus*、矛尾刺虾虎鱼 *Acanthogobius hasta*、拉氏狼牙虾虎鱼 *Odontamblyopus lacepedii*
5	银鲳 *Pampus argenteus*	银鲳 *Pampus argenteus*
6	黑鳃梅童鱼 *Collichthys niveatus*	黑鳃梅童鱼 *Collichthys niveatus*
7	鲬 *Platycephalus indicus*	鲬 *Platycephalus indicus*
8	褐牙鲆 Paralichthys olivaceus	褐牙鲆 Paralichthys olivaceus
9	蟹类 Crabs	日本蟳 *Charybdis japonica*、日本拟平家蟹 *Heikeopsis japonicus*、隆线强蟹 *Eucrate crenata*、三疣梭子蟹 *Portunus trituberculatus*、圆十一刺栗壳蟹 *Arcania novemspinosa*、绒螯近方蟹 *Hemigrapsus penicillatus*
10	虾类 Shrimps	口虾蛄 *Oratosquilla oratoria*、日本鼓虾 *Alpheus japonicus*、中国明对虾 *Fenneropenaeus chinensis*
11	头足类 Cephalopod	长蛸 *Octopus cf. minor*、短蛸 *Octopus fangsiao*、火枪乌贼 *Loligo beka*
12	双壳类 Bivalvia	薄片镜蛤 *Dosinia* (*Dosinella*) *corrugata*、毛蚶 *Scapharca kagoshimensis*
13	其他底栖动物 other benthos	多毛类 Polychaeta、其他软体动物 other Mollusca、棘皮动物 Echinodermata
14	浮游动物 zooplankton	毛颚类 Chaetognatha、浮游幼虫 larva、桡足类 Copepoda、糠虾类 Mysidacea、水母类 Hydromedusae
15	浮游植物 phytoplankton	硅藻门 Bacillariophyta、甲藻门 Pyrrophyta
16	碎屑 detritus	碎屑 detritus

表 6.3　2015 年大神堂海域人工鱼礁区功能组划分

编号	功能组	组成
1	短吻红舌鳎 *Cynoglossus joyneri*	短吻红舌鳎 *Cynoglossus joyneri*
2	斑鰶 *Konosirus punctatus*	斑鰶 *Konosirus punctatus*
3	鳀科 Engraulidae	赤鼻棱鳀 *Thrissa kammalensis*

续表

编号	功能组	组成
4	虾虎鱼 Gobiidae	六丝钝尾虾虎鱼 *Amblychaeturichthys hexanema*、小头栉孔虾虎鱼 *Ctenotrypauchen microcephalus*、拉氏狼牙虾虎鱼 *Odontamblyopus lacepedii*、矛尾刺虾虎鱼 *Acanthogobius hasta*
5	黑鳃梅童鱼 *Collichthys niveatus*	黑鳃梅童鱼 *Collichthys niveatus*
6	鲬 *Platycephalus indicus*	鲬 *Platycephalus indicus*
7	黄鲫 *Setipinna taty*	黄鲫 *Setipinna taty*
8	蟹类 Crabs	日本蟳 *Charybdis japonica*、中国明对虾 *Fenneropenaeus chinensis*、隆线强蟹 *Eucrate crenata*、三疣梭子蟹 *Portunus trituberculatus*
9	虾类 Shrimps	口虾蛄 *Oratosquilla oratoria*、日本鼓虾 *Alpheus japonicus*、鲜明鼓虾 *Alpheus distinguendus*、葛氏长臂虾 *Palaemon gravieri*、中国明对虾 *Fenneropenaeus chinensis*
10	头足类 Cephalopod	短蛸 *Octopus fangsiao*、火枪乌贼 *Loligo beka*
11	双壳类 Bivalvia	光滑篮蛤 *Potamocorbula laevis*、缢蛏 *Sinonovacula constricta*、金星蝶铰蛤 *Trigonothracia jinxingae*
12	其他底栖动物 other benthos	多毛类 Polychaeta、其他软体动物 other Mollusca、甲壳类 Crustacea 等
13	浮游动物 zooplankton	毛颚类 Chaetognatha、浮游幼虫 larva、桡足类 Copepoda
14	浮游植物 phytoplankton	硅藻门 Bacillariophyta、甲藻门 Pyrrophyta
15	碎屑 detritus	碎屑 detritus

6.2.2 模型输入参数来源

生物量（*B*）由海洋调查获得。生产量/生物量（*P/B*）、消耗量/生物量（*Q/B*）参考黄渤海 Ecopath 模型中相同功能组的输入参数（林群，2012；吴忠鑫等，2012；林群等，2013；马孟磊，2018；王玮，2019）。食性组成（DC_{ij}）参考世界鱼类数据库（FishBase）渤海鱼类和无脊椎动物的胃（肠）含物分析结果（窦硕增和杨纪明，1992，1993；窦硕增等，1992；杨纪明，2001a，2001b；韩东燕，2013）、同位素分析结果（彭士明等，2011）和黄渤海相关模型的食物矩阵（林群，2012；吴忠鑫等，2012；林群等，2013；马孟磊，2018；王玮，2019）。捕捞量（*Y*）参考 2013 ~ 2015 年的《中国渔业统计年鉴》（中华人民共和国农业部渔业局，2016）。由于生态营养效率（EE）难以获得，因此不作为输入参数，由模型估算得到。模型输入参数见表 6.4 ~ 表 6.6；食性矩阵见表 6.7 ~ 表 6.9。

表 6.4　2013 年大神堂海域人工鱼礁区 Ecopath 模型输入参数

编号	功能组	生物量/(t/km²)	*P/B*	*Q/B*	捕捞量 /[t/(km² · a)]
1	短吻红舌鳎	0.0763	1.4791	4.9500	

续表

编号	功能组	生物量/(t/km²)	*P/B*	*Q/B*	捕捞量/[t/(km²·a)]
2	斑鰶	1.0721	0.6227	12.1000	
3	虾虎鱼	1.1194	1.5900	5.5000	
4	蟹类	0.5790	3.5000	12.0000	0.0010
5	虾类	0.5398	8.0000	30.0000	0.0027
6	头足类	0.3024	3.3000	11.9700	0.0011
7	双壳类	233.3250	2.0000	9.0000	0.0045
8	其他底栖动物	28.2125	1.8000	8.6000	
9	浮游动物	0.0470	25.0000	125.0000	
10	浮游植物	165.5189	130.0000		
11	碎屑	43.0000			

表 6.5　2014 年大神堂海域人工鱼礁区 Ecopath 模型输入参数

编号	功能组	生物量/(t/km²)	*P/B*	*Q/B*	捕捞量/[t/(km²·a)]
1	短吻红舌鳎	0.0047	1.4791	4.9500	
2	斑鰶	0.0297	0.6227	12.1000	
3	赤鼻棱鳀	0.0012	3.0050	9.7000	
4	虾虎鱼	0.2649	1.5900	5.5000	
5	银鲳	0.0001	2.3200	9.1000	
6	黑鳃梅童鱼	0.0002	1.2000	4.8000	
7	鲬	0.0008	0.7200	3.6000	
8	褐牙鲆	0.0021	1.6000	6.9000	
9	蟹类	0.3711	3.5000	12.0000	0.0011
10	虾类	0.3446	8.0000	30.0000	0.0023
11	头足类	0.0369	3.7000	11.9700	0.0049
12	双壳类	20.4900	2.0000	9.0000	0.0051
13	其他底栖动物	16.5700	1.8000	8.6000	
14	浮游动物	0.1519	25.0000	125.0000	
15	浮游植物	15.6195	130.0000		
16	碎屑	43.0000			

表 6.6　2015 年大神堂海域人工鱼礁区 Ecopath 模型输入参数

编号	功能组	生物量/(t/km²)	P/B	Q/B	捕捞量/[t/(km²·a)]
1	短吻红舌鳎	0.0573	1.4791	4.9500	
2	斑鰶	0.1768	0.6227	12.1000	
3	鳀科	0.0006	3.0050	9.7000	
4	虾虎鱼	0.4554	1.5900	5.5000	
5	黑鳃梅童鱼	0.0007	1.2000	4.8000	
6	鲬	0.0073	0.7200	3.6000	
7	黄鲫	0.0008	1.6970	9.1000	
8	蟹类	0.7714	3.5000	12.0000	0.0011
9	虾类	2.1691	8.0000	30.0000	0.0026
10	头足类	0.5920	3.7000	11.9700	0.0016
11	双壳类	18.6600	2.0000	9.0000	0.0072
12	其他底栖动物	34.9000	1.8000	8.6000	
13	浮游动物		25.0000	125.0000	
14	浮游植物	7.0332	130.0000		
15	碎屑	43.0000			

表 6.7　2013 年大神堂海域人工鱼礁区食性矩阵

被捕食者/捕食者	1	2	3	4	5	6	7	8	9
1 短吻红舌鳎									
2 斑鰶									
3 虾虎鱼	0.026		0.061						
4 蟹类	0.012	0.060	0.020	0.005	0.005	0.060			
5 虾类	0.302		0.304			0.200			
6 头足类	0.114			0.001	0.001	0.020			
7 双壳类	0.110		0.132	0.002	0.200				
8 其他底栖动物	0.404	0.100	0.338	0.638	0.440	0.280		0.100	
9 浮游动物	0.032	0.340	0.145	0.104	0.104	0.440	0.284	0.180	0.050
10 浮游植物		0.500		0.050	0.050		0.540	0.150	0.650
11 碎屑				0.200	0.200		0.176	0.570	0.300

表 6.8　2014 年大神堂海域人工鱼礁区食性矩阵

被捕食者/捕食者	1	2	3	4	5	6	7	8	9	10	11	12	13	14
1 短吻红舌鳎							0.067	0.062						
2 斑鰶								0.020						

续表

被捕食者/捕食者	1	2	3	4	5	6	7	8	9	10	11	12	13	14
3 鳀科								0.268						
4 虾虎鱼	0.026			0.061			0.363	0.309						
5 银鲳														
6 黑鳃梅童鱼	0.017							0.007						
7 鲬								0.001						
8 褐牙鲆								0.044						
9 蟹类		0.060		0.020			0.018		0.005		0.060			
10 虾类	0.303		0.600	0.304	0.100	0.123	0.355	0.087		0.005	0.200			
11 头足类	0.114						0.078	0.042	0.001	0.001	0.020			
12 双壳类	0.110			0.132					0.002					
13 其他底栖动物	0.398	0.100		0.338			0.095	0.160	0.638	0.640	0.280		0.100	
14 浮游动物	0.032	0.340	0.400	0.145	0.800	0.877	0.024		0.104	0.104	0.440	0.284	0.180	0.050
15 浮游植物		0.500			0.100				0.050	0.050		0.540	0.150	0.650
16 碎屑									0.200	0.200		0.176	0.570	0.300

表 6.9　2015 年大神堂海域人工鱼礁区食性矩阵

被捕食者/捕食者	1	2	3	4	5	6	7	8	9	10	11	12	13
1 短吻红舌鳎						0.067							
2 斑鰶													
3 鳀科							0.002						
4 虾虎鱼	0.013			0.061		0.363							
5 黑鳃梅童鱼	0.004												
6 鲬													
7 黄鲫	0.001												
8 蟹类	0.011	0.060		0.020		0.018		0.005		0.060			
9 虾类	0.303		0.600	0.304	0.123	0.355	0.210		0.005	0.200			
10 头足类	0.115					0.078	0.001	0.001	0.001	0.020			
11 双壳类	0.014			0.132				0.002					
12 其他底栖动物	0.507	0.100		0.338		0.095	0.003	0.638	0.640	0.280		0.100	
13 浮游动物	0.032	0.340	0.400	0.145	0.877	0.024	0.785	0.104	0.104	0.440	0.284	0.180	0.050
14 浮游植物		0.500						0.050	0.050		0.540	0.150	0.650
15 碎屑								0.200	0.200		0.176	0.570	0.300

6.2.3 模型调试

Ecopath 模型遵循生态和热力学规律，要求系统的能量输入与输出保持平衡。当模型运行结束，首先需要检查生态营养效率 EE 和食物转换效率 P/Q 是否在合理范围内。对于每个功能组要求 $0<\text{EE}\leqslant 1$，EE 大于 1 表示该功能组受到了过度的捕食和捕捞，没有自然死亡的个体。由于多数生物的摄食量被认为是其生产量的 3 ~ 10 倍，因此 Ecopath 模型要求 $0.1<P/Q<0.3$。对于不平衡功能组，保持测量获得的参数不变，尝试调整参考自文献的参数（P/B、Q/B），或调整不平衡功能组在捕食者食物组成中的比例（Christensen et al., 2005），直至所有 EE 和 GE 调整到合理水平，保证生态系统中的能量流动保持平衡。

6.2.4 模型质量评价

Ecopath 模型利用 Pedigree 指数（P 指数）来分析模型输入参数的不确定性，从而评估模型质量。根据参数来源（高精度测量、低精度测量、经验估算、参考其他模型等）将各参数的 P 指数分为几个等级，每个等级赋予一定数值。根据各输入参数的 P 指数计算模型整体的 P 指数。P 指数范围为 0 ~ 1，数值越高，模型可信度越大，质量越好，模型越接近实际情况。

$$P = \sum_{i=1}^{n} \frac{I_{ij}}{\text{NLG}} \tag{6.4}$$

式中，I_{ij}为功能组 i 的 j 参数的 P 指数；j 为输入参数 B、P/B、Q/B、Y 和 DC_{ij}。Morissette 等（2006）统计，全球 150 个 Ecopath 模型 P 指数在 0.16 ~ 0.68。2013 ~ 2015 年大神堂鱼礁区 Ecopath 模型的 P 指数分别为 0.38、0.44、0.41，处于合理范围内，模型具有可信度。

6.2.5 生态系统指标与稳定性指标

生态系统指标包括食物网的结构功能特征和外部压力特征。本书研究选用 4 个食物网复杂性指标（物种丰富度、连接度、系统杂食指数、相互作用强度）、2 个能量循环指标（Finn 循环指数、Finn 平均路径长度）、3 个成熟度指标（总初级生产量/总呼吸量、总初级生产量/总生物量、相对聚合度）来描述食物网的结构功能。选用 2 个渔业指标（渔业效率、渔获量平均营养级）反映生态系统的捕捞压力现状。各指标的含义和计算已在 4.2.1 节介绍。此外，根据群落矩阵 C 计算 ISI，为群落矩阵所有元素的标准差。为满足数据的正态分布，所有指标结果均取自然对数。

本书研究关注两类讨论得最广泛的稳定性指标。一类是基于群落矩阵的局域稳定性，反映生态系统在平衡点附近的稳定性特征。根据 Jacquet 等（2016）的方法，利用 Ecopath 模型参数推导食物网相互作用矩阵 $\boldsymbol{A} = [\alpha_{ij}]$。$\alpha_{ij}$为 Lotka-Volterra 相互作用系数，表示捕食者 j 对被捕食者 i 生长速率的影响，计算为

$$\alpha_{ij}=-\frac{(Q/B)_j \cdot \mathrm{DC}_{ij}}{B_i} \tag{6.5}$$

α_{ji}表示被捕食者 i 对捕食者 j 的影响，计算为

$$\alpha_{ji}=-e_{ji} \cdot \alpha_{ij} \tag{6.6}$$

式中，e_{ji}为捕食者 j 将捕食 i 转化为生物量的效率。

$$e_{ji}=\frac{(P/B)_j}{(Q/B)_j} \tag{6.7}$$

只考虑种间相互作用，因此假设所有对角线元素 $\alpha_{ii}=0$。将相互作用矩阵 $\boldsymbol{A}$ 与对应生物量相乘得到群落矩阵 $\boldsymbol{C}$。

$$\boldsymbol{C}=\begin{pmatrix} 0 & \dfrac{\mathrm{DC}_{ij} \cdot (P/B)_j \cdot B_j}{B_i} \\ -(Q/B)_j \cdot \mathrm{DC}_{ij} & 0 \end{pmatrix} \tag{6.8}$$

用群落矩阵 $\boldsymbol{C}$ 的最大特征值实部 $\mathrm{Re}(\lambda_{\max})$ 定量局域稳定性，$\mathrm{Re}(\lambda_{\max})$ 越小，局域稳定性越高。

另一类是非局域稳定性，反映了生态系统面对外界较大扰动时的整体响应特征。渔业捕捞是世界海洋所面临的压力之一，本书将渔业捕捞作为干扰因素。利用 Ecosim 模型在原有基础上提高 50% 的捕捞量作为扰动并持续 10 年，50% 被认为是中等扰动水平（Gartner et al.，2015），后恢复捕捞量至初始水平，并继续运行 70 年。基于模拟生物量与初始生物量的比值计算抵抗力、弹性、变异性 3 个非局域稳定性指标（Pérez-España Arreguín-Sánchez，1999）。抵抗力为生态系统在外界干扰下保持其原始状态的能力，用生物量变化幅度（模拟期间最大生物量和最小生物量之差）的倒数来定量。弹性是指物种在受到扰动后恢复到初始生物量的速度（Pimm，1984），用变化幅度与恢复时间（恢复初始生物量所需时间）的反正切函数来定量，生态系统的弹性取决于恢复力最低的物种（Saint-Béat et al.，2015）。变异性反映了种群生物量在模拟过程中的变化程度，用生物量变异系数（标准差与平均生物量的比值）来定量。抵抗力越大、弹性越大，变异性越小，表明稳定性越强。

6.3 评估结果

6.3.1 食物网营养结构与能量传递

大神堂海域人工鱼礁区 2013～2015 年的食物网结构如图 6.2 所示，鱼礁区生态系统有两种重要的营养通道：一类是牧食食物链，如浮游植物—浮游动物—中上层鱼类；另一类是碎屑食物链，如碎屑—小型底栖动物—虾类—虾虎鱼。2013 年鱼礁区生物占据 3 个营养级，营养级范围为 1.00～3.67，最高营养级物种为短吻红舌鳎，缺少高营养级肉食性鱼类。相较于 2013 年，2014 年和 2015 年营养级范围均有所增加，分别为 1.00～4.34 和 1.00～4.18，鱼礁区新增了鲬、褐牙鲆两种高营养级肉食性鱼类，以及营养级为 3.04～

3.60 的鳀、黄鲫、银鲳等中上层鱼类。

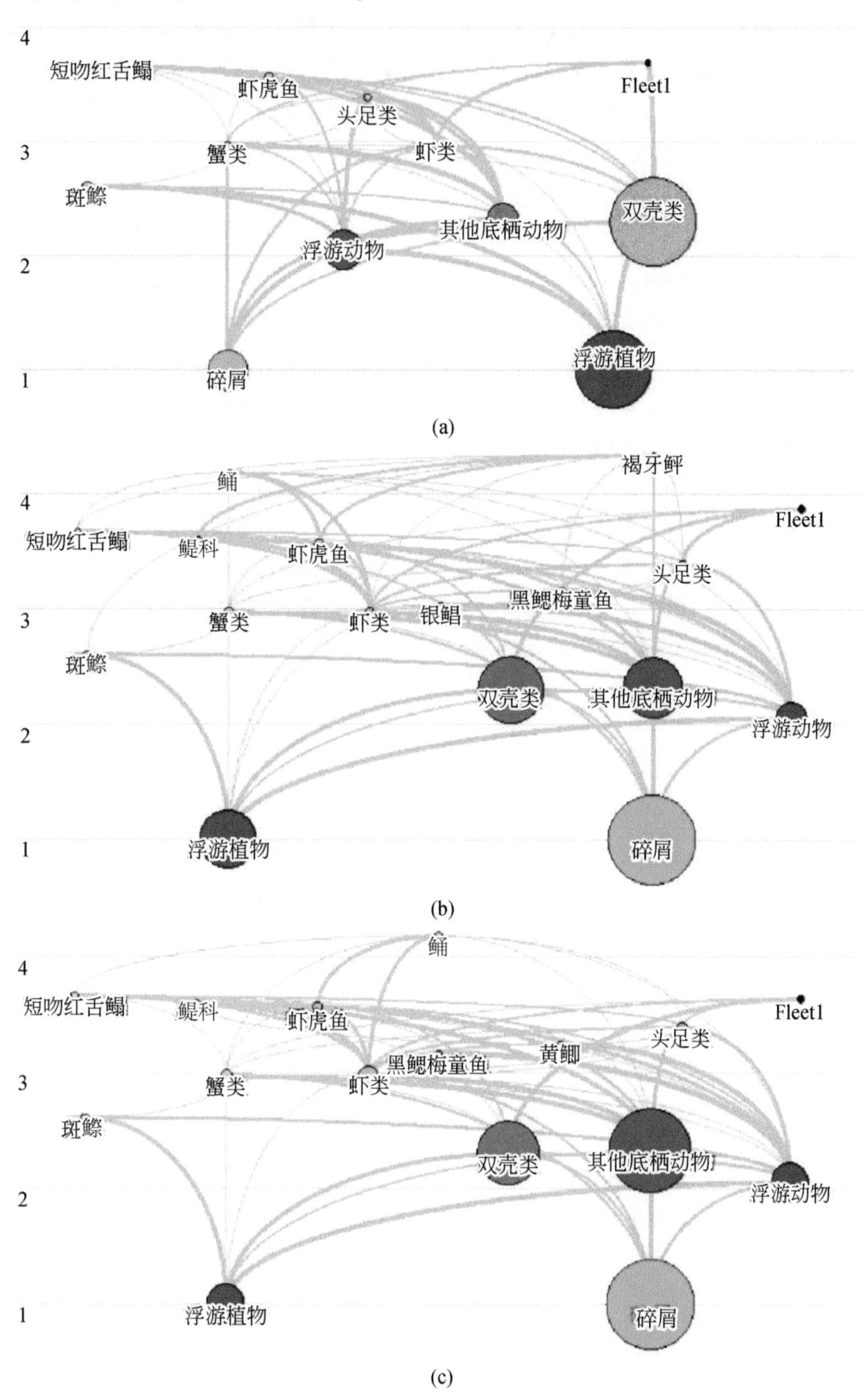

图 6.2　2013 年（a）、2014 年（b）、2015 年（c）大神堂海域人工鱼礁区食物网结构
圆圈表示功能组，圆圈大小与各功能组的相对生物量成正比，圆圈之间的连线表示
功能组之间的捕食关系，即能量传递路径，连线的粗细与捕食比例成正比

图6.3显示了2013～2015年大神堂海域鱼礁区食物网营养级间的能量流动情况。2013～2015年浮游植物能流占系统总能流的比例均大于碎屑，鱼礁区的能量流动以牧食食物链为主。大神堂海域能量主要在5个营养级之间流动，符合金字塔分布。2013年营养级Ⅰ在总能流中占85.11%，鱼礁区浮游植物和有机碎屑占据了系统能流的主要地位，且初级生产者和碎屑的能量未得到充分利用，可能是由于鱼礁投放时间较短，附着在鱼礁上的滤食性生物和鱼礁附近的底栖生物还较少。2013～2015年营养级Ⅰ占总能流的比例逐年下降，营养级Ⅱ、Ⅲ、Ⅳ占总能流的比例逐年提升，能量逐渐向较高营养级传递。

营养级传递效率（trophic transfer efficiency）是某一营养级传递至下一营养级的能量与输出能量占该营养级总能流的比例。2013～2015年大神堂海域能量传递效率逐年上升（表6.10），表明投礁后第4～第6年，生态系统对能量的利用效率逐年提高。主要得益于营养级Ⅲ—Ⅱ和Ⅲ—Ⅳ传递效率的增加。2014年和2015年鱼礁区附近逐渐新增了鳀、黄鲫、银鲳等营养级Ⅲ的中上层鱼类，增加了对营养级Ⅱ的捕食，使营养级Ⅲ—Ⅱ传递效率逐年提升。营养级Ⅲ、Ⅳ也逐年提升且提升幅度较大，与鱼礁区高营养级肉食性物种的增加有关。2013年食物网中缺少高营养级物种，中低营养级生物缺少捕食者，导致大量能量不能进一步传递，而2014年和2015年褐牙鲆、鲬的出现畅通了营养级Ⅲ能量的传递途径，使营养级Ⅲ—Ⅳ传递效率大幅提高。综上所述，随着投礁时间增加，人工鱼礁有效提高了大神堂海域低营养级向高营养级的营养传递效率，从而提高了食物网的能量利用效率。

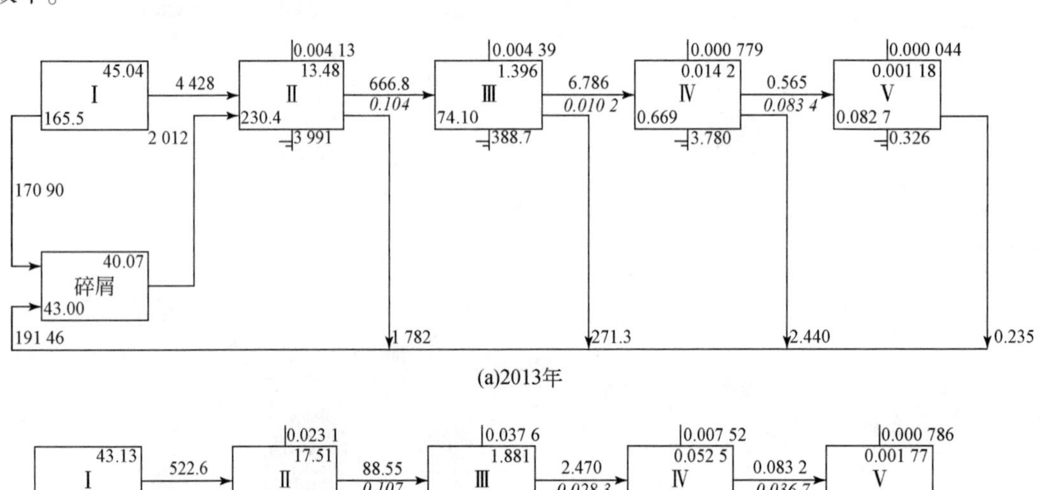

(a)2013年

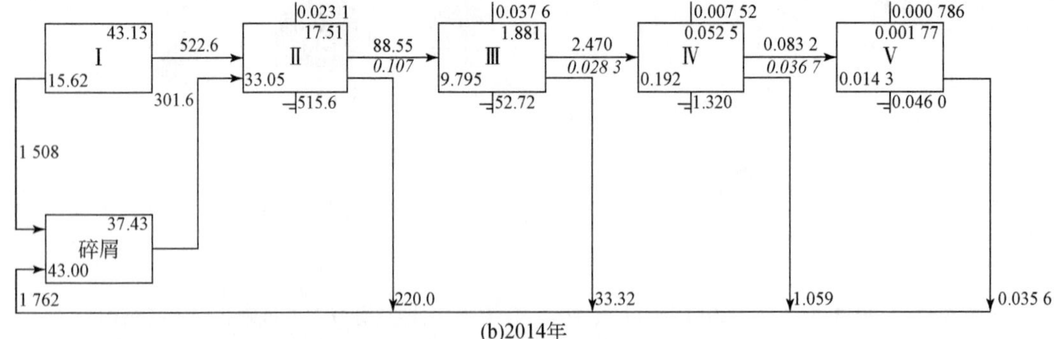

(b)2014年

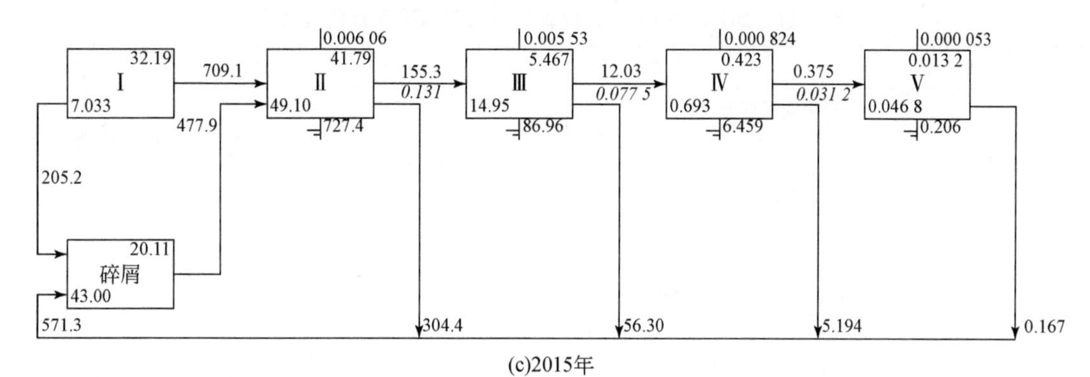

(c)2015年

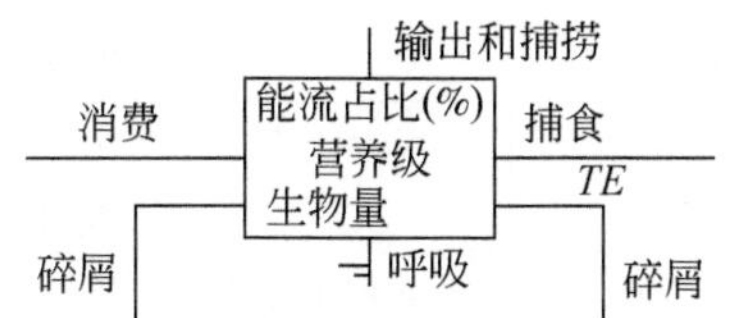

图 6.3　2013～2015 年大神堂海域人工鱼礁区能量流动示意图

表 6.10　2013～2015 年大神堂海域人工鱼礁区能量传递效率

营养级	2013 年	2014 年	2015 年
Ⅱ	10.35	10.75	13.08
Ⅲ	1.02	2.83	7.75
Ⅳ	8.34	3.67	3.12
Ⅴ	0.69	1.86	0.52
总体	4.45	4.82	6.81

6.3.2　食物网特征变化

2013～2015 年大神堂海域人工鱼礁区食物网特征指标见表 6.11。与 2013 年相比，2014 年和 2015 年的鱼礁区生物功能组数量（NLG）有所增加。主要是由于新增了营养级Ⅳ的肉食性鱼类和营养级Ⅲ的中上层鱼类。表明随着投礁时间增加，鱼礁区生物多样性增加。人工鱼礁不仅为海洋生物提供了生长、发育的良好栖息环境，同时礁体藻类植物的生长和礁体动物的附着与繁殖为游泳动物提供了丰富的饵料，从而促进了鱼礁区物种多样性。

2013～2015 年系统杂食指数（SOI）无显著差异，各营养级之间的摄食关系稳定，无明显变化。相较 2013 年，2014 年和 2015 年连接指数（CI）均有所降低，这与预期判断一致，研究表明，若每个功能组的摄食关系确定，连接度随 NLG 的增加而减小（Pimm et al.，1991）。SOI 和 CI 共同说明食物网内部连接结构的复杂程度较为稳定，无明显变化。

表 6.11　2013～2015 年大神堂海域人工鱼礁区食物网特征

类别	参数	2013 年	2014 年	2015 年
复杂性	生物功能组数量 NLG	10	15	14
	连接指数 CI	0.46	0.31	0.32
	系统杂食指数 SOI	0.22	0.23	0.23
	相互作用强度指数 ISI	10.03	8.07	8.62
循环	Finn 循环指数 FCI/%	2.17	3.35	13.51
	Finn 平均路径长度 FML	2.23	2.34	3.19
成熟度	总初级生产量/总呼吸量 TPP/TR	4.91	3.56	1.11
	总初级生产量/总生物量 TPP/TB	45.71	34.61	12.73
	相对聚合度 A/C,%	43.73	37.05	19.96
渔业捕捞	总捕捞量 TC/(t/km^2)	0.01	0.07	0.01
	渔获量平均营养级 MTLc	2.7	2.87	2.64
	渔业总效率 GE	4.34×10^{-7}	3.40×10^{-5}	1.36×10^{-5}

Finn 循环指数（FCI）和 Finn 平均路径长度（FML）均呈逐年上升趋势。与 2013 年相比，2015 年 FCI 和 FML 分别增加了 522.58% 和 43.05%。表明随着鱼礁投放时间的增加，物质再循环的比例大幅提高，生态系统有机物流转增加，营养在循环中所经过的路径更长，循环的多样性增加。

总初级生产量/总呼吸（TPP/TR）、总初级生产量/总生物量（TPP/TB）、相对聚合度（A/C）是生态系统的成熟度指标，数值均随生态系统成熟度的提高而降低。2013～2015 年，3 个指标均逐年降低，表明投放人工鱼礁后的第 4～第 6 年，生态系统的成熟度逐年提高。成熟生态系统的 TPP/TR 接近 1，2015 年 TPP/TR 为 1.11，表明在投礁后的第 6 年，鱼礁区生态系统发育已接近成熟状态。

2013～2015 年总捕捞量较低，且渔业总效率（GE）均低于全球渔业总捕捞效率均值（0.0002），表明大神堂海域渔业开发程度较低。渔获量平均营养级（MTLc）均小于 3，表明该海域渔业捕捞以虾蟹类、双壳类和小型鱼类等低营养级生物为主。原因可能与 Pauly 等（1998）提出的“破坏海洋食物网”（fishing down marine food webs）观点有关，该观点认为渔业捕捞选择性地捕捞海域中营养级较高、个体较大的物种，导致高营养级生物逐渐消失，低营养级物种逐渐占据生态系统的主导地位，使捕捞的营养级逐渐降低。20 世纪 80 年代以来，渤海海域过度捕捞，导致渔业资源严重衰退，尽管逐渐采取了伏季休渔、增殖放流等资源养护措施，但目前渔业资源尚未恢复到较为丰富的水平，较高营养级的渔业种群仍然相对缺乏。

6.3.3　食物网稳定性变化

2013～2015 年大神堂海域人工鱼礁区稳定性指标变化见表 6.12。2013～2015 年 Re(λ_{max})逐年降低，表明该区域的局域稳定性逐年提高。抵抗力和弹性先降低再升高，2015 年抵抗力和弹性水平均高于 2013 年，变异性先升高后降低，2015 年变异性低于 2013

年。即2013～2015 年非局域稳定性先降低后升高，2015 年的非局域稳定性水平高于 2013 年。在物种多样性增加、成熟度提高的情况下，2014 年非局域稳定性却出现波动，可能是由于 2014 年渔业总捕捞量相较于 2013 年、2015 年最高，同样 GE 也最高，而 GE 是对抵抗力和变异性有最强作用的驱动因子。总体而言，投礁第 6 年大神堂海域生态系统局域稳定性更强，面对外界扰动有更强的抵抗力和更快的恢复速度，受扰动生物量波动更小。

表 6.12　2013～2015 年大神堂海域人工鱼礁区稳定性

稳定性类别	稳定性指标	2013 年	2014 年	2015 年
局域稳定性	$\mathrm{Re}(\lambda_{max})$	0.75	0.56	0.33
非局域稳定性	抵抗力	3.37	0.56	5.97
	弹性	0.77	0.67	0.98
	变异性	0.02	0.1	0.01

投礁第 4 年后，随着投礁时间增加，人工鱼礁区生物多样性增加，生态系统成熟度提高，能量循环增强，能量传递效率更高，整体上对稳定性有提高作用。因此本书认为投放人工鱼礁是有效的生态修复措施，能使生态系统朝着更成熟和稳定的方向发展。

6.3.4　食物网关键反馈环分析

基于建立的大神堂 2013 年、2014 年和 2015 年的 Ecopath 模型，根据 Jacquet 方法，计算各物种之间的相互作用强度如图 6.4～图 6.6 所示。2013～2015 年相互作用强度最大的

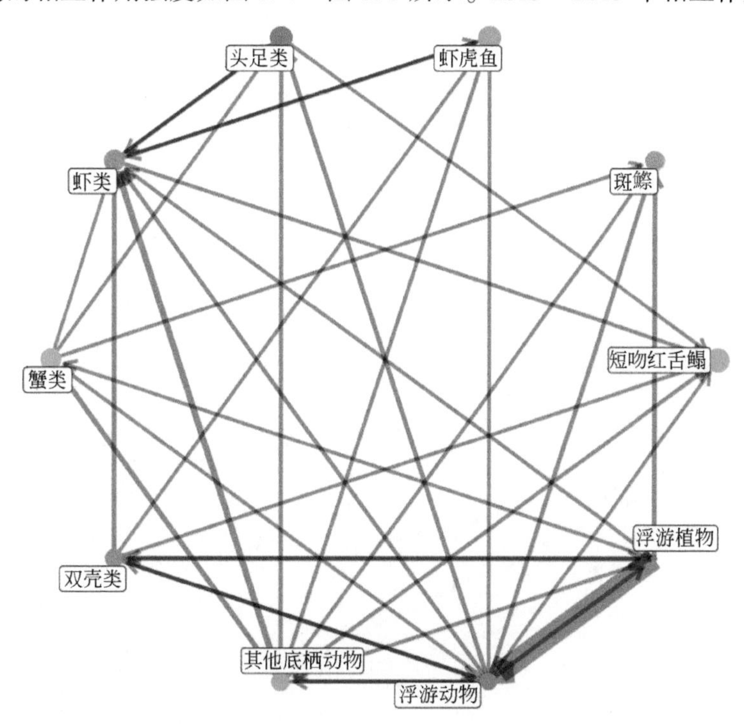

图 6.4　2013 年天津大神堂牡蛎礁食物网各物种相互作用强度（雅可比矩阵）

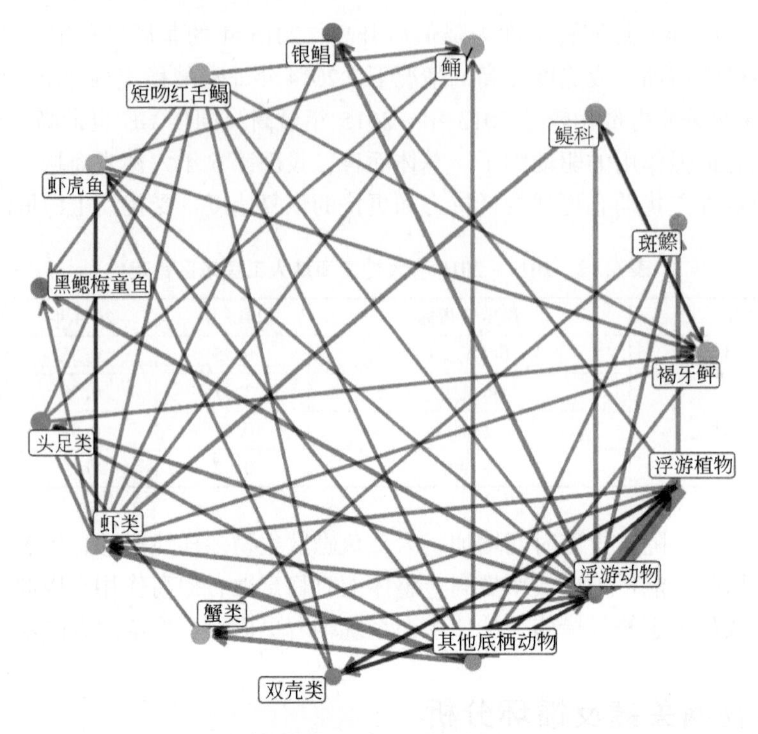

图 6.5　2014 年天津大神堂牡蛎礁食物网各物种相互作用强度（雅可比矩阵）

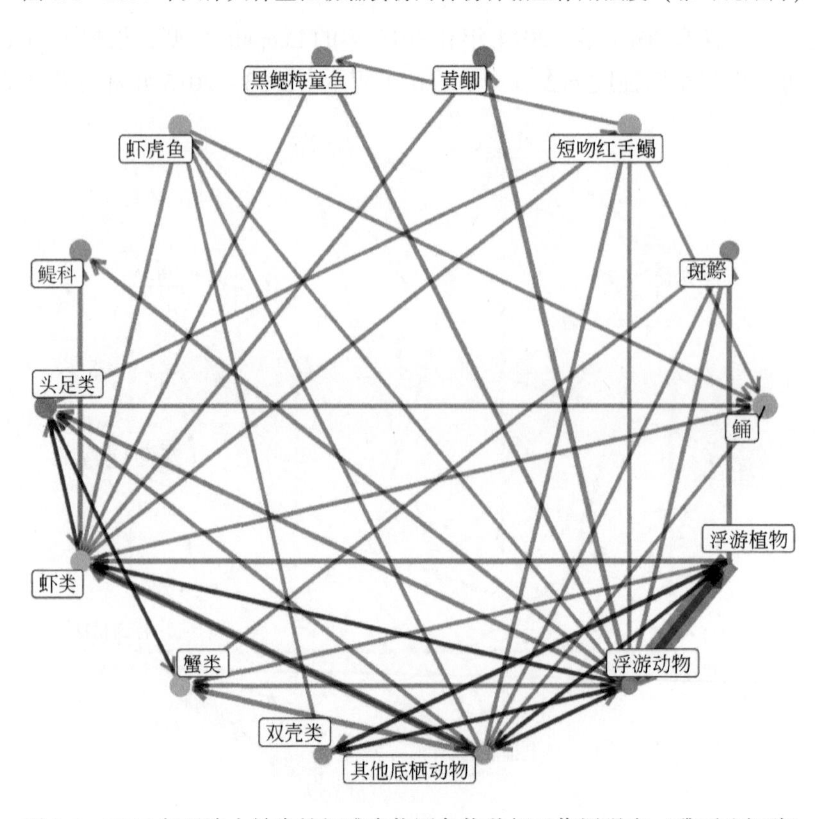

图 6.6　2015 年天津大神堂牡蛎礁食物网各物种相互作用强度（雅可比矩阵）

都为底栖动物和虾类之间，都在-81 左右。其他各物种之间的相互作用强度都比较小。

有了物种之间的相互作用强度（雅可比矩阵），根据 Johnson 算法，计算的所有反馈环几何平均权重如图 6.7 ~ 图 6.9 所示。2013 ~ 2015 年最长的环长分别有 4 个、7 个、8 个物种，随着环长的增加，几何平均权重逐渐递减。除去三物种反馈环，对于固定长度的反馈环，其正负几何平均权重几乎关于 0 对称，可以认为其几何平均权重总和接近 0。最大的几何平均权重出现在三物种反馈环，2013 ~ 2015 年几何平均权重分别为 6.2、6.2 和 8.2。所有三物种反馈环几何平均权重总和与两物种反馈环几何平均权重总和比值的绝对值依次为 1.11、0.91 和 0.77。表明系统稳定性逐年递增。

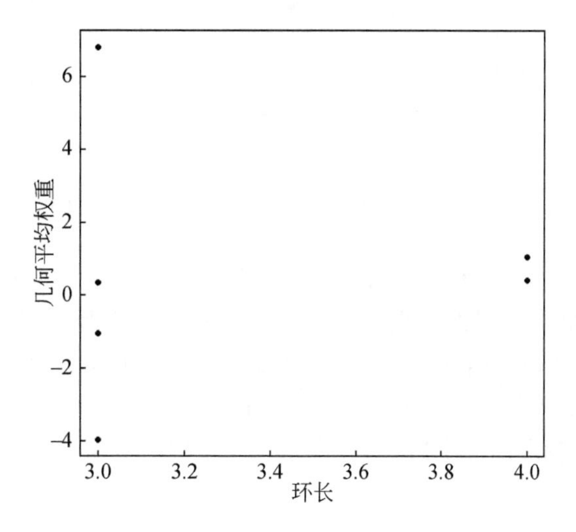

图 6.7　2013 年天津大神堂牡蛎礁食物网不同长度反馈环几何平均权重

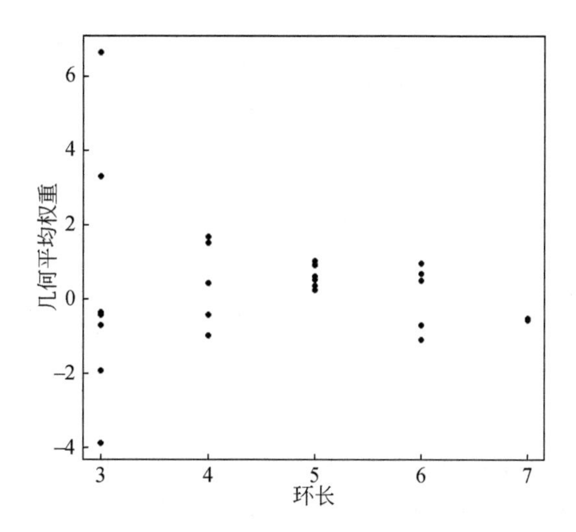

图 6.8　2014 年天津大神堂牡蛎礁食物网不同长度反馈环几何平均权重

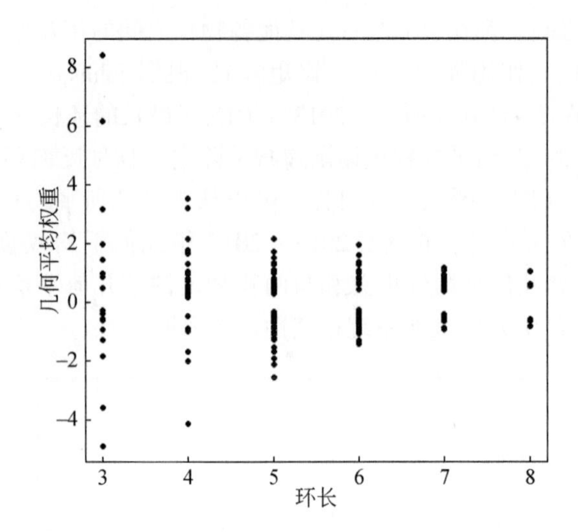

图 6.9　2015 年天津大神堂牡蛎礁食物网不同长度反馈环几何平均权重

几何平均权重最大的三物种反馈环对系统的稳定性起着至关重要的作用，2013 年虾虎鱼、其他底栖动物和虾类形成的反馈环几何平均权重在所有反馈环中最大，而 2014 年和 2015 年虾类、浮游动物和底栖的几何平均权重最大，是最危险的环（图 6.10）。要想提高系统的稳定性，一个有效的方法是降低最大几何平均权重反馈环的几何平均权重。例如，降低虾类和底栖之间的相互作用强度对提高系统稳定性起着重要作用。

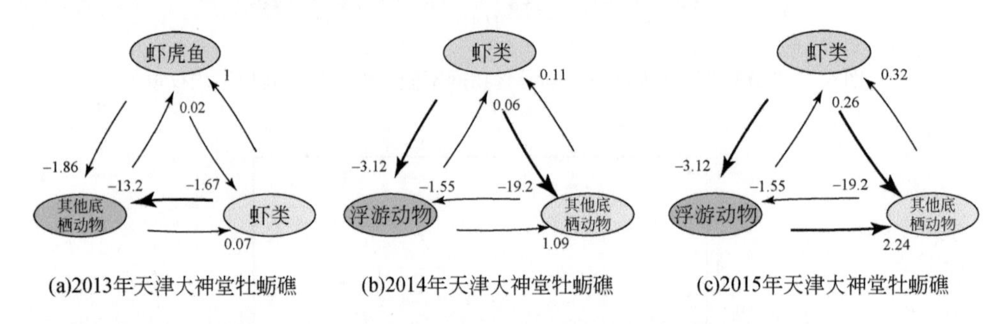

图 6.10　2013 ~ 2015 年天津大神堂牡蛎礁食物网关键环

参考文献

窦硕增，杨纪明，陈大刚．1992. 渤海石鲽、星鲽、高眼鲽及焦氏舌鳎的食性［J］．水产学报，2：162-166.

窦硕增，杨纪明．1992. 渤海南部半滑舌鳎的食性及摄食的季节性变化［J］．生态学报，4：368-376.

窦硕增，杨纪明．1993. 渤海南部牙鲆的食性及摄食的季节性变化［J］．应用生态学报，1：74-77.

杜胜蓝，黄岁樑，臧常娟，等．2011. 浮游植物现存量表征指标间相关性研究Ⅱ：叶绿素 a 与藻密度［J］．水资源与水工程学报，22（2）：44-49.

郭彪，于莹，张博伦，等．2015. 天津大神堂海域人工鱼礁区游泳动物群落特征变化［J］．海洋渔业，37（5）：409-418.

韩东燕．2013. 胶州湾主要虾虎鱼类摄食生态的研究［D］．青岛：中国海洋大学．

林群，李显森，李忠义，等．2013. 基于Ecopath模型的莱州湾中国对虾增殖生态容量［J］．应用生态学报，24（4）：1131-1140.

林群．2012. 黄渤海典型水域生态系统能量传递与功能研究［D］．青岛：中国海洋大学．

马孟磊．2018. 基于Ecopath模型的典型半封闭海湾生态系统结构和功能研究［D］．上海：上海海洋大学．

彭士明，施兆鸿，尹飞，等．2011. 利用碳氮稳定同位素技术分析东海银鲳食性［J］．生态学杂志，30（7）：1565-1569.

王玮．2019. 基于稳定同位素分析与生态通道模型的西南黄海生态系统结构和能量流动分析［D］．南京：南京大学．

吴忠鑫，张秀梅，张磊，等．2012. 基于Ecopath模型的荣成俚岛人工鱼礁区生态系统结构和功能评价［J］. 应用生态学报，23（10）：2878-2886.

杨纪明．2001a. 渤海无脊椎动物的食性和营养级研究［J］．现代渔业信息，(9)：8-16.

杨纪明．2001b. 渤海鱼类的食性和营养级研究［J］．现代渔业信息，(10)：10-19.

中华人民共和国农业部渔业局．2016. 中国渔业统计年鉴［M］．北京：中国农业出版社．

Christensen V, Walters C J, Pauly D. 2005. Ecopath with Ecosim: A user's guide [J]. Fisheries Centre, University of British Columbia, Vancouver, 154: 31.

Gartner A, Lavery P S, Lonzano-Montes H. 2015. Trophic implications and faunal resilience following one-off and successive disturbances to an Amphibolis griffithii seagrass system [J]. Marine Pollution Bulletin, 94 (1-2): 131-143.

Jacquet C, Moritz C, Morissette L, et al. 2016. No complexity-stability relationship in empirical ecosystems [J]. Nature Communications, 7 (1): 12573.

Morissette L, Hammill M O, Savenkoff C. 2006. The trophic role of marine mammals in the Northern Gulf of St. Lawrence [J]. Marine Mammal Science, 22 (1): 74-103.

Pauly D, Christensen V, Dalsgaard J, et al. 1998. Fishing down marine food webs [J]. Science, 279 (5352): 860-863.

Pimm S L, Lawton J H, Cohen J E. 1991. Food web patterns and their consequences [J]. Nature, 350 (6320): 669-674.

Pimm S L. 1984. The complexity and stability of ecosystems [J]. Nature, 307 (5949): 321-326.

Pérez-España H, Arreguín-Sánchez F. 1999. Complexity related to behavior of stability in mdoeled coastal zone ecosystems [J]. Aquatic Ecosystem Health Management, 2 (2): 129-135.

Saint-Béat B, Baird D, Asmus H, et al. 2015. Trophic networks: How do theories link ecosystem structure and functioning to stability properties? A review [J]. Ecological Indicators, 52: 458-471.

第7章 渤海辽东湾觉华岛生态系统特征及稳定性评估

觉华岛位于渤海北部，行政区划属于辽宁省葫芦岛市兴城市，是辽东湾第一大岛屿，属于典型近岸海岛生态系统。觉华岛海域附近海岸为礁石岛屿，属于浅海水域，水深为10～15m，潮汐为正规半日潮，平均潮差为2.06m。底质以沙泥为主，底质条件稳定。渔业和旅游业是海岛经济发展的主体，在觉华岛区域经济中占有重要地位。觉华岛周边海域在历史上是良好的渔场，主要渔业资源有毛蚶（*Scapharca subcrenata*）、菲律宾蛤仔（*Ruditapes philippinarum*）、日本蟳（*Charybdis japonica*）、脉红螺（*Rapana venosa*）等，在高强度捕捞下，当前渔业资源状况较差，2015年海洋调查地笼网仅捕获2尾日本蟳。2010年成立了觉华岛旅游度假区，接待游客数逐年增加，旅游产业逐渐成为觉华岛的重要支柱产业。1995～2018年觉华岛周边海域开展了一大批围填海、围堰工程等海洋开发活动。同时，葫芦岛市兴城市为典型的重工业基地，石油化工、能源电力、有色金属等产业发达。在频繁的人为活动影响下，当前觉华岛海域生态环境退化，生物资源栖息环境缺乏，生物资源锐减，存在海底荒漠化趋势（刘修泽等，2014；孙康和徐斌，2007）。

7.1 样品采集与测定

为探究人工鱼礁建设对觉华岛的季节效应，分别于2019年7月15～16日（夏季）和2019年10月9～10日（秋季）在觉华岛海域进行海洋调查，评估生态系统特征和稳定性的季节性变化。

生物资源样品采集在7月（夏季）、10月（秋季）进行，采样点位于辽宁省葫芦岛市觉华岛海域附近，具体站位布设如图7.1及表7.1所示，图7.1中1～9站位为已投礁（人工鱼礁）区域，10～12站位为空白对照区，且每个站位设置3个平行样本。海洋生物资源调查参照《海洋调查规范第6部分：海洋生物调查》（GB/T 12763.6—2007）和《海洋监测规范》（GB 17378.1—2007）相关标准执行。样品采集包括浮游植物、浮游动物、底栖生物及游泳生物样品采集。

表7.1 觉华岛采样站位坐标

站位	纬度/（°N）	经度/（°E）
站位1	40.468 642	120.798 760
站位2	40.471 276	120.807 245
站位3	40.474 692	120.815 878

续表

站位	纬度/（°N）	经度/（°E）
站位4	40.478 693	120.827 162
站位5	40.469 143	120.832 012
站位6	40.459 709	120.837 662
站位7	40.452 426	120.814 878
站位8	40.456 286	120.814 890
站位9	40.480 135	120.823 957
站位10	40.480 124	120.857 276
站位11	40.435 077	120.834 227
站位12	40.458 356	120.778 474

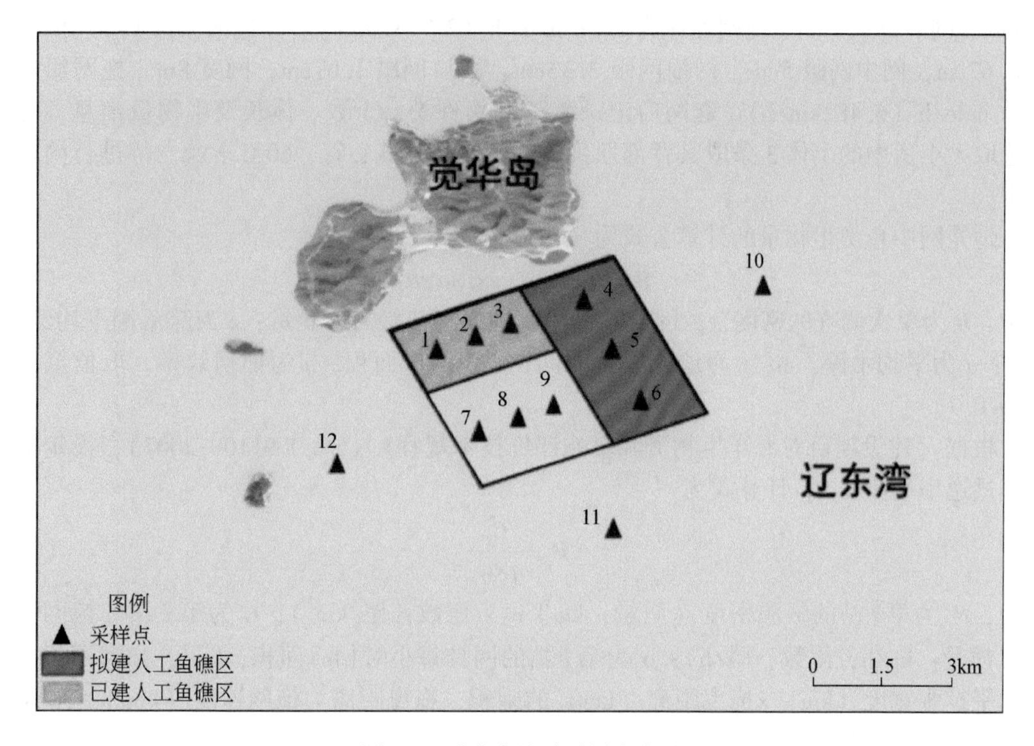

图7.1　觉华岛海域采样点布设

具体样品采集方法如下。

碎屑样品：每个调查站位用采水器采集1L水样，每个站点3个重复；烘干后称重，测定生物量。

浮游植物：用浅水型浮游生物采集网Ⅲ型（网长140cm，网口内径37cm，网衣孔径0.077mm）进行采集。其中同位素样品抽滤到用燃烧过的0.45μm Whatman GF/F玻璃纤维滤膜（马弗炉450℃下燃烧6h）上，用锡纸包好，烘干后进行同位素测定；物种鉴定样品加鲁格试剂 10mL 进行固定，在显微镜下进行物种鉴定。

浮游动物：每个采样点用浅水型浮游生物采集网Ⅱ型（网长 140cm，网口内径 31.6cm，网衣孔径 0.16mm）进行采集，生物鉴定样品加鲁格试剂进行物种鉴定；同位素测定样品抽滤到滤膜上，滤膜放锡纸包好，烘干保存，待进行同位素测定。

底栖生物：采用彼得逊采泥器（DXCN-1529）进行底泥的抓取，采泥器开口大小为 15cm×29cm，一次采样量为 5L，对采集的样品经过初步淘洗、分拣，将挑拣的生物放入 95% 的乙醇中，实验室内进一步细选，在显微镜下鉴定其种类。

游泳生物：跟随渔船（辽葫渔养 25013 及辽葫渔 25011），针对表底层生物分别采用地笼网、底拖网及礁区边缘附近浮拖网采样。地笼网网目大小为 7mm，网框尺寸为 40cm×25cm，每节网口直径为 10cm，每段包含 20 节，每节长 20cm，网长 4m。地笼网采样方法为：每个站位放置 16 个地笼，地笼当中放置诱饵，分别放置在实验点和对照点，从第 1 天 8：00 放置到第 2 天 8：00，放置 24h 后收获所有生物进行统计。拖网由于方式的限制，仅能在鱼礁区外采样，拖网的网具规格为网口 8m，网长 10m，网眼网口处 5cm、网中部 3.3cm、网后部 1.7cm。拖网船速为 1.5n mile/h（2.778km/h）。浮拖网网长 15m，网口网眼 6.67cm，网中网眼 5cm，网袖网眼 3.33cm，袖口网眼 1.67cm，网宽 8m。拖网船速为 3.5n mile/h（6.482km/h）。起网后记录游泳动物种类、个数、体长及生物量信息，每种鱼选取大小适中的个体 3 条取其背部肌肉，装入 50mL 离心管，60℃ 干燥，待进行同位素测定。

地笼网中鱼类生物量的计算公式为

$$B=(C\times d)/(v\times t\times a\times q) \tag{7.1}$$

式中，B 为单次调查的密度，g/m^2；C 为单次地笼网装置的渔获量；v 为涨落潮平均流速，m/h；d 为平均水深，m；t 为地笼放置时间；a 为网口面积；q 为捕捞效率，取值范围为 0.3～0.7。

根据《建设项目对海洋生物资源影响评价技术规程》（SC/T 9110—2007），设定拖网网具逃逸率均为 0.5，计算式为

$$P_i=\frac{C_i}{q\times\alpha_i} \tag{7.2}$$

式中，P_i 为第 i 站的资源密度（质量：kg/km^2，尾数：尾/km^2）；C_i 为第 i 站的拖网渔获量（质量：kg/h，尾数：尾/h）；α_i 为第 i 站的网具每小时扫海面积，km^2，扫海面积为网口水平扩张宽度（km）×拖曳距离（km）的乘积，拖曳距离为拖网速度（km/h）和实际拖网时间（h）的乘积。

稳定性同位素样品来源于分季采样获得的生物样本，将采集的碎屑、浮游植物、浮游动物水样抽滤到滤膜上烘干后保存；对采集到的各游泳生物随机取样（每种 9 尾，9 尾以下全部取样），鱼类取其背部肌肉，虾类取其腹部肌肉，蟹类取其第一螯足肌肉，头足类取其腕部肌肉，螺类去壳取肌肉，贝类取闭壳肌，海胆取性腺及亚氏提灯附属肌肉，共分析 459 个生物样品，利用 DELTA V Advantage 同位素比率质谱仪进行测定。

7.2 模型分析

本书利用 Ecopath with Ecosim (EwE) 6.6，基于 2019 年夏秋两季觉华岛海域调查结果，构建人工鱼礁区 Ecopath 模型，评估人工鱼礁区的生态系统结构和功能的季节性变化和年际变化，并基于 Ecopath 模型驱动 Ecosim 模型评估人工鱼礁区稳定性变化，从而评估人工鱼礁建设的生态修复效应。2019 年觉华岛人工鱼礁区夏秋两季 *P* 指数均为 0.37，处于合理范围内，模型具有可信度。

7.2.1 功能组划分

根据研究海域渔业资源特点和调查生物的分类学特征，觉华岛海域夏季共划分 12 个功能组，秋季共划分 16 个功能组（表 7.2、表 7.3）。为了保证季节之间结果的可比性，夏季和秋季功能组划分规则基本保持一致。但由于秋季调查中关键生物资源日本蟳有明显的年龄分层，为了保证输入参数（食物组成）的准确性，秋季的功能组划分进一步细化，将日本蟳划分为幼体和成体两个功能组。

表 7.2 2019 年夏季觉华岛海域人工鱼礁区功能组划分

编号	功能组	组成
1	短吻红舌鳎 *Cynoglossus joyneri*	短吻红舌鳎 *Cynoglossus joyneri*
2	黄鲫 *Setipinna taty*	黄鲫 *Setipinna taty*
3	虾虎鱼 Gobiidae	虾虎鱼 Gobiidae
4	鳀科 Engraulidae	鳀 *Engraulis japonicus*
5	日本蟳 *Charybdis japonica*	日本蟳 *Charybdis japonica*
6	其他蟹类 other crabs	隆线强蟹 *Eucrate crenata*、日本拟平家蟹 *Heikeopsis japonicus*
7	虾类 Shrimps	口虾蛄 *Oratosquilla oratoria*、中国明对虾 *Fenneropenaeus chinensis*、日本鼓虾 *Alpheus japonicus*
8	头足类 Cephalopoda	日本枪乌贼 *Loligo japonica*
9	其他底栖动物 other benthos	多毛类 Polychaeta、软体动物 Mollusca、甲壳类 Crustacea、棘皮动物 Echinodermata
10	浮游动物 zooplankton	桡足类 Copepoda、糠虾类 Mysidacea、毛颚类 Chaetognatha、浮游幼虫 larva 等
11	浮游植物 phytoplankton	硅藻门 Bacillariophyta、甲藻门 Pyrrophyta、金藻门 Chrysophyta
12	碎屑 detritus	

表 7.3 2019 年秋季觉华岛示范区功能组划分

编号	功能组	组成
1	短吻红舌鳎 *Cynoglossus joyneri*	短吻红舌鳎 *Cynoglossus joyneri*

续表

编号	功能组	组成
2	黄鲫 *Setipinna taty*	黄鲫 *Setipinna taty*
3	虾虎鱼 Gobiidae	虾虎鱼 Gobiidae
4	鲬 *Platycephalus indicus*	鲬 *Platycephalus indicus*
5	褐牙鲆 *Paralichthys olivaceus*	褐牙鲆 *Paralichthys olivaceus*
6	小黄鱼 *Pseudosciaena polyactis*	小黄鱼 *Larimichthys polyactis*
7	鳀科 *Engraulidae*	鳀 *Engraulis japonicus*
8	日本蟳（幼体）*Charybdis japonica*（juvenile）	日本蟳 *Charybdis*（*Charybdis*）*japonica*（juvenile）
9	日本蟳（成体）*Charybdis japonica*（adult）	日本蟳 *Charybdis*（*Charybdis*）*japonica*
10	其他蟹类 other crabs	隆线强蟹 *Eucrate crenata* 等
11	虾类 Shrimps	口虾蛄 *Oratosquilla oratoria*、中国明对虾 *Fenneropenaeus chinensis*、日本鼓虾 *Alpheus japonicus*
12	头足类 Cephalopoda	日本枪乌贼 *Loligo japonica*、长蛸 *Octopus cf. minor*
13	其他底栖动物 other benthos	脉红螺 *Rapana venosa*、毛蚶 *Scapharca kagoshimensis*、泥螺 *Bullacta exarata*、扁玉螺 *Neverita didyma*、多毛类 Polychaeta、棘皮动物 Echinodermata 等
14	浮游动物 zooplankton	毛颚动物 Chaetognatha、十足目 Decapoda、浮游幼虫 larva 等
15	浮游植物 phytoplankton	硅藻门 Bacillariophyta、甲藻门 Pyrrophyta
16	碎屑 detritus	碎屑 Detritus

7.2.2 模型输入参数来源

觉华岛海域人工鱼礁区 Ecopath 模型输入参数 *B* 来自海洋调查；*P/B*、*Q/B* 参考黄渤海邻近海域 Ecopath 模型的输入参数（林群，2012；林群等，2013；杨超杰等，2016；马孟磊，2018；王玮，2019）。DC_{ij}参考 FishBase 胃（肠）含物分析结果（窦硕增和杨纪明，1993；杨纪明，2001a，2001b；王凯等，2012；韩东燕，2013）和黄渤海相关模型的食物矩阵（林群等，2013；王玮，2019）。觉华岛参数 *Y* 参考《中国渔业统计年鉴》（中华人民共和国农业部渔业局，2020），觉华岛海域人工鱼礁区生态系统模型输入数据见表 7.4 和表 7.5，食性组成见表 7.6 和表 7.7。

表 7.4 2019 年夏季觉华岛海域人工鱼礁区 Ecopath 模型输入参数

编号	功能组	生物量/(t/km²)	*P/B*	*Q/B*	捕捞量/[t/(km²·a)]
1	短吻红舌鳎	0.0160	1.4791	4.9500	0.0006

续表

编号	功能组	生物量/(t/km²)	*P/B*	*Q/B*	捕捞量 /[t/(km² · a)]
2	黄鲫	0. 0706	1. 6970	9. 1000	0. 0008
3	虾虎鱼	0. 1348	1. 5900	5. 5000	0. 0043
4	鳀	0. 0904	2. 9000	9. 7000	0. 1856
5	日本蟳	0. 4664	3. 2000	11. 3000	0. 0417
6	其他蟹类	0. 7969	3. 5000	12. 0000	0. 0238
7	虾类	0. 7922	8. 0000	30. 0000	0. 1716
8	头足类	0. 1056	3. 3000	11. 9700	0. 1397
9	其他底栖动物	9. 7612	5. 4000	20. 8000	0. 2713
10	浮游动物	47. 4073	25. 0000	125. 0000	
11	浮游植物	42. 0311	154. 0000		
12	碎屑	43. 0000			

表 7.5　2019 年秋季觉华岛海域人工鱼礁区 Ecopath 模型输入参数

编号	功能组	生物量/(t/km²)	*P/B*	*Q/B*	捕捞量 /[t/(km² · a)]
1	短吻红舌鳎	0. 0055	1. 4791	4. 9500	0. 0002
2	黄鲫	0. 0106	1. 697	9. 1000	0. 0001
3	虾虎鱼	0. 2417	1. 5900	5. 5000	0. 0077
4	鲬	0. 0120	0. 7200	3. 6000	0. 0078
5	褐牙鲆	0. 0137	1. 6000	6. 9000	0. 0017
6	小黄鱼	0. 0093	1. 9500	6. 5000	0. 2773
7	鳀	0. 0900	2. 9000	9. 7000	0. 1856
8	日本蟳（幼体）	0. 0256	3. 2000	11. 3000	
9	日本蟳（成体）	0. 0911	3. 2000	11. 3000	0. 0417
10	其他蟹类	0. 0031	3. 5000	12. 0000	0. 0238
11	虾类	0. 3782	8. 0000	30. 0000	0. 1716
12	头足类	0. 2068	3. 3000	11. 9700	0. 1397
13	其他底栖动物	7. 6865	5. 4000	20. 8000	0. 2713
14	浮游动物	29. 2598	25. 0000	125. 0000	
15	浮游植物	15. 3403	160. 0000		
16	碎屑	43. 0000			

表 7.6　2019 年夏季觉华岛示范区食性矩阵

被捕食者/捕食者	1	2	3	4	5	6	7	8	9	10
1 短吻红舌鳎										
2 黄鲫	0.001		0.008							
3 虾虎鱼	0.026		0.070		0.004					
4 鳀科	0.002	0.002								
5 日本蟳	0.002		0.001							
6 其他蟹类	0.009		0.054	0.035	0.276	0.005		0.060		
7 虾类	0.303	0.210	0.304	0.135	0.220	0.050	0.005	0.200		
8 头足类	0.142	0.001				0.001	0.001	0.020		
9 其他底栖动物	0.383	0.003	0.418	0.084	0.200	0.550	0.520	0.280	0.100	
10 浮游动物	0.132	0.785	0.145	0.746	0.100	0.124	0.124	0.440	0.180	0.050
11 浮游植物						0.020	0.050		0.150	0.650
12 碎屑					0.200	0.250	0.300		0.570	0.300

表 7.7　2019 年秋季觉华岛示范区食性矩阵

被捕食者/捕食者	1	2	3	4	5	6	7	8	9	10	11	12	14	15
1 短吻红舌鳎				0.067	0.020									
2 黄鲫	0.001		0.005		0.041	0.060								
3 虾虎鱼	0.026		0.070	0.263	0.309	0.036			0.004					
4 鲬					0.001									
5 褐牙鲆					0.044									
6 小黄鱼					0.003				0.010					
7 鳀科	0.002	0.002		0.100	0.310	0.102								
8 日本蟳（幼体）	0.002		0.001			0.027								
9 日本蟳（成体）														
10 其他蟹类	0.009		0.054	0.018		0.054	0.035		0.372	0.005		0.060		
11 虾类	0.303	0.210	0.304	0.355	0.073	0.600	0.135		0.234	0.050	0.005	0.200		
12 头足类	0.142	0.001		0.078	0.042	0.010				0.001	0.001	0.020		
13 其他底栖动物	0.383	0.003	0.418	0.095	0.120	0.098	0.084	0.300	0.220	0.550	0.520	0.280	0.100	
14 浮游动物	0.132	0.785	0.148	0.024	0.037	0.013	0.746	0.300	0.060	0.124	0.124	0.440	0.180	0.050
15 浮游植物								0.100	0.000	0.020	0.050		0.150	0.650
16 碎屑								0.300	0.100	0.250	0.300		0.570	0.300

7.3 评估结果

7.3.1 食物网要素的稳定同位素特征

图7.2显示了25个功能群的$\delta^{13}C$、$\delta^{15}N$值范围，$\delta^{13}C$值范围为最小值-21.81‰（碎屑）~最大值-14.38‰（海星），各值之间跨度较大。

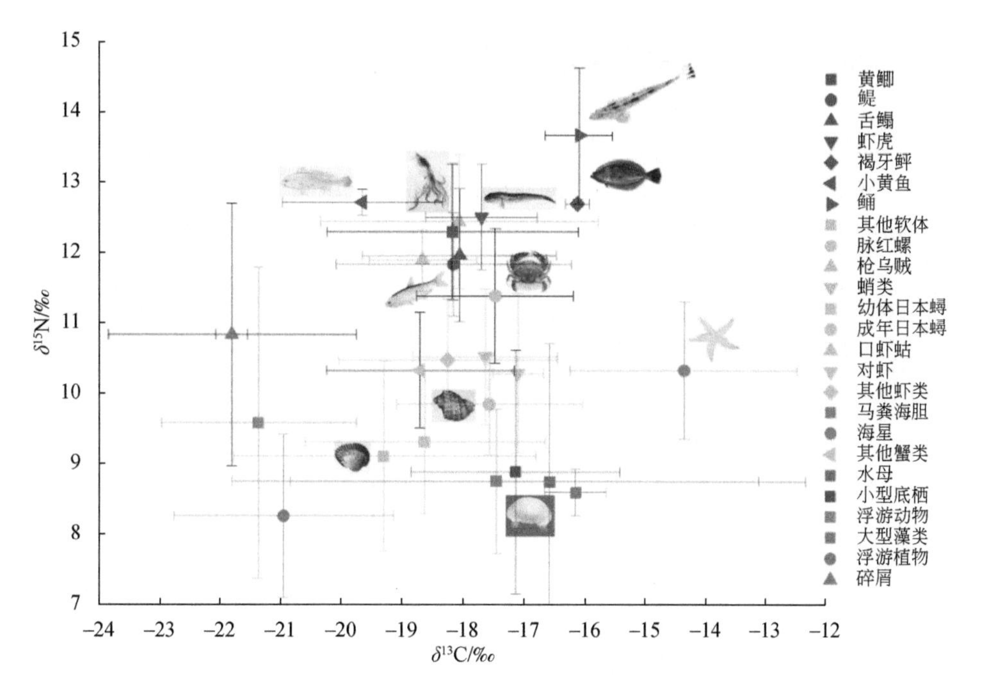

图7.2 辽东湾觉华岛25个功能群$\delta^{13}C$-$\delta^{15}N$图

辽东湾觉华岛海域可作为食源的几种物质$\delta^{13}C$值：碎屑为-21.81（平均），浮游植物为-20.96‰（平均），底栖藻类和海草为-16.17‰（平均）。鱼类7个功能群$\delta^{13}C$值从最低的-19.66‰（小黄鱼）到最高的-16.12‰（鲬）；软体动物4个功能群$\delta^{13}C$值从最低的-19.31‰（其他软体动物）到最高的-17.12‰（蛸类）；甲壳类6个功能群$\delta^{13}C$值从最低的-17.49‰（成年日本蟳）到-18.67‰（口虾蛄）；棘皮动物2个功能群$\delta^{13}C$值分别为-17.47‰（马粪海胆）和-14.38‰（海星）；小型底栖$\delta^{13}C$值为-17.14‰，浮游动物$\delta^{13}C$值为-21.38‰。消费者功能群的$\delta^{13}C$值基本处于食源$\delta^{13}C$值的范围内，只有海星$\delta^{13}C$值高于食源$\delta^{13}C$值，说明碳源采集基本全面，但可能存在某种未发现的潜在碳源。马粪海胆和水母的$\delta^{13}C$值的变化较大，标准差分别为4.35‰和4.25‰；其次是其他软体动物、枪乌贼和黄鲫，标准差分别为2.48‰、2.27‰和2.05‰。这些功能群$\delta^{13}C$分布较为广泛，食源丰富。

$\delta^{15}N$值范围为最小值8.26‰（浮游植物）~最大值13.66‰（鲬），作为食源的碎屑功

能群的 δ^{15}N 值较高，为 10.83‰，浮游植物 δ^{15}N 值（8.26‰）与大型/底栖藻类 δ^{15}N 值（8.59‰）相近。鱼类 7 个功能群 δ^{15}N 值从最低的 11.83‰（鳀）到最高的 13.66‰（鲬）；软体动物 4 个功能群 δ^{15}N 值从最低的 8.74‰（水母）到最高的 12.44‰（枪乌贼）；甲壳类 6 个功能群 δ^{15}N 值从最低的 9.31‰（幼体日本蟳）到最高的 11.89‰（口虾蛄）；棘皮动物 2 个功能群 δ^{15}N 值分别为 8.75‰（马粪海胆）和 10.32‰（海星）；小型底栖 δ^{15}N 值为 8.88‰，浮游动物 δ^{15}N 值为 9.57‰。所有功能群中，浮游植物、水母、碎屑及小型底栖种群内的 δ^{15}N 值变化较大，标准差分别为 2.21‰、1.97‰、1.87‰和 1.73‰。

7.3.2 食物网营养结构与能量传递的季节性变化

觉华岛海域人工鱼礁区食物网结构如图 7.3 所示，鱼礁区主要由牧食食物链和碎屑食物链组成。夏季 12 个功能组占据 3 个营养级，营养级范围为 1.00 ~ 3.63；其中短吻红舌鳎在该食物网中处于最高营养级；鱼类共有 4 个功能组，营养级范围为 3.21 ~ 3.63。秋季

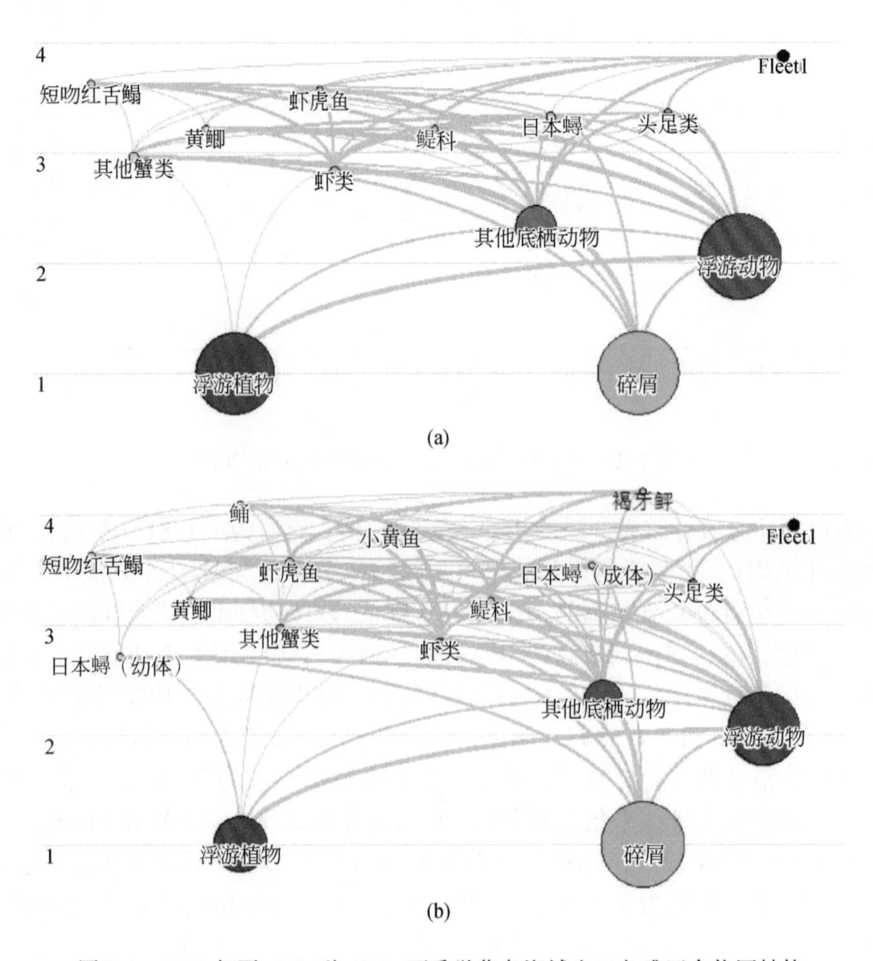

图 7.3　2019 年夏（a）秋（b）两季觉华岛海域人工鱼礁区食物网结构

16个功能组占据4个营养级，营养级范围为1.00~4.20；褐牙鲆营养级最高；共有7个鱼类功能组，营养级范围为3.21~4.20。与夏季相比，秋季食物网中新增了褐牙鲆、鲬和小黄鱼3种营养级较高的肉食性鱼类。

图7.4显示了2019年夏秋两季觉华岛生态系统食物网营养级间的能量流动情况。2019年夏秋两季浮游植物能流占总能流的比例均高于碎屑，表明觉华岛海域人工鱼礁区能量流动以牧食食物链为主。觉华岛海域能量主要在5个营养级之间流动，呈金字塔形分布。夏季营养级Ⅰ和Ⅱ占系统总能流的比例分别为65.59%和34.01%，秋季分别为51.13%和48.26%。秋季生态系统对初级生产者和有机碎屑的利用增加，但觉华岛海域能量流动仍以低营养级为主，营养级Ⅲ及以上的能流虽有所增加，但依然很少，这与高营养级生物资源量的缺乏有关。夏秋两季海域营养级能量传递效率较为接近，秋季略高于夏季（表7.8），但均低于10%的林德曼（Lindeman）传递效率，表明觉华岛海域鱼礁区的能量利用程度较低，主要是营养级Ⅱ—Ⅲ的传递效率较低造成的。夏秋两季营养级Ⅱ—Ⅲ传递效率变化不大，均仅为1%左右。由于鱼礁为生物提供了栖息空间，增加了饵料供给，附着在鱼礁上的滤食性生物以及鱼礁附近的浮游生物和低营养级底栖生物大量增加，使得营养级Ⅱ生物量大量积聚，虽然秋季营养级Ⅲ的物种数有所增加，增加了营养级Ⅱ的消耗，

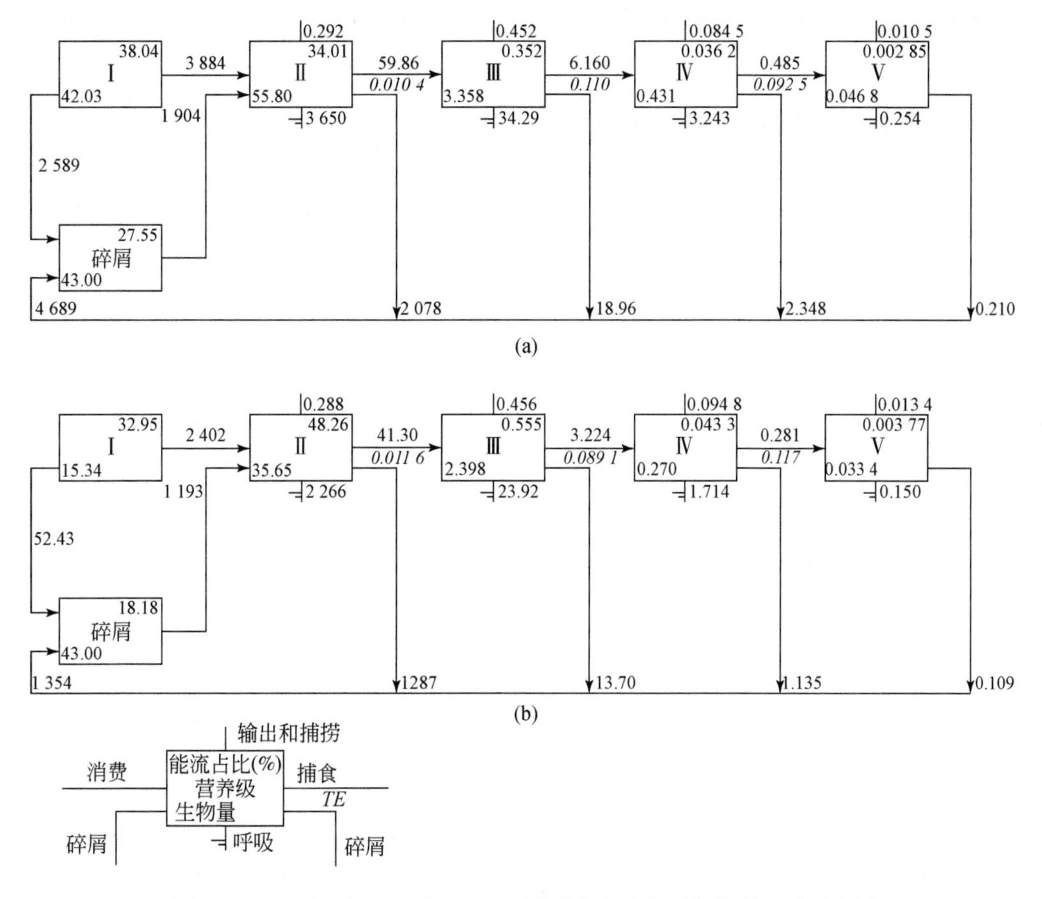

图7.4 2019年夏（a）秋（b）两季觉华岛生态系统能量流动示意图

使秋季传递效率略微上升，但营养级Ⅲ的资源量还较低，尚不足以消耗当前大量积聚的营养级Ⅱ的能量，营养级Ⅱ大量能量传递“阻塞”，导致营养级Ⅱ—Ⅲ传递效率较低。由于秋季新增的鲬和褐牙鲆处于营养级Ⅳ，以短吻红舌鳎、黄鲫、虾虎鱼、鳀等为食，提高了营养级Ⅲ的物种的捕食消耗，但营养级Ⅲ—Ⅳ的传递效率却在秋季有所降低，可能与营养级Ⅲ的捕捞量减少有关。而营养级Ⅳ和Ⅴ的传递效率升高可能与秋季对高营养级生物的捕捞增加有关。综上所述，虽然觉华岛秋季能量传递效率略微上升，但仍然处于较低水平，主要是高营养级物种资源量缺乏导致的，要使觉华岛能量传递效率达到健康水平，还应该增加高营养级生物资源量。

表 7.8　2019 年夏秋两季觉华岛生态系统能量传递效率　（单位:%）

营养级	夏季	秋季
Ⅱ	1.04	1.16
Ⅲ	11.04	8.91
Ⅳ	9.25	11.65
Ⅴ	4.45	8.04
总体	4.74	4.93

7.3.3　食物网特征的季节性变化

2019 年觉华岛夏秋两季食物网特征参数见表 7.9。觉华岛海域人工鱼礁区秋季 NLG 大于夏季，秋季鱼礁区物种多样性增加，新增了鲬、褐牙鲆、小黄鱼等营养级相对较高的物种。以往海洋调查表明夏季鱼类群落多样性大于秋季，并且渤海大多数海洋物种都是迁徙性的，鱼群在春季进入渤海觅食，并在深秋离开。但本书发现鱼礁区秋季物种多样性高于夏季，可能是由于人工鱼礁为海洋生物提供了生长、繁殖的良好栖息环境和丰富的饵料，吸引了鱼类种群的聚集，从而提高了鱼礁区本地物种的多样性。同时也可能因为经过夏季休渔期，秋季鱼类多样性和资源量得以恢复。秋季 SOI 和 CI 与夏季相比变化不大，秋季略低于夏季，食物网内部连接结构的复杂程度略微下降。

表 7.9　觉华岛海域人工鱼礁区夏秋两季生态系统特征

类别	参数	夏季	秋季
复杂性	生物功能组数量 NLG	11	15
	连接指数 CI	0.46	0.40
	系统杂食指数 SOI	0.23	0.21
	相互作用强度指数 ISI	0.58	7.37
循环	Finn 循环指数 FCI/%	10.33	22.00
	Finn 平均路径长度 FML	2.68	3.12

续表

类别	参数	夏季	秋季
成熟度	总初级生产量/总呼吸量 TPP/TR	1.76	1.07
	总初级生产量/总生物量 TPP/TB	63.66	45.71
	相对聚合度 $A/C/\%$	32.21	34.44
渔业捕捞	总捕捞量 TC/(t/km^2)	0.84	0.85
	渔获量平均营养级 MTLc	2.87	2.90
	渔业总效率 GE	1.30×10^{-4}	3.47×10^{-4}

秋季 FCI 和 FML 分别比夏季增加 112.97% 和 16.42%，相较于夏季，秋季鱼礁区物质再循环的比例增加，生态系统有机物流转增加，循环的多样性增加，秋季具有循环的长周期、慢周期特征。

秋季 TPP/TR 与 TPP/TB 均低于夏季，其中 TPP/TR 被认为是表征生态系统成熟度最好的指标，成熟生态系统 TPP/TR 接近 1。夏秋两季 TPP/TR 分别为 1.76 和 1.07，表明觉华岛生态系统总体上接近成熟水平，且秋季成熟度高于夏季。

7.3.4 食物网稳定性的季节性变化

2019 年觉华岛夏秋两季食物网稳定性指标见表 7.10。秋季 Re(λ_{max})略高于夏季，表明秋季的局域稳定性稍有降低。与夏季相比，秋季抵抗力略有上升，弹性下降，变异性上升，总体而言，秋季非局域稳定性水平略低于夏季。

表 7.10　2019 年夏秋两季觉华岛海域人工鱼礁区稳定性

稳定性类别	稳定性指标	夏季	秋季
局域稳定性	Re(λ_{max})	0.15	0.16
非局域稳定性	抵抗力	1.54	1.57
	弹性	0.90	0.59
	变异性	0.01	0.05

本书在夏秋两季的季节尺度上没有观察到预期的人工鱼礁对稳定性的提升效应。投礁初期，人工鱼礁会对海域底质环境和生态群落结构产生扰动。孙习武等（2011）发现投礁前两年，鱼礁区及附近海域的鱼类和大型无脊椎动物群落均受到中度扰动，在投礁后第 4 年群落才达到近似稳定状态。Bohnsack 和 Sutherlan 认为鱼类群落通常在投礁后 1 ~5 年达到平衡。由于觉华岛海域在 2018 年 9 月后才开始进行鱼礁建设规划，至 2019 年海洋调查，投礁时间不足 1 年，夏秋两季鱼礁区生态系统均处于应对鱼礁扰动的调整阶段，群落整体尚未达到平衡状态，因此在夏秋两季没有明显的稳定性提升效应。

由于鱼礁投放初期对生态系统的扰动，生态系统需要时间来重新建立起具有稳定群落结构的鱼礁生态系统，因此人工鱼礁对稳定性的提升效应需要一定时间才能显现。我们需要对鱼礁区进行更长尺度的跟踪调查，才能充分评估人工鱼礁对觉华岛海域的修复效果和稳定性提升作用。

7.3.5 食物网关键环分析

基于建立的觉华岛夏秋 Ecopath 模型，根据 Jacquet 方法，计算各物种之间的相互作用强度如图 7.5 和图 7.6 所示。在夏季，相互作用强度最大的是其他底栖动物和头足类之间，为-15.6。而在秋季，相互作用强度最大的是浮游动物和浮游植物之间，达到-81。夏秋两季其他各物种之间的相互作用强度都比较小。

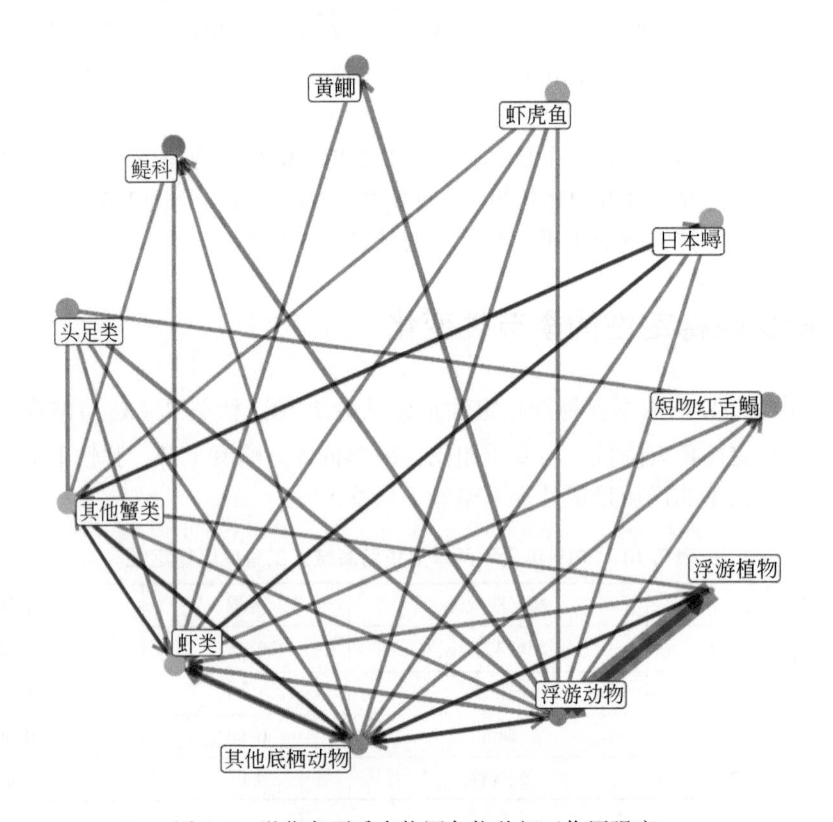

图 7.5 觉华岛夏季食物网各物种相互作用强度

根据 Johnson 算法，计算所有反馈环几何平均权重（图 7.7、图 7.8）。夏秋最长的环长分别有 6 个物种和 10 个物种，随着环长的增加，几何平均权重逐渐递减。除去三物种反馈环，对于固定长度的反馈环，其正负几何平均权重几乎关于 0 对称，可以认为其几何平均权重总和接近 0。最大的几何平均权重出现在三物种反馈环，夏秋两季其几何平均权重分别为 4 和 4.3，而其他反馈环几何平均权重几乎都在±2 之间。在夏季，如果把所有三物种反馈环几何平均权重加起来为 139.5，而所有两物种反馈环几何平均权重总和为-2999，其比值绝对值为 0.047。而秋季三物种反馈环和两物种反馈环几何平均权重总和之比为 295/5054=0.06，说明夏季觉华岛系统稳定性高于秋季。

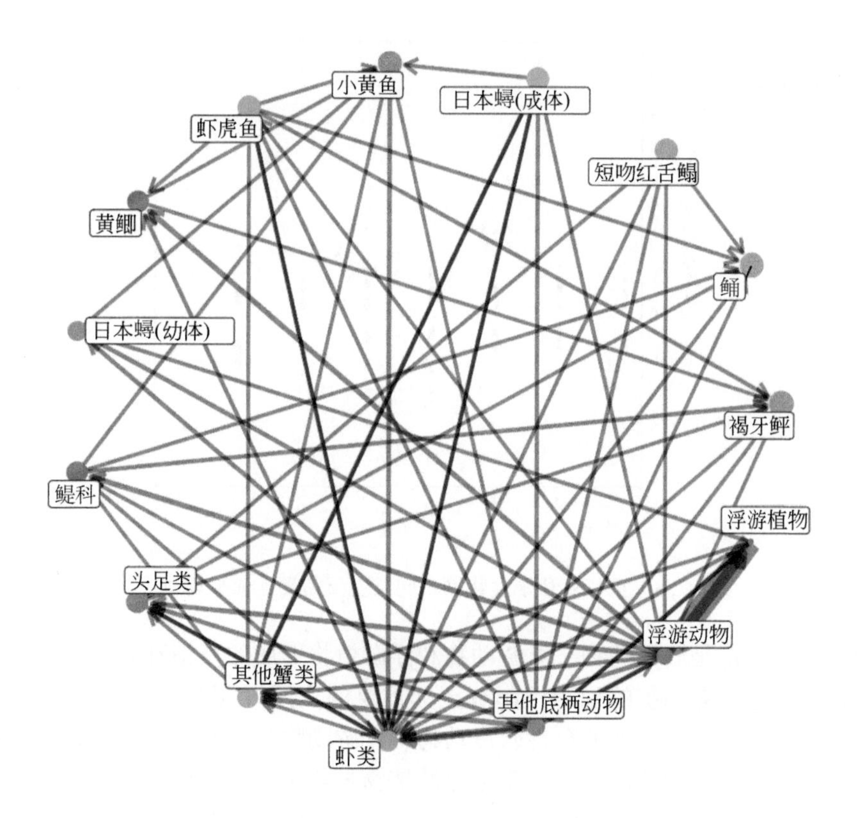

图 7.6　觉华岛秋季食物网各物种相互作用强度

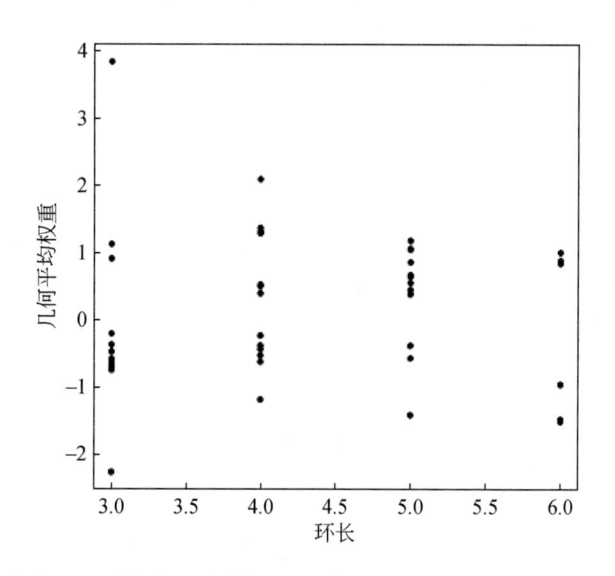

图 7.7　觉华岛夏季食物网不同长度反馈环几何平均权重

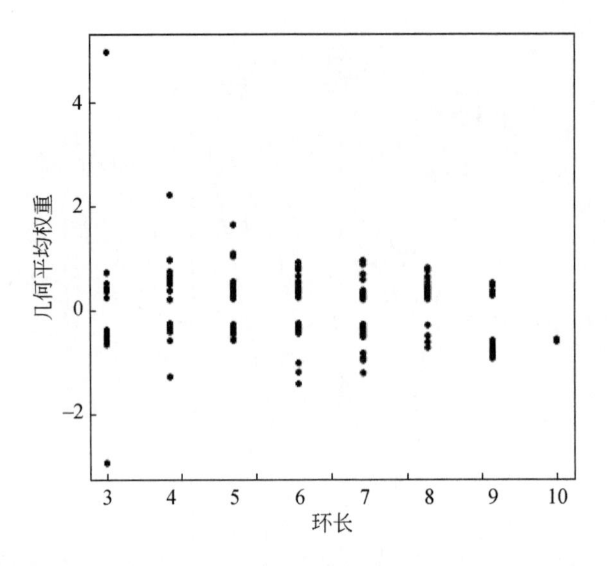

图 7.8　觉华岛秋季食物网不同长度反馈环几何平均权重

在夏秋两季，都是底栖动物、浮游动物和浮游植物形成的反馈环几何平均权重在所有反馈环中最大，它们对系统的稳定性起着至关重要的作用（图 7.9）。要想提高系统的稳定性，一个有效的方法是降低滤食性软体动物、浮游动物和浮游植物反馈环的几何平均权重。而该反馈环中最大的几何平均权重是浮游植物与浮游动物之间的相互作用强度，达到 −81.2，而其他几何平均权重最大为 18.3。降低浮游植物与浮游动物之间的相互作用强度对于提高系统稳定性起着事半功倍的作用。提高浮游动物密度可以降低它与浮游植物之间的相互作用强度，从而提高系统的稳定性。

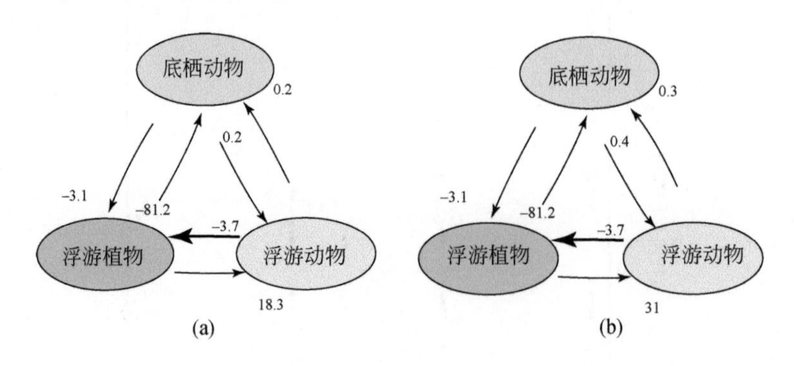

图 7.9　觉华岛夏季（a）和秋季（b）食物网关键环

参 考 文 献

窦硕增，杨纪明．1993. 渤海南部牙鲆的食性及摄食的季节性变化［J］．应用生态学报，1：74-77.

韩东燕．2013. 胶州湾主要虾虎鱼类摄食生态的研究［D］．青岛：中国海洋大学．

林群，李显森，李忠义，等．2013. 基于 Ecopath 模型的莱州湾中国对虾增殖生态容量［J］．应用生态学报，24（4）：1131-1140.

林群 . 2012. 黄渤海典型水域生态系统能量传递与功能研究［D］. 青岛：中国海洋大学 .
刘修泽，董婧，于旭光，等 . 2014. 辽宁省近岸海域的渔业资源结构［J］. 海洋渔业，36（4）：289-299.
马孟磊 . 2018. 基于 Ecopath 模型的典型半封闭海湾生态系统结构和功能研究［D］. 上海：上海海洋大学 .
孙康，徐斌 . 2007. 辽东湾渔业资源枯竭原因探究［J］. 辽宁大学学报（哲学社会科学版），35（2）：108-112.
孙习武，孙满昌，张硕等 . 2011. 海州湾人工鱼礁二期工程海域大型底栖生物初步研究［J］. 生物学杂志，28（1）：57-61.
王凯，章守宇，汪振华，等 . 2012. 马鞍列岛海域小黄鱼的食性［J］. 水生生物学报，36（6）：1188-1192.
王玮 . 2019. 基于稳定同位素分析与生态通道模型的西南黄海生态系统结构和能量流动分析［D］. 南京：南京大学 .
杨超杰，吴忠鑫，刘鸿雁，等 . 2016. 基于 Ecopath 模型估算莱州湾朱旺人工鱼礁区日本蟳、脉红螺捕捞策略和刺参增殖生态容量［J］. 中国海洋大学学报（自然科学版），46（11）：168-177.
杨纪明 . 2001a. 渤海无脊椎动物的食性和营养级研究［J］. 现代渔业信息，（9）：8-16.
杨纪明 . 2001b. 渤海鱼类的食性和营养级研究［J］. 现代渔业信息，（10）：10-19.
中华人民共和国农业部渔业局 . 2020. 中国渔业统计年鉴［M］. 北京：中国农业出版社 .

第 8 章 渤海庙岛生态系统特征及稳定性评估

庙岛群岛位于渤海南部，处于黄渤海交汇处，行政区划属于山东省烟台市蓬莱区，属于典型离岸海岛生态系统。潮汐为正规半日潮，潮差为 1.19m。是洄游性鱼类的迁徙通道。空气、水质、沉积物条件优越，海洋生物资源丰富，皱纹盘鲍（*Haliotis discus hannai*）、栉孔扇贝（*Chlamys farreri*）等为庙岛海域优势经济种群（Visser et al., 2012）。南部岛群城镇化率较高，开发利用程度较高，是蓬莱区的经济文化中心；海水养殖业发达，以扇贝、鲍鱼、海参、海带养殖为主；船舶运输频繁。北五岛以旅游和渔业捕捞为主。庙岛群岛海域的季节性渔业捕捞量较大，主要捕捞产品有鳀（*Engraulidae*）、大黄鱼（*Larimichthys crocea*）、小黄鱼（*Pseudosciaena polyactis*）、银鲳（*Pampus argenteus*）、蓝点马鲛（*Scomberomorus niphonius*）、鹰爪虾（*Trachypenaeus curvirostris*）等。岛上人口数量的稳步增长，渔业、海水养殖业、旅游业的快速发展，以及频繁的船舶运输给庙岛海域生态系统带来了巨大的压力。池源等（2017）的研究指出庙岛海域生态承载力已处于轻度超载状态。当前庙岛大泷六线鱼等底栖经济鱼种生境缺乏，生态系统食物网结构较为单一，营养层级较低。

8.1 样品采集与测定

为了增加关键生物资源栖息空间，修复受损食物网，提高生态系统稳定性。2018 年“黄渤海近海生物资源与环境效应评价及生态修复”项目开始在该海域进行人工鱼礁修复，鱼礁区分布及监测站位图见图 8.1。2019 年 4 月和 10 月对人工鱼礁区的侧扫声呐勘测结果显示，庙岛海域已投放人工鱼礁总量 $4.57\times10^4m^3$，总数 236 个。为比较人工鱼礁建设对庙岛群岛海域的生态修复效应，分别于 2019 年 10 月 17 日和 2020 年 10 月 26 ~ 27 日在庙岛海域进行海洋调查，评估生态系统特征和稳定性的年际变化。

对各监测站位的浮游植物、浮游动物、底栖生物和游泳动物进行采样和检测。生物样品采集方法与生物量计算见 6.1 节。

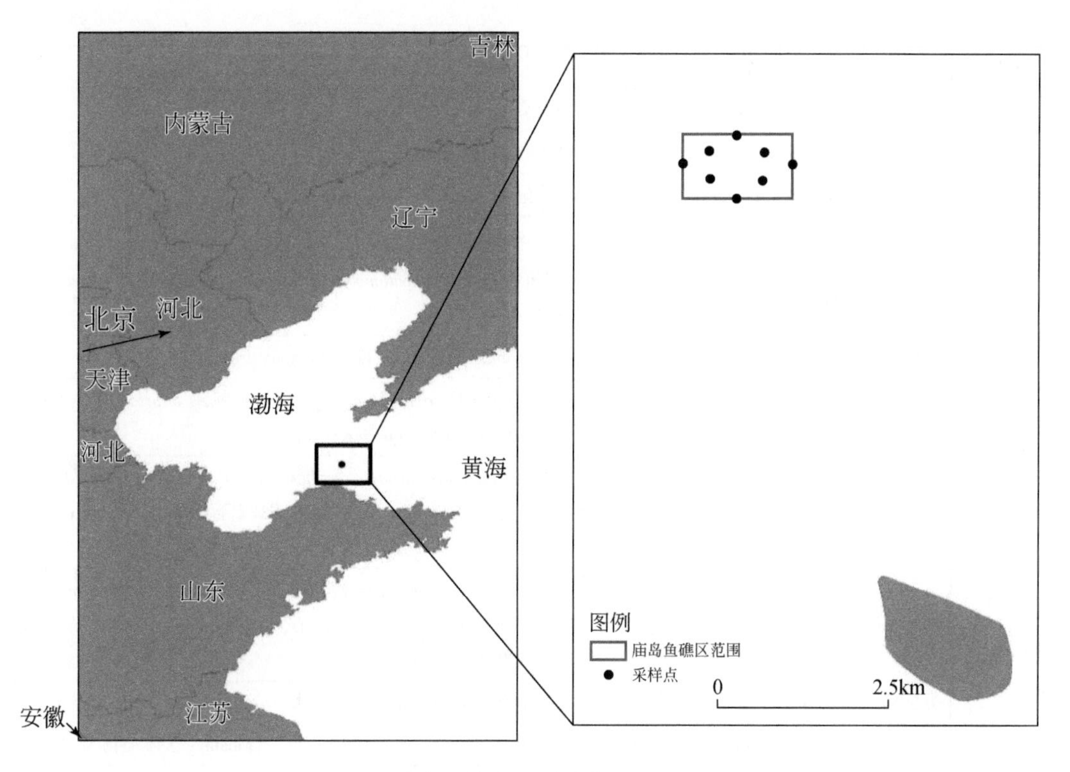

图 8.1 庙岛海域鱼礁区分布及监测站位图

8.2 模型分析

本研究利用 Ecopath with Ecosim（EwE）6.6，基于 2019 ~ 2020 年庙岛海域人工鱼礁区海洋调查结果，构建人工鱼礁区 Ecopath 模型，评估人工鱼礁区的生态系统结构和功能的年际变化，并基于 Ecopath 模型驱动 Ecosim 模型评估鱼礁区稳定性变化，从而评估人工鱼礁建设的生态修复效应。2019 ~ 2020 年庙岛鱼礁区 *P* 指数分别为 0.36、0.31，处于合理范围内，模型具有可信度。

8.2.1 功能组划分

根据研究海域渔业资源特点和调查生物的分类学特征，庙岛海域 2019 年共划分 17 个功能组，2020 年共划分个 15 功能组（表 8.1、表 8.2）。

表 8.1 2019 年庙岛海域人工鱼礁区功能组划分

编号	功能组	组成
1	短吻红舌鳎 *Cynoglossus joyneri*	短吻红舌鳎 *Cynoglossus joyneri*
2	鲬 *Platycephalus indicus*	鲬 *Platycephalus indicus*

续表

编号	功能组	组成
3	许氏平鲉 *Sebastes schlegeli*	许氏平鲉 *Sebastes schlegeli*
4	褐牙鲆 *Paralichthys olivaceus*	褐牙鲆 *Paralichthys olivaceus*
5	小黄鱼 *Pseudosciaena polyactis*	小黄鱼 *Larimichthys polyactis*
6	黄鲫 *Setipinna taty*	黄鲫 *Setipinna taty*
7	虾虎鱼 Gobiidae	拉氏狼牙虾虎鱼 *Odontamblyopus lacepedii*、矛尾虾虎鱼 *Chaemrichthys stigmatias*
8	其他中上层鱼类 other pelagic fishes	鳀 *Engraulis japonicus*、银鲳 *Pampus argenteus*
9	其他底层鱼类 other demersal fishes	短鳍红娘鱼 *Lepidotrigla micropterus*、长蛇鲻 *Saurida elongata*、多鳞鱚 *Sillago*（*sillago*）*sihama*
10	蟹类 Crabs	日本蟳 *Charybdis japonica*、三疣梭子蟹 *Portunus trituberculatus*、日本拟平家蟹 *Heikeopsis japonicus*、泥脚隆背蟹 *Carcinoplax vestita*、隆线强蟹 *Eucrate crenata*
11	虾类 Shrimps	口虾蛄 *Oratosquilla oratoria*、鹰爪虾 *Trachypenaeus curvirostris*、中国明对虾 *Fenneropenaeus chinensis*、鲜明鼓虾 *Alpheus distinguendus*、日本鼓虾 *Alpheus japonicus*
12	头足类 Cephalopod	日本枪乌贼 *Loligo japonica*、长蛸 *Octopus minor*
13	大型底栖生物 macrobenthos	甲壳类 Crustacea、棘皮动物 Echinodermata、软体动物 Mollusca 等
14	小型底栖生物 meiobenthos	多毛类 Polychaeta
15	浮游动物 zooplankton	刺胞动物 Cnidaria、桡足类 Copepods、端足目 Amphipoda、涟虫目 Cumacea、毛颚动物 Chaetognatha、浮游幼虫 larva 等
16	浮游植物 phytoplankton	硅藻门 Bacillariophyta、甲藻门 Pyrrophyta
17	碎屑 detritus	碎屑 detritus

表 8.2　2020 年庙岛海域人工鱼礁区功能组划分

编号	功能组	组成
1	短吻红舌鳎 *Cynoglossus joyneri*	短吻红舌鳎 *Cynoglossus joyneri*
2	油魣 *Sphyraena pinguis*	油魣 *Sphyraena pinguis*
3	银姑鱼 *Pennahia argentatus*	银姑鱼 *Pennahia argentatus*
4	黄鲫 *Setipinna taty*	黄鲫 *Setipinna taty*
5	虾虎鱼 Gobiidae	小头栉孔虾虎鱼 *Ctenotrypauchen microcephalus*、拉氏狼牙虾虎鱼 *Odontamblyopus lacepedii*、矛尾虾虎鱼 *Chaemrichthys stigmatias*
6	其他中上层鱼类 other pelagic fishes	青鳞小沙丁鱼 *Sardinella zunasi*
7	其他底层鱼类 other demersal fishes	方氏云鳚 *Enedrias fangi*、多鳞鱚 *Sillago*（*sillago*）*sihama*
8	蟹类 Crabs	隆线强蟹 *Eucrate crenata*、日本蟳 *Charybdis japonica*、三疣梭子蟹 *Portunus trituberculatus* 等
9	虾类 Shrimps	口虾蛄 *Oratosquilla oratoria*、鹰爪虾 *Trachypenaeus curvirostris*、日本鼓虾 *Alpheus japonicus*

续表

编号	功能组	组成
10	头足类 Cephalopoda	日本枪乌贼 *Loligo japonica*、长蛸 *Octopus cf. minor*
11	大型底栖生物 macrobenthos	甲壳类 Crustacea、软体动物 Mollusca、棘皮动物 Echinodermata、螠形动物 Echiura、腕足动物 Brachiopoda
12	小型底栖生物 meiobenthos	多毛类 Polychaeta
13	浮游动物 zooplankton	原生动物 protozoa、刺胞动物 Cnidaria、桡足类 Copepods、端足目 Amphipoda、浮游幼虫 larva
14	浮游植物 phytoplankton	硅藻门 Bacillariophyta、甲藻门 Pyrrophyta
15	碎屑 detritus	碎屑 detritus

8.2.2 模型输入参数来源

庙岛海域人工鱼礁区 Ecopath 模型输入参数 *B* 来自海洋调查；*P/B*、*Q/B* 参考黄渤海邻近海域 Ecopath 模型的输入参数（林群，2012；林群等，2013；杨超杰等，2016；马孟磊，2018；王玮，2019）。DC_{ij}参考 FishBase 胃（肠）含物分析结果（窦硕增和杨纪明，1993；杨纪明，2001a，2001b；王凯等，2012；韩东燕，2013）和黄渤海相关模型的食物矩阵（林群等，2013；王玮，2019）。庙岛参数 *Y* 参考《山东渔业统计年鉴》，庙岛模型输入数据见表 8.3 和表 8.4，食性组成见表 8.5 和表 8.6。

表 8.3　2019 年庙岛海域人工鱼礁区 Ecopath 模型输入参数

编号	功能组	生物量 /(t/km^2)	*P/B*	*Q/B*	EE	捕捞量 /[t/(km^2 · a)]
1	短吻红舌鳎	0. 0064	1. 4791	4. 9500		0. 0002
2	鲬	0. 0291	0. 7200	3. 6000		0. 0022
3	许氏平鲉	0. 0041	0. 9200	6. 8000		0. 0015
4	褐牙鲆	0. 0030	1. 6000	6. 9000		0. 0004
5	小黄鱼	0. 0163	1. 6580	5. 7000		0. 0075
6	黄鲫	0. 0011	1. 6970	9. 1000		0. 0007
7	虾虎鱼	0. 1742	1. 5900	5. 5000		0. 0056
8	其他中上层鱼类		1. 7400	8. 9000	0. 8888	0. 0445
9	其他底层鱼类	0. 0116	1. 5000	5. 1000		0. 0003
10	蟹类	0. 0445	3. 5000	12. 0000		0. 0004
11	虾类	0. 4167	8. 0000	30. 0000		0. 0411
12	头足类	0. 0186	2. 9400	12. 0000		0. 0037
13	大型底栖生物	5. 3125	1. 8000	8. 6000		0. 0334
14	小型底栖生物	1. 0650	9. 0000	33. 0000		

续表

编号	功能组	生物量/(t/km^2)	*P/B*	*Q/B*	EE	捕捞量/[t/(km^2·a)]
15	浮游动物	7.1415	25.0000	125.0000		
16	浮游植物	37.6372	130.0000			
17	碎屑	43.0000				

表 8.4　2020 年庙岛海域人工鱼礁区 Ecopath 模型输入参数

编号	功能组	生物量/(t/km^2)	*P/B*	*Q/B*	EE	捕捞量/[t/(km^2·a)]
1	短吻红舌鳎	0.0088	1.4791	4.9500		0.0002
2	油魣	0.0031	1.5200	5.4000		0.0003
3	白姑鱼	0.0100	1.0674	5.5000		0.0001
4	黄鲫	0.0517	1.6970	9.1000		0.0007
5	虾虎鱼	0.2631	1.5900	5.5000		0.0056
6	其他中上层鱼类		1.7400	8.9000	0.8888	0.0011
7	其他底层鱼类	0.0113	1.6000	6.0000		0.0003
8	蟹类	0.1840	3.5000	12.0000		0.0004
9	虾类	0.9772	8.0000	30.0000		0.0411
10	头足类	0.0849	2.9400	12.0000		0.0037
11	大型底栖生物	24.5263	1.8000	8.6000		0.0334
12	小型底栖生物	8.6800	9.0000	33.0000		
13	浮游动物	41.8500	25.0000	125.0000		
14	浮游植物		130.0000			
15	碎屑	43.0000				

表 8.5　2019 年庙岛海域人工鱼礁区食性矩阵

被捕食者/捕食者	1	2	3	4	5	6	7	8	9	10	11	12	13	14	15
1 短吻红舌鳎		0.067		0.062											
2 鲬															
3 许氏平鲉															
4 褐牙鲆															
5 小黄鱼			0.287	0.023											
6 黄鲫				0.041											

续表

被捕食者/捕食者	1	2	3	4	5	6	7	8	9	10	11	12	13	14	15
7 虾虎鱼	0.006	0.125	0.135	0.309	0.029		0.070								
8 其他中上层鱼类		0.101	0.022	0.313	0.170	0.020	0.064								
9 其他底层鱼类	0.025	0.056	0.045	0.123	0.056				0.030						
10 蟹类		0.018	0.034		0.054		0.018		0.120	0.050	0.005	0.060			
11 虾类	0.303	0.555	0.244	0.087	0.506	0.180	0.344	0.100	0.290	0.050		0.160			
12 头足类	0.114	0.078	0.200	0.042	0.008		0.000		0.020		0.001	0.020			
13 大型底栖生物	0.013				0.020		0.087		0.140	0.400	0.400	0.280	0.080		
14 小型底栖生物	0.053		0.034		0.100		0.078	0.080	0.100	0.150	0.120	0.060	0.150		
15 浮游动物	0.486				0.057	0.800	0.339	0.720	0.300	0.080	0.124	0.420	0.180	0.050	0.020
16 浮游植物								0.100		0.020	0.050		0.090	0.150	0.730
17 碎屑										0.250	0.300		0.500	0.800	0.250

表 8.6　2020 年庙岛海域人工鱼礁区食性矩阵

被捕食者/捕食者	1	2	3	4	5	6	7	8	9	10	11	12	13
1 短吻红舌鳎													
2 油魣													
3 白姑鱼													
4 黄鲫		0.154											
5 虾虎鱼	0.006	0.207	0.074		0.070								
6 其他中上层		0.298	0.038	0.020	0.064								
7 其他中下层	0.025	0.006	0.024				0.030						
8 蟹类			0.216		0.018		0.120	0.050	0.005	0.060			
9 虾类	0.303	0.050	0.645	0.180	0.344	0.100	0.290	0.050		0.160			
10 头足类	0.114	0.073			0.000		0.020		0.001	0.020			
11 大型底栖生物	0.013	0.212	0.003		0.087		0.140	0.400	0.400	0.280	0.080		
12 小型底栖生物	0.053				0.078	0.080	0.100	0.150	0.120	0.060	0.150		
13 浮游动物	0.486			0.800	0.339	0.720	0.300	0.080	0.124	0.420	0.180	0.050	0.020
14 浮游植物						0.100		0.020	0.050		0.090	0.150	0.730
15 碎屑								0.250	0.300		0.500	0.800	0.250

8.3 评估结果

8.3.1 食物网营养结构与能量传递的年际变化特征

庙岛海域人工鱼礁区食物网有两条能量流动途径，即以浮游植物为起点的牧食食物链和以碎屑为起点的碎屑食物链（图 8.2）。2019 年营养级范围为 1.00 ~ 4.33；鱼类共有 9 个功能组、13 个物种，营养级范围为 3.00 ~ 4.28；褐牙鲆、鲬、许氏平鲉 3 个物种占据了营养级Ⅳ，许氏平鲉营养级最高；此外黄鲫、鳀、银鲳等中上层鱼类，小黄鱼、短吻红舌鳎、长蛇鲻、多鳞鱚等底层鱼类和头足类等位于营养级Ⅲ。2020 年营养级范围为 1.00 ~ 4.05；鱼类共有 7 个功能组、10 个物种，营养级范围为 3.00 ~ 4.05；营养级Ⅳ仅有油魣 1 个物种，黄鲫、青鳞小沙丁鱼等中上层鱼类，白姑鱼、短吻红舌鳎、方氏云鳚、多鳞

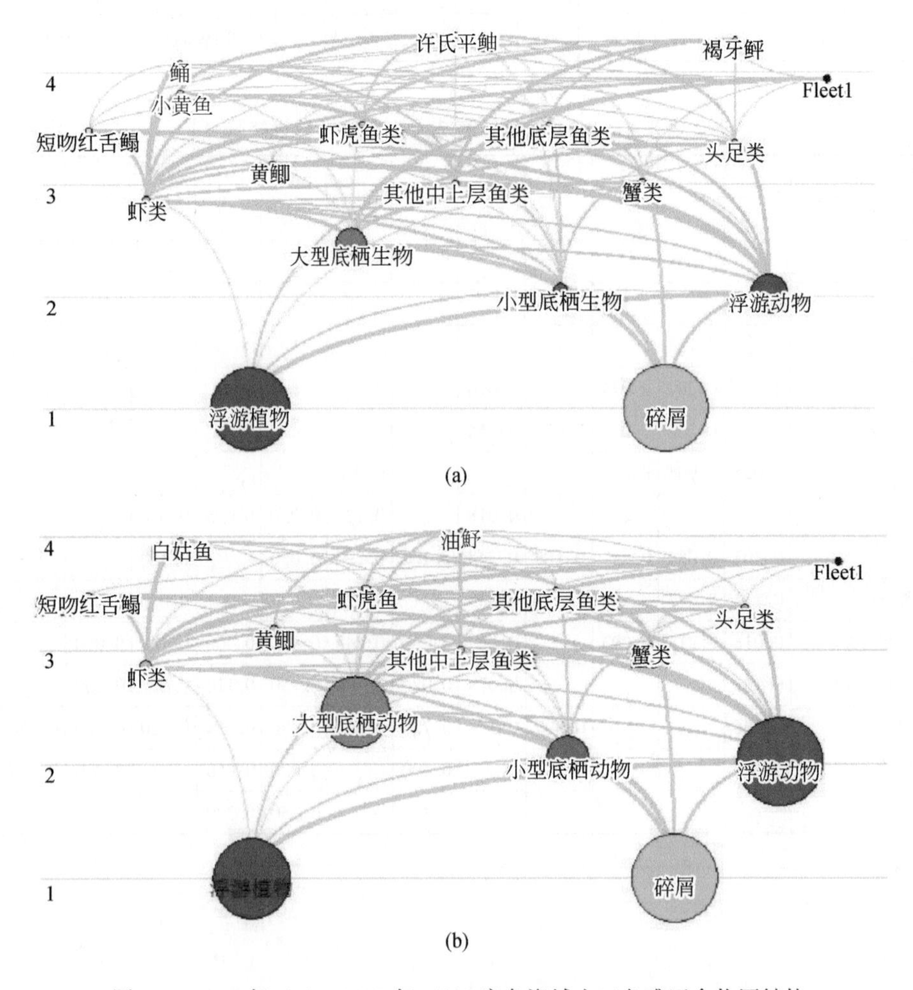

图 8.2　2019 年（a）、2020 年（b）庙岛海域人工鱼礁区食物网结构

鳕等底层鱼类位于营养级Ⅲ。

图 8.3 显示了 2019 年和 2020 年庙岛海域人工鱼礁区食物网营养级间的能量流动情况。与大神堂和觉华岛的人工鱼礁区类似，庙岛海域人工鱼礁区能量流动以牧食食物链为主。营养级Ⅰ和营养级Ⅱ占据了庙岛海域食物网大部分生物量和能量流动，低营养级占据了系统能流的主导地位。2019 年营养级Ⅰ和营养级Ⅱ占系统能流的比例分别为 90.74% 和 9.001%；2020 年分别占 55.48% 和 43.67%。2020 年营养级Ⅰ以上的能流相比 2019 年有一定提升，反映了系统能流逐渐向较高营养级分布的趋势，但营养级Ⅲ及以上的能流仍然相对较低。2020 年庙岛生态系统食物网能量传递效率下降（表 8.7）。营养级Ⅱ—Ⅲ传递效率的降低与次级生产力大幅提升有关。2020 年，由于鱼礁建设增加了饵料和栖息空间，营养级Ⅱ的浮游动物、小型底栖动物和大型底栖动物资源量大幅提升，而营养级Ⅲ资源量提升较少，使得营养级Ⅱ能量传递受阻而大量流入碎屑。营养级Ⅲ—Ⅳ和Ⅳ—Ⅴ能量传递效率降低明显，主要是因为高营养级肉食性捕食者较少。庙岛生态系统总体上营养传递效率降低，主要与低营养级生物资源量大幅提升和高营养级物种的缺乏有关，由于投礁时间较短，鱼礁对中高营养级物种的增殖效应还不明显，为了提高庙岛生态系统能量的利用效率，该生态系统应该配合进行增殖放流中高营养级生物。

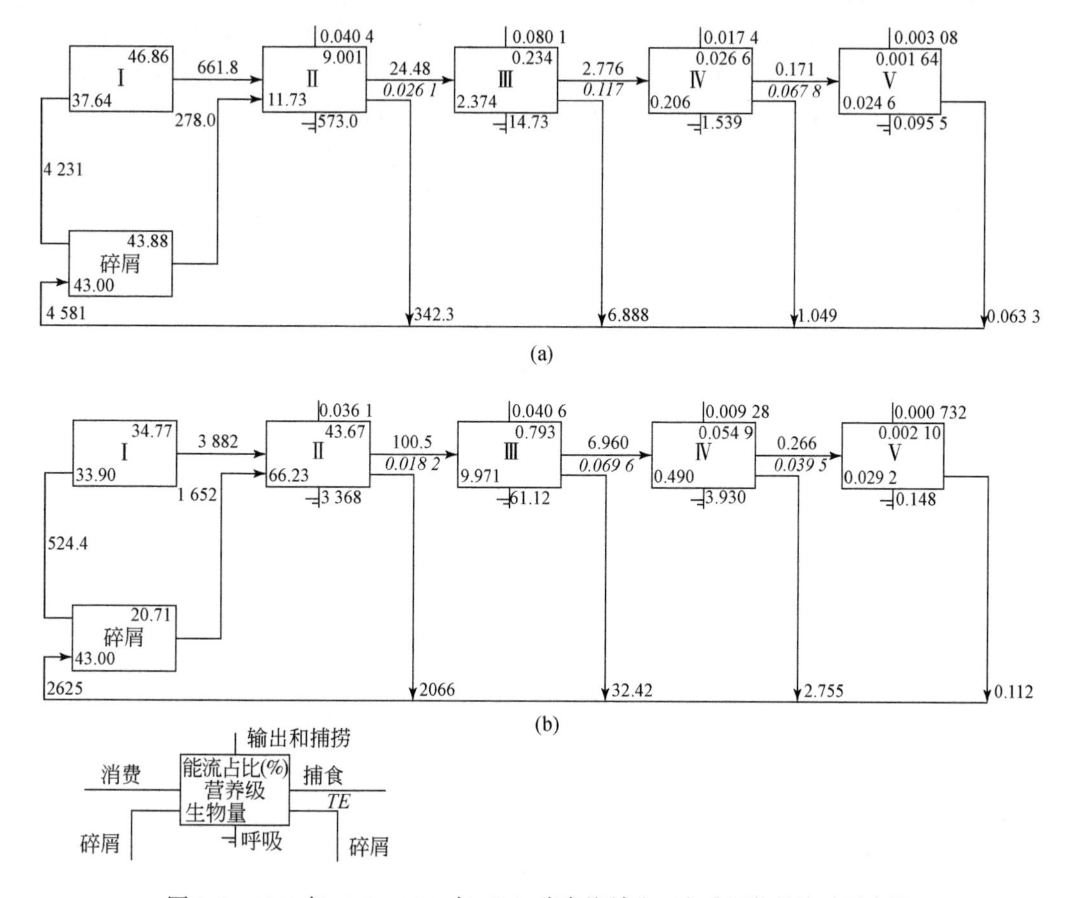

图 8.3　2019 年（a）、2020 年（b）庙岛海域人工鱼礁区能量流动示意图

表 8.7　2019～2020 年庙岛海域人工鱼礁区能量传递效率

营养级	2019 年	2020 年
Ⅱ	2.61	1.82
Ⅲ	11.67	6.96
Ⅳ	6.78	3.95
Ⅴ	7.00	2.56
总体	5.91	3.68

8.3.2　食物网特征的年际变化

2019 年和 2020 年食物网特征参数见表 8.8。2020 年高营养级游泳动物和中上层鱼类的物种数有所减少。2019～2020 年，CI 和 SOI 基本保持恒定，当前食物网复杂程度趋于稳定。与黄渤海其他生态系统相比（CI=0.20～0.44，均值为 0.27），CI 处于较高水平；庙岛海域人工鱼礁区 SOI 高于黄渤海大部分非人工鱼礁生态系统（SOI=0.09～0.21，均值为 0.14），但与崂山湾、獐子岛、荣成俚岛、莱州湾（吴忠鑫等，2012；许祯行等，2016；杨超杰等，2016；刘鸿雁等，2019；Xu et al.，2019）海域的人工鱼礁生态系统相比，处于中等水平（SOI=0.12～0.36，均值为 0.21）。庙岛海域人工鱼礁区食物网复杂程度目前虽已经较为稳定，但还有提高的空间，可以通过配合增殖放流高营养级物种来增加食物网复杂程度。

表 8.8　2019～2020 年庙岛群岛海域人工鱼礁区食物网特征

类别	参数	2019 年	2020 年
复杂性	生物功能组数量 NLG	17	15
	连接指数 CI	0.36	0.37
	系统杂食指数 SOI	0.19	0.19
	相互作用强度指数 ISI	7.42	8.79
循环	Finn 循环指数 FCI/%	1.33	13.94
	Finn 平均路径长度 FML	2.14	2.90
成熟度	总初级生产量/总呼吸量 TPP/TR	8.30	1.28
	总初级生产量/总生物量 TPP/TB	94.14	39.84
	相对聚合度 *A/C*/%	55.60	33.32
渔业捕捞	总捕捞量 TC/（t/km^2）	0.14	0.09
	渔获量平均营养级 MTLc	2.94	2.78
	渔业总效率 GE	2.89×10^{-5}	1.97×10^{-5}

2019 年庙岛海域人工鱼礁区 FCI 仅为 1.33%，FML 仅为 2.14，与黄渤海大部分生态系统和另外两个海域的鱼礁生态系统相比，生态系统循环水平较差，低循环水平会导致系统应对扰动的能力和恢复能力较差。2020 年 FCI 提高了 9.48 倍，食物网中参与再循环的能量比例大幅提升；FML 增加 35.51%，能量循环过程更加复杂，表明投礁后第 2 年，人工鱼礁增加了食物网营养物质的循环利用程度。

2019 年鱼礁区 TPP/TR 为 8.30，生态系统的总初级生产量远大于总呼吸量，生态系统中有较多能量未被利用，表明投礁后第 1 年，鱼礁区生态系统仍处于发育的幼年阶段，成熟度较低，可能与投礁初期鱼礁对底质环境的扰动有关。但 2020 年 TPP/TR、TPP/TB、*A/C* 分别降低了 84.58%、57.68%、40.07%，投礁后第 2 年庙岛海域人工鱼礁区成熟度大幅提升，并且 TPP/TR 达到 1.28，总初级生产量接近总呼吸量，表明生态系统已接近成熟水平。与大神堂海域相比（投礁第 6 年达到近似成熟水平），庙岛海域人工鱼礁区在投礁第 2 年就达到了接近成熟的状态，表明庙岛海域更快地适应了鱼礁初期的扰动，更快建立起完整健康的鱼礁生态系统。

庙岛海域的捕捞情况与渤海另外两个研究区域（大神堂海域和觉华岛海域）相似，渔获量平均营养等级较低，目前渔业仍以低营养级物种捕捞为主，渔业资源尚未恢复至较为丰富的水平。

总体而言，从食物网结构变化和发育的成熟程度的角度来看，人工鱼礁增加了食物网营养物质的循环利用程度和生态系统整体的成熟度。

8.3.3 食物网稳定性的年际变化

相较于 2019 年，2020 年庙岛海域鱼礁区附近局域稳定性和非局域稳定性均有明显提高（表 8.9）。投礁后第 2 年，$\mathrm{Re}(\lambda_{\max})$ 降低 54.76%，抵抗力提升 5.46 倍，弹性增加 51.35%，变异性降低 93.33%。表明人工鱼礁的建设提高了庙岛海域食物网稳定性，增强了生态系统抵抗外界干扰的能力和从扰动中恢复的能力，降低了群落面临扰动时的生物量波动，特别是食物网抗干扰能力大幅提升。

表 8.9　2019～2020 年庙岛海域人工鱼礁区稳定性

稳定性类别	稳定性指标	2019 年	2020 年
局域稳定性	$\mathrm{Re}(\lambda_{\max})$	0.42	0.19
非局域稳定性	抵抗力	0.79	5.10
	弹性	0.74	1.12
	变异性	0.15	0.01

8.3.4 庙岛生态系统食物网关键环分析

基于建立的庙岛 Ecopath 模型，根据 Jacquet 方法，计算各物种之间的相互作用强度

(图 8.4、图 8.5)。2019 年庙岛相互作用强度最大的是底栖生物和头足类之间，达到 -91.25。2020 年庙岛相互作用强度最大的是浮游植物和浮游动物之间，达到-91。其他各物种之间的相互作用强度都比较小。

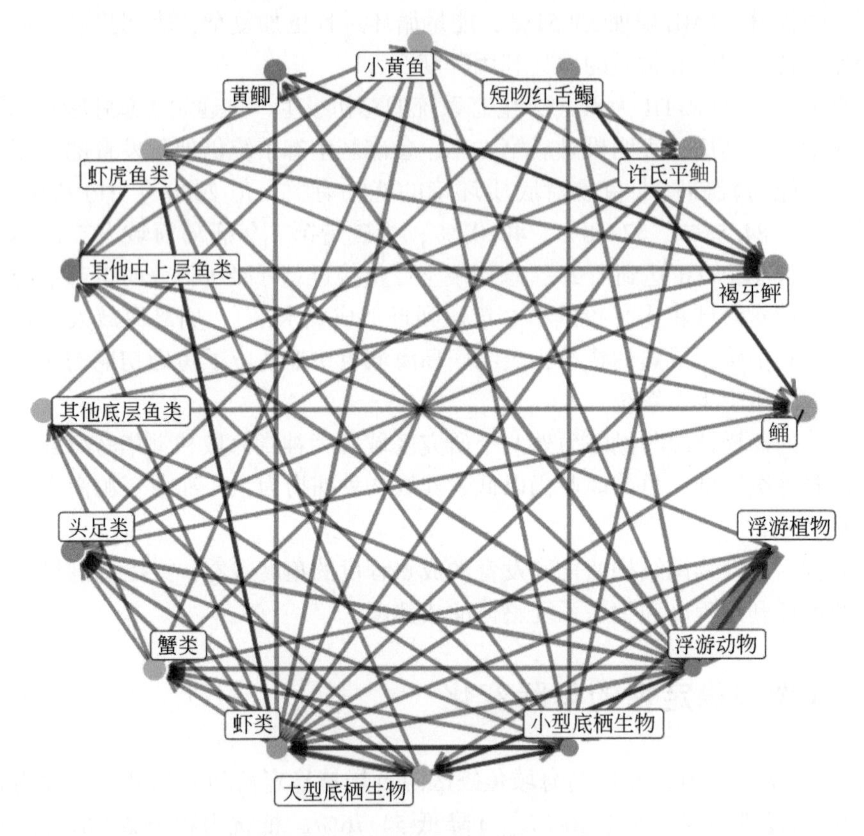

图 8.4　庙岛 2019 年食物网各物种相互作用强度（雅可比矩阵）

有了物种之间的相互作用强度（雅可比矩阵），根据 Johnson 算法，计算的所有反馈环几何平均权重如图 8.6 和图 8.7 所示。2019 年最长的环有 7 个物种，2020 年最长的环有 8 个物种。随着环长的增加，几何平均权重逐渐递减。除去三物种反馈环，对于固定长度的反馈环，其正负几何平均权重几乎关于 0 对称，可以认为其几何平均权重总和接近 0。2019 年最大的几何平均权重出现在三物种反馈环，其几何平均权重为 1.8，而其他几何平均权重几乎都在-0.5～1.5。所有三物种反馈环几何平均权重总和与两物种反馈环几何平均权重总和之比为 0.02。2020 年最大的几何平均权重出现在三物种反馈环，其几何平均权重为 3.5。所有三物种反馈环几何平均权重总和与两物种反馈环几何平均权重总和之比为 0.04，说明 2019～2020 年庙岛生态系统稳定性略有降低。

2019 年头足类、小型底栖动物和大型底栖动物形成的反馈环几何平均权重在所有反馈环中最大，它们对系统的稳定性起着至关重要的作用（图 8.8）。要想提高系统的稳定性，一个有效的方法是降低头足类、小型底栖动物和大型底栖动物反馈环的几何平均权重。而该反馈环中最大的几何平均权重是头足类和大型底栖动物之间的相互作用强度，达到-12，而其他几何平均权重最大才为-3.6。降低头足类和大型底栖动物之间的相互作用强度对提

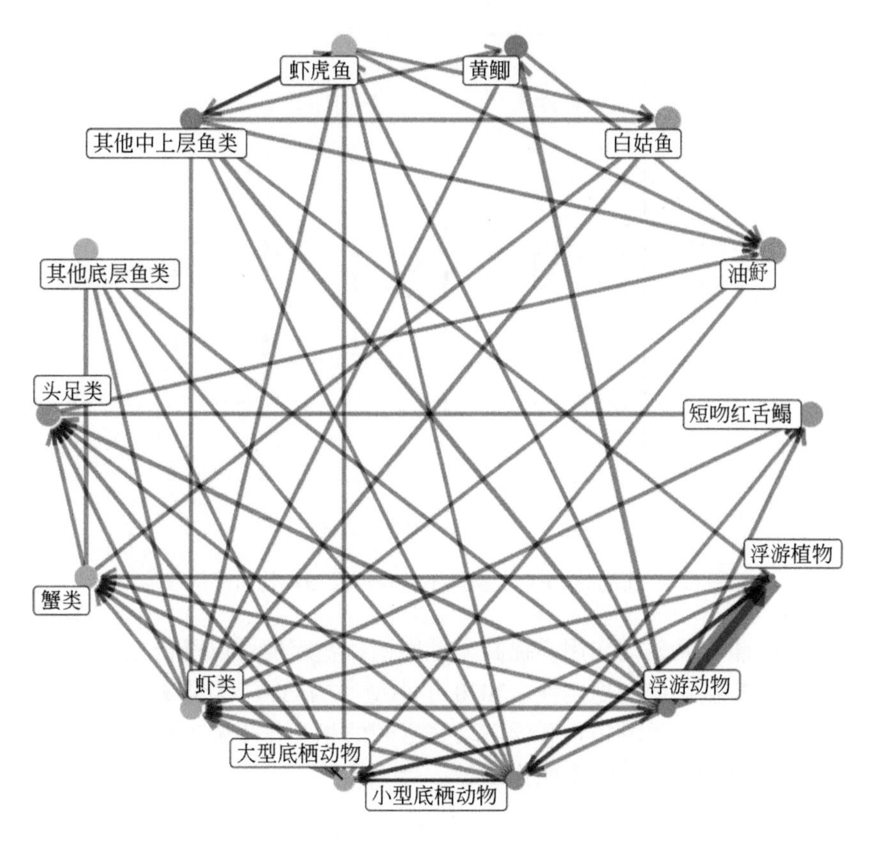

图 8.5　庙岛 2020 年食物网各物种相互作用强度（雅可比矩阵）

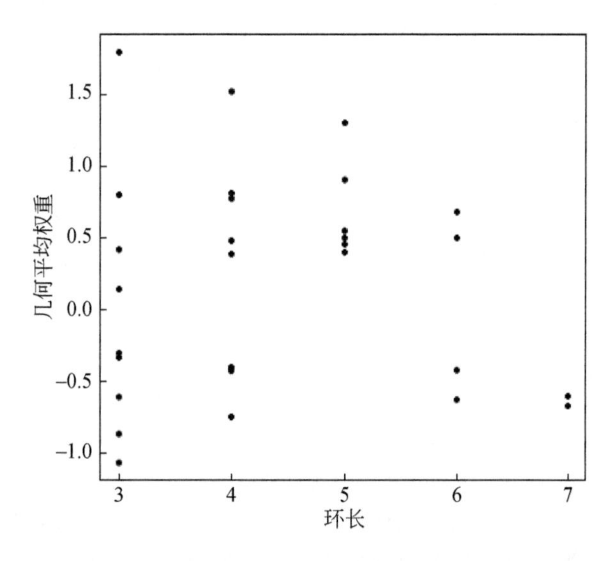

图 8.6　庙岛 2019 年食物网不同长度反馈环几何平均权重

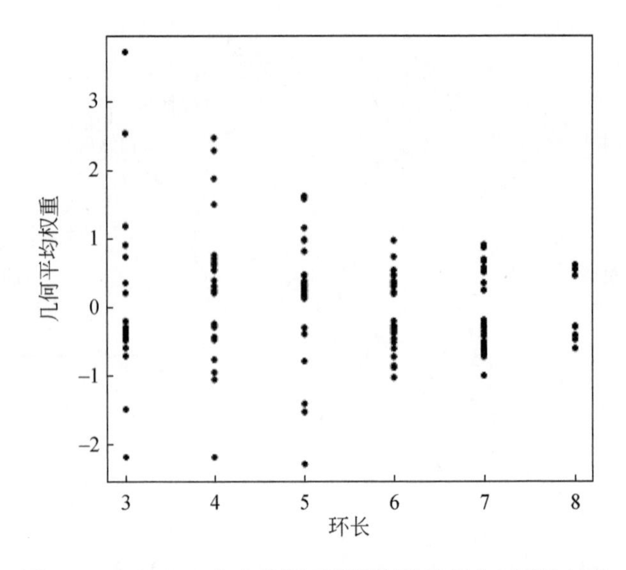

图 8.7　庙岛 2020 年食物网不同长度反馈环几何平均权重

高系统稳定性起着事半功倍的作用。提高大型底栖动物密度可以降低它与头足类之间的相互作用强度，从而提高系统的稳定性。2020 年小型底栖动物、浮游植物、浮游动物之间的几何平均权重最大，尤其浮游植物和浮游动物之间的相互作用强度最强，提高浮游动物密度对提高系统稳定性起着非常重要的作用。

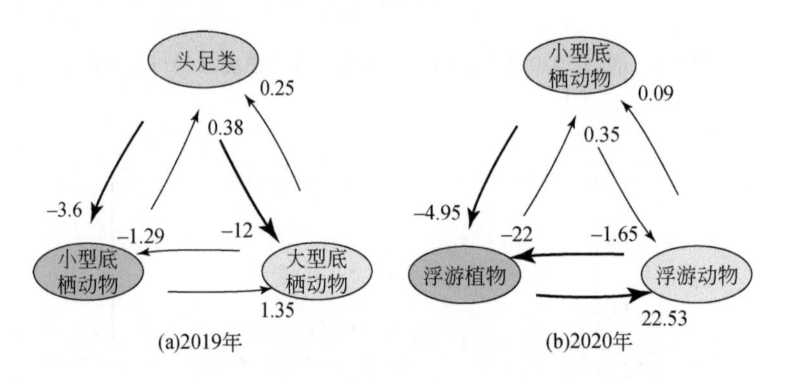

图 8.8　2019～2020 年庙岛食物网关键环

参 考 文 献

池源，石洪华，王媛媛，等 . 2017. 海岛生态系统承载力空间分异性评估——以庙岛群岛南部岛群为例［J］. 中国环境科学，37（3）：1188-1200.

窦硕增，杨纪明 . 1993. 渤海南部牙鲆的食性及摄食的季节性变化［J］. 应用生态学报，1：74-77.

韩东燕 . 2013. 胶州湾主要虾虎鱼类摄食生态的研究［D］. 青岛：中国海洋大学 .

孔梅，黄海军，高兴国，等 . 2010. 长岛县海岛开发活动的环境效应评价［J］. 海洋科学，34（10）：96-100.

林群，李显森，李忠义，等 . 2013. 基于 Ecopath 模型的莱州湾中国对虾增殖生态容量［J］. 应用生态学报, 24 (4): 1131-1140.

林群. 2012. 黄渤海典型水域生态系统能量传递与功能研究 [D]. 青岛: 中国海洋大学.

刘鸿雁, 杨超杰, 张沛东, 等. 2019. 基于 Ecopath 模型的崂山湾人工鱼礁区生态系统结构和功能研究 [J]. 生态学报, 39 (11): 3926-3936.

马孟磊. 2018. 基于 Ecopath 模型的典型半封闭海湾生态系统结构和功能研究 [D]. 上海: 上海海洋大学.

王凯, 章守宇, 汪振华, 等. 2012. 马鞍列岛海域小黄鱼的食性 [J]. 水生生物学报, 36 (6): 1188-1192.

王玮. 2019. 基于稳定同位素分析与生态通道模型的西南黄海生态系统结构和能量流动分析 [D]. 南京: 南京大学.

吴忠鑫, 张秀梅, 张磊, 等. 2012. 基于 Ecopath 模型的荣成俚岛人工鱼礁区生态系统结构和功能评价 [J]. 应用生态学报, 23 (10): 2878-2886.

许祯行, 陈勇, 田涛等. 2016. 基于 Ecopath 模型的獐子岛人工鱼礁海域生态系统结构和功能变化 [J]. 大连海洋大学学报, 31 (1): 85-94.

杨超杰, 吴忠鑫, 刘鸿雁, 等. 2016. 基于 Ecopath 模型估算莱州湾朱旺人工鱼礁区日本蟳、脉红螺捕捞策略和刺参增殖生态容量 [J]. 中国海洋大学学报 (自然科学版), 46 (11): 168-177.

杨纪明. 2001a. 渤海无脊椎动物的食性和营养级研究 [J]. 现代渔业信息, (9): 8-16.

杨纪明. 2001b. 渤海鱼类的食性和营养级研究 [J]. 现代渔业信息, (10): 10-19.

Visser A W, Mariani P, Pigolotti S. 2012. Adaptive behaviour, tri-trophic food-web stability and damping of chaos [J]. Journal of the Royal Society Interface, 9 (71): 1373-1380.

Xu M, Qi L, Zhang L B, et al. 2019. Ecosystem attributes of trophic models before and after construction of artificial oyster reefs using Ecopath [J]. Aquaculture Environment Interactions, 11: 111-127.

第9章　基于 eDNA 宏条形码技术的渤海湾食物网稳定性评估

9.1　基于 eDNA 宏条形码技术的海洋食物网稳定性评价方法

Ecopath 模型可以用于海洋生态系统的评估，该模型可以从系统的结构、功能和能量流动等角度进行分析，进而评估生态环境的稳定性。Ecopath 模型的构建依赖于实际调查，通常需要通过拖网捕捞或地笼诱捕等传统方法来获取研究区域的鱼类数据，然后通过形态学鉴定和称重来确定鱼类物种组成与丰度，这些方法通常会对研究区域的生物群落造成损伤、有违生物保护的初衷（Bayley and Peterson，2001；Bonar et al.，2017）。传统的采样调查方法存在花费高、耗时久、环境破坏程度高和人员要求高的问题。水体环境中数量少、个体小或隐蔽性强的鱼类难以通过传统调查捕捞到，而且调查到的鱼类物种鉴定依赖于鱼类分类经验丰富的人员，不少物种的形态学特征区别不明显导致鉴定过程中出现人为识别错误的可能。近年来，eDNA 宏条形码技术被提出作为代替传统形态学分析的监测水生生物的新方法，因为它不需要获取目标物种就可以直接利用环境样品识别物种信息，对环境和生物无创；检出率和敏感性高于传统方法，能够检测到环境中数量少、难捕捉的物种；节约人力、物力，仅需采取环境样本，不需要专业人员分析鉴定（Jerde et al.，2011；Olds et al.，2016）。

本章利用 eDNA 宏条形码技术与传统拖网方法调查渤海湾的鱼类物种组成与分布，比较两种调查方法的鱼类物种组成差异，验证 eDNA 宏条形码技术对渤海湾水域鱼类检测的适用性，为完善渤海湾生态系统物种组成和进一步构建食物网模型提供帮助。使用 Ecopath with Ecosim（EwE）6.6 版本，基于 2021 ~ 2022 年的四次海洋调查生物数据和测序数据，构建渤海湾 Ecopath 模型，对渤海湾海洋生态系统的结构和功能进行评估，并基于 Ecosim 模型模拟不同强度捕捞压力下功能组生物量的变化情况、评估生态系统的稳定性、判断 eDNA 宏条形码技术对补充模型的必要性（图 9.1）。

9.1.1　eDNA 宏条形码技术与传统方法的比较

于 2022 年 7 月对渤海湾进行鱼类资源调查，本次调查在渤海湾近岸设置 10 个调查位点，在每个位点都进行了鱼类拖网采样和 eDNA 水样采集。采样位点分布图如图 9.2 所示。

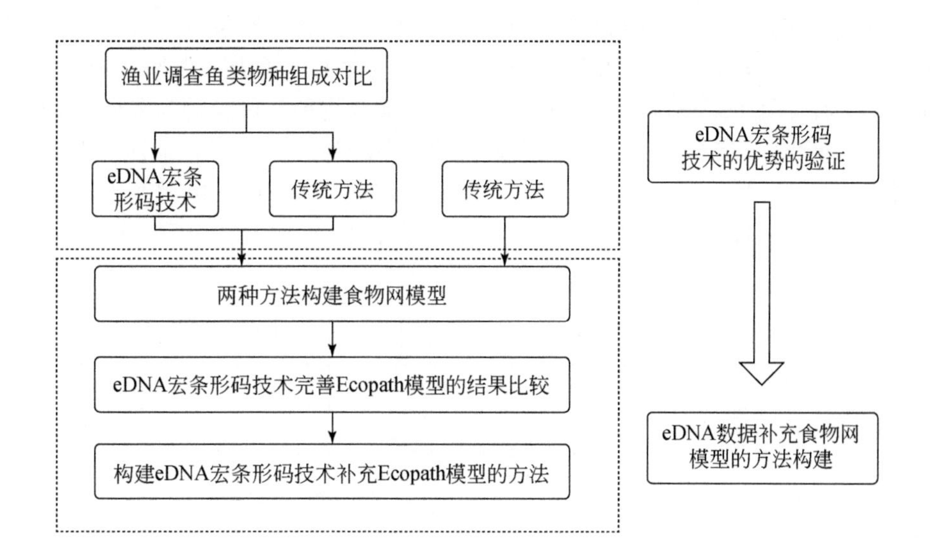

图 9.1　技术路线图

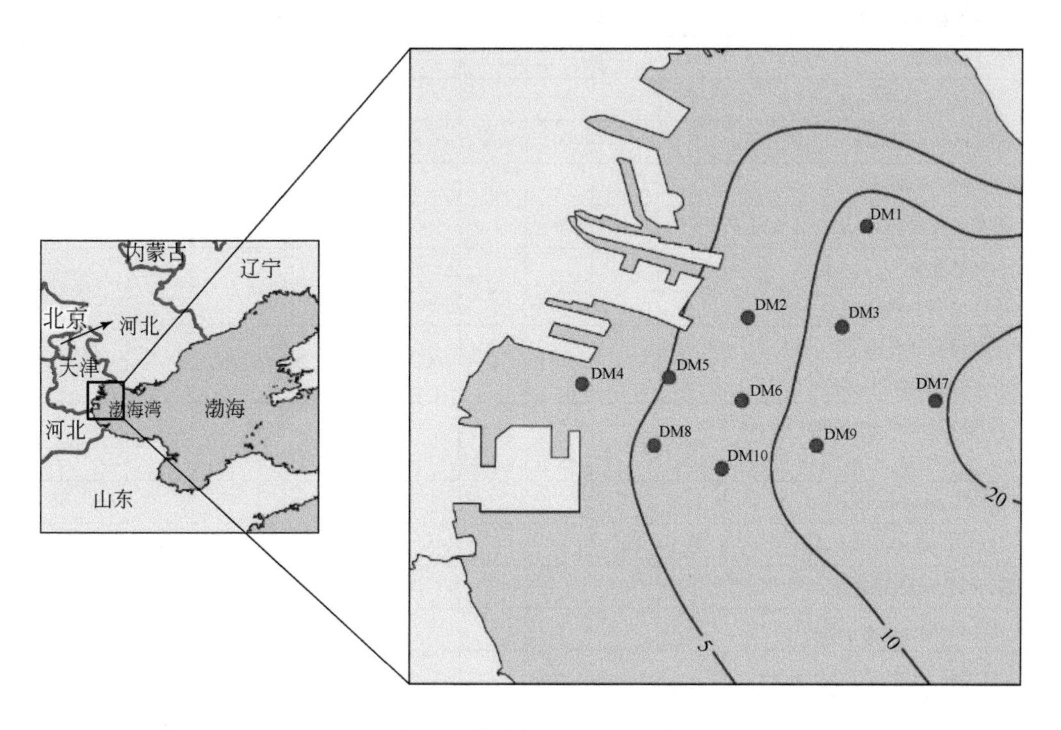

图 9.2　渤海大面调查采样点

1. 基于传统方法的鱼类物种组成

通过对渤海湾 10 个采样位点的渔业资源进行拖网调查，共获取鱼类 850 尾，经鉴定后共有 15 种，隶属 5 目 11 科 15 属（表 9.1）。其中鲈形目所包含的物种种类最多，有 9

种鱼类，占到了捕获物种的60.00%；鲱形目和鲽形目次之，各包含2种鱼类，占捕获物种的13.33%；数量最少的为鲤形目和鲀形目，仅包含1种鱼类，占捕获物种的6.67%。从物种分布来看，每个采样位点的物种组成不同，渔获物种数最少的为采样点DM8，捕捞到6种鱼类。斑鰶、花鲈、短吻红舌鳎在渤海的分布较为广泛，所有采样位点的渔获物中均存在斑鰶和花鲈，短吻红舌鳎仅在DM7中没有出现。马口鱼、斑尾刺虾虎鱼、小黄鱼和银鲳在渤海中分布较少，其中马口鱼只出现在了DM2采样点，斑尾刺虾虎鱼只出现在DM1采样点。

表9.1　传统方法下渤海湾鱼类组成与分布

目/科/种	DM1	DM2	DM3	DM4	DM5	DM6	DM7	DM8	DM9	DM10	总计[b]
一、鲱形目 Clupeiformes											
1. 鲱科 Clupeidae											
(1) 斑鰶 *Konosirus punctatus*	√	√	√	√	√	√	√	√	√	√	10
2. 鳀科 Engraulidae											
(2) 赤鼻棱鳀 *Thryssa kammalensis*		√		√			√	√		√	5
二、鲤形目 Cypriniformes											
3. 鲤科 Cyprinidae											
(3) 马口鱼 *Opsariichthys bidens*		√									1
三、鲈形目 Perciformes											
4. 虾虎鱼科 Gobiidae											
(4) 髭缟虾虎鱼 *Tridentiger barbatus*	√		√			√			√		4
(5) 红鳗虾虎鱼 *Taenioides rubicundus*			√	√	√				√		4
(6) 六丝钝尾虾虎鱼 *Amblychaeturichthys hexanema*	√		√	√	√	√	√	√	√	√	9
(7) 斑尾刺虾虎鱼 *Acanthogobius ommaturus*	√										1
5. 花鲈科 Lateolabracidae											
(8) 花鲈 *Lateolabrax maculatus*	√	√	√	√	√	√	√	√	√	√	10
6. 石首鱼科 Sciaenidae											
(9) 叫姑鱼 *Johnius grypotus*		√	√	√		√	√				5
(10) 小黄鱼 *Larimichthys polyactis*			√							√	2
7. 鲭科 Scombridae											
(11) 蓝点马鲛 *Scomberomorus niphonius*		√		√		√	√	√	√		6
8. 鲳科 Stromateidae											
(12) 银鲳 *Pampus argenteus*					√					√	2
四、鲽形目 Pleuronectiforme											

续表

目/科/种	DM1	DM2	DM3	DM4	DM5	DM6	DM7	DM8	DM9	DM10	总计[b]
9. 舌鳎科 Cynoglossidae											
(13) 短吻红舌鳎 *Cynoglossus joyneri*	√	√	√	√	√	√		√	√	√	9
10. 牙鲆科 Paralichthyidae											
(14) 褐牙鲆 *Paralichthys olivaceus*	√		√	√						√	4
五、鲀形目 Tetraodontiformes											
11. 鲀科 Tetraodontidae											
(15) 鲀 *Tetraodontidae*				√	√	√	√				4
总计[a]	7	7	9	10	7	8	7	6	7	8	

a. 各采样点检出物种总数。

b. 各物种被检测到的次数。

由图 9.3 可知本次调查不同位点鱼类捕获尾数的相对丰度和总相对丰度。总体来看，短吻红舌鳎相对丰度最高，为 51.7%，共捕获 509 尾；其次为斑鰶和花鲈，渔获尾数分别为 112 和 99，相对丰度分别为 12.6% 和 11.1%；其余鱼类的总相对丰度均低于 10.0%。其中，短吻红舌鳎在 DM3 和 DM4 号位点的相对丰度高，分别占到该位点渔获尾数的 49.2% 和 83.8%。赤鼻棱鳀、红狼牙虾虎鱼、斑鰶相对丰度高于 50.0% 的点位各有一个，分别是 DM2、DM7 和 DM10。本次基于传统方法拖网调查得到的优势种（$Y>0.02$，Y 为该物种尾数所占比例×调查位点的出现该物种的频率）为短吻红舌鳎、斑鰶、花鲈、赤鼻棱鳀和六丝钝尾虾虎鱼。

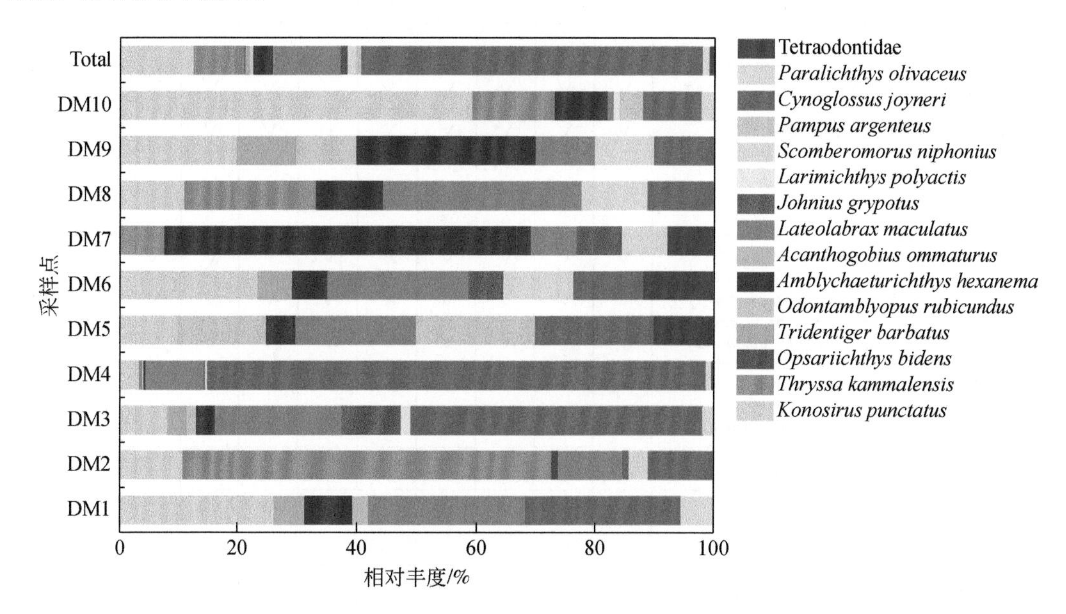

图 9.3　渤海基于传统方法检测各采样位点鱼类物种相对丰度

2. 基于 eDNA 宏条形码技术的鱼类物种组成

渤海调查的10个采样位点的测序数据通过拼接、OTU 聚类、数据库注释和剔除非鱼类序列后共获得有效物种序列 5 821 041 条，共鉴定到 17 种鱼类，隶属 6 目 10 科 17 属（表 9.2）。目级分类水平上，鲈形目占比最高，包含 9 种鱼类，占到检出鱼类数的 52.9%；鲱形目次之，包含 4 种鱼类，占到检出鱼类的 23.5%；银汉鱼目、颌针鱼目、鲻形目和鲽形目检测到的物种数都为 1，占 5.9%。科级水平以虾虎鱼科为主，包含 5 种鱼类，占到总物种数的 29.4%；鳀科、鲱科、鳚科各包含 2 种鱼类，占总数 11.8%。

表 9.2　eDNA 宏条形码技术调查下渤海湾鱼类组成与分布

目/科/种	DM1	DM2	DM3	DM4	DM5	DM6	DM7	DM8	DM9	DM10	总计[b]
一、银汉鱼目 Atheriniformes											
1. 银汉鱼科 Atherinidae											
（1）吴氏下银汉鱼 *Hypoatherina woodwardi*	√	√	√	√	√	√	√	√	√	√	10
二、颌针鱼目 Beloniformes											
2. 飞鱼科 Exocoetidae											
（2）斯氏燕鳐 *Cypselurus starksi*	√	√		√	√	√	√	√			7
三、鲱形目 Clupeiformes											
3. 鳀科 Engraulidae											
（3）鳀 *Engraulis japonicas*	√	√	√	√	√	√	√	√	√	√	10
（4）赤鼻棱鳀 *Thryssa kammalensis*	√	√	√	√	√	√	√		√		8
4. 鲱科 Clupeidae											
（5）斑鰶 *Konosirus punctatus*	√	√	√	√	√	√	√	√	√	√	10
（6）青鳞小沙丁鱼 *Sardinella zunasi*	√	√	√	√	√	√	√	√	√	√	10
四、鲈形目 Perciformes											
5. 虾虎鱼科 Gobiidae											
（7）矛尾刺虾虎鱼 *Acanthogobius hasta*	√	√	√	√	√	√	√	√	√	√	10
（8）矛尾虾虎鱼 *Chaeturichthys stigmatias*	√	√	√	√	√	√	√	√	√	√	10
（9）红鳗虾虎鱼 *Odontamblyopus rubicundus*	√	√	√	√	√	√	√	√	√		9
（10）髭缟虾虎鱼 *Tridentiger barbatus*	√	√	√	√	√	√	√	√		√	9
（11）纹缟虾虎鱼 *Tridentiger trigonocephalus*	√	√	√	√	√	√	√				7
6. 花鲈科 Lateolabracidae											
（12）花鲈 *Lateolabrax maculatus*	√	√	√	√	√	√	√	√			8
7. 鳚科 Blenniidae											
（13）斑点肩鳃鳚 *Omobranchus punctatus*	√		√	√							3
（14）美肩鳃鳚 *Omobranchus elegans*	√	√	√	√	√	√	√	√		√	9
8. 石首鱼科 Sciaenidae											
（15）叫姑鱼 *Johnius grypotus*	√	√	√	√	√	√	√	√			8

续表

目/科/种	DM1	DM2	DM3	DM4	DM5	DM6	DM7	DM8	DM9	DM10	总计[b]
五、鲻形目 Mugiliformes											
9. 鲻科 Mugilidae											
（16）鮻 *Liza haematocheila*	√	√	√	√	√	√	√	√	√	√	10
六、鲽形目 Pleuronectiforme											
10. 舌鳎科 Cynoglossidae											
（17）短吻红舌鳎 *Cynoglossus joyneri*		√			√	√	√	√			5
总计[a]	16	16	15	16	16	16	16	14	9	9	

a. 各采样点检出物种总数。

b. 各物种被检测到的次数。

不同采样点检测到的鱼类物种组成不同，10 个采样位点检测到的物种数都高于总种数的 50.0%，分别检测到 9～16 种鱼类。其中采样点 DM1～DM8 采样点检出的鱼类较多，检测到 14 种以上鱼类，占到总检出物种数的 80.0% 以上。吴氏下银汉鱼、鳀鱼、斑鰶、青鳞小沙丁鱼、矛尾刺虾虎鱼、矛尾虾虎鱼和鮻的检出率为 100%，在所有采样位点均有检出。斑点肩鳃鳚的检出率最低，仅在 3 个采样点被检测到。

17 种鱼类在各采样位点相对序列丰度如图 9.4 所示。相对序列丰度前三位是吴氏下银汉鱼（62.6%）、青鳞小沙丁鱼（23.7%）和鮻（3.0%），其余物种的相对丰度都低于 2.0%。eDNA 宏条形码技术调查的优势种（Y>0.02）仅有吴氏下银汉鱼和青鳞小沙丁鱼两种，其中吴氏下银汉鱼在一半采样位点的相对丰度都超过 50.0%，远远高于其他物种。

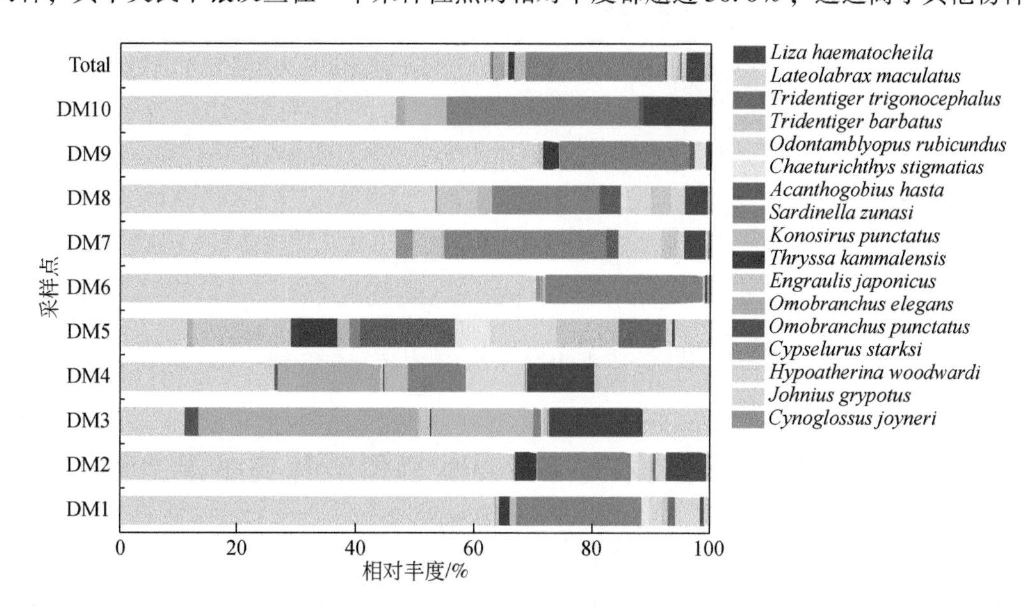

图 9.4　渤海基于 eDNA 宏条形码技术检测各采样位点鱼类物种序列相对丰度

3. 传统方法与 eDNA 宏条形码技术检测结果比较

将传统方法与 eDNA 宏条形码技术检测到的鱼类调查结果进行统计比较（图 9.5），通过传统方法检测到 15 种鱼类，通过 eDNA 宏条形码技术检测到 17 种鱼类，两种调查方法共检测到 25 种鱼类，且都以鲈形目为主，鲱形目次之。共同检测到的鱼类有 7 种，占鱼类物种总数的 28.0%，分别为赤鼻绫鳀、斑鰶、红狼牙虾虎鱼、钟馗虾虎鱼、花鲈、叫姑鱼和短吻红舌鳎。eDNA 宏条形码技术检测到的鱼类中有 10 种是拖网捕捞没有捕获到的鱼类，其中日本鳀、青鳞小沙丁鱼、鮻属于渤海常见的经济鱼类，在每个采样位点都通过 eDNA 宏条形码技术检测到，其余 7 种鱼类在渤海历史渔业调查中也均有记录。eDNA 宏条形码技术检测水环境中的鱼类物种依赖于所用引物与鱼类目标序列结合并扩增，用扩增后的序列对比公共数据库，得到鱼类的物种信息。本研究所选择的引物与大部分鱼类基因适配，但不排除与某些特定鱼类基因的亲和度不够高，最终导致物种扩增失败。eDNA 在水体中会降解，本研究调查时间在夏季，高温导致渤海水体中的 DNA 降解速率加快，可能导致“假阴性”的检测结果。因此，在后续调查中应在采样现场立刻过滤水样，以减少采样过程中 eDNA 的降解；完善引物设计，可以使用标记位点不同的引物，增加物种检出的概率；丰富现有的物种数据库，为测序序列对比提供更加全面的数据库支持。

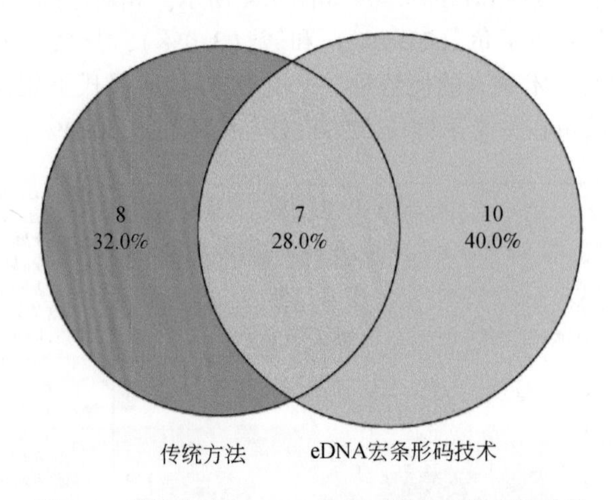

图 9.5　传统方法和 eDNA 宏条形码技术调查物种数

9.1.2　eDNA 宏条形码技术对 Ecopath 模型的补充结果比较

在 2021 年 11 月和 2022 年 6 月对渤海湾进行采样调查，2022 年 11 月对大神堂海域人工鱼礁区和非鱼礁区进行采样调查，调查内容包含鱼类、底栖生物和浮游生物。采样位点如图 9.6所示。模型主要参数见表 9.3 ~ 表 9.10。

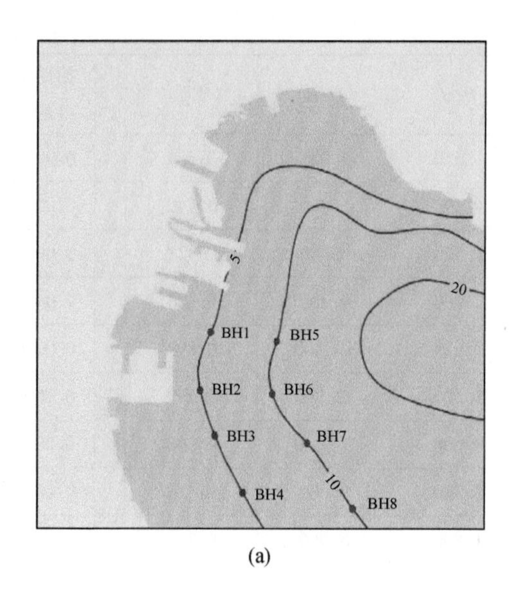

(a)

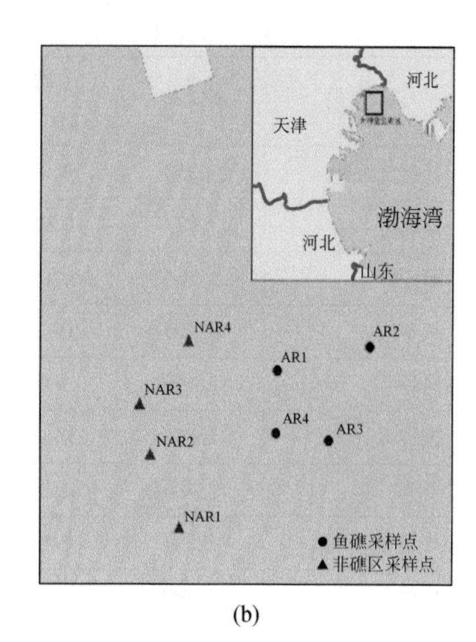

(b)

图 9.6　渤海湾（a）和大神堂（b）采样位点空间分布图

表 9.3　传统方法构建的冬季渤海湾模型参数（斜体为模型估计参数）

编号	功能组	营养级	生物量/(t/km²)	P/B	Q/B	EE	捕捞量/[t/(km²·a)]
1	花鲈	*3.850*	0.088	1.058	4.000	*0.852*	0.0681
2	短吻红舌鳎	*4.090*	0.010	0.850	4.300	*0.184*	0.0009
3	虾虎鱼	*3.474*	0.058	1.590	6.320	*0.748*	0.0019
4	许氏平鲉	*3.558*	0.013	1.550	7.048	*0.524*	0.0008
5	斑鰶	*2.366*	0.095	1.520	5.400	*0.470*	0.0007
6	蟹类	*2.894*	0.183	3.500	12.000	*0.351*	0.0008
7	虾类	*2.886*	0.300	8.000	28.000	*0.323*	0.0016
8	头足类	*3.334*	0.262	3.300	8.000	*0.124*	0.0016
9	底栖生物	*2.189*	*5.939*	1.800	8.600	0.719	
10	浮游动物	*2.053*	8.549	25.000	125.000	*0.303*	
11	浮游植物	*1.000*	12.582	130.000		*0.430*	
12	碎屑	*1.000*	41.000			*0.272*	

表 9.4　eDNA 宏条形码技术补充后冬季渤海湾模型参数（斜体为模型估计参数）

编号	功能组	营养级	生物量/(t/km²)	P/B	Q/B	EE	捕捞量/[t/(km²·a)]
1	花鲈	*3.924*	0.088	1.058	4.000	*0.806*	0.0681
2	鲬	*4.010*	0.010	0.850	4.300	*0.188*	0.0009

续表

编号	功能组	营养级	生物量/(t/km²)	P/B	Q/B	EE	捕捞量/[t/(km²·a)]
3	短吻红舌鳎	*3.558*	0.013	1.550	7.048	*0.524*	0.0008
4	虾虎鱼	*3.474*	0.058	1.590	6.320	*0.540*	0.0019
5	鲮	*2.366*	0.095	1.520	5.400	*0.428*	0.0007
6	日本鳀	*3.206*	*0.145*	2.900	9.700	0.306	0.0400
7	斑鰶	*2.590*	*0.008*	0.623	10.400	0.893	0.0010
8	蟹类	*2.894*	0.183	3.500	12.000	*0.397*	0.0008
9	虾类	*2.886*	0.300	8.000	28.000	*0.394*	0.0016
10	头足类	*3.334*	0.262	3.300	8.000	*0.118*	0.0016
11	底栖动物	*2.189*	*6.026*	1.800	*8.600*	0.719	
12	浮游动物	*2.053*	8.549	25.000	125.000	*0.309*	
13	浮游植物	*1.000*	12.582	130.000		*0.430*	
14	碎屑	*1.000*	41.000			*0.272*	

表 9.5 传统方法构建的夏季渤海湾模型参数（斜体为模型估计参数）

编号	功能组	营养级	生物量/(t/km²)	P/B	Q/B	EE	捕捞量/[t/(km²·a)]
1	花鲈	*4.062*	0.064	1.058	4.945	*0.731*	0.0392
2	小黄鱼	*4.003*	0.010	1.660	5.700	*0.764*	0.0039
3	虾虎鱼	*3.492*	0.065	1.590	6.320	*0.722*	0.0021
4	日本鳀	*3.206*	0.050	2.900	9.700	*0.843*	0.0400
5	焦氏舌鳎	*3.558*	0.018	1.550	7.048	*0.263*	0.0011
6	蟹类	*2.894*	0.238	3.500	12.000	*0.204*	0.0008
7	虾类	*2.886*	0.537	8.000	28.000	*0.132*	0.0016
8	头足类	*3.334*	0.036	3.300	11.970	*0.696*	0.0016
9	其他底栖	*2.189*	8.338	1.800	8.600	*0.777*	
10	浮游动物	*2.053*	9.554	25.000	125.000	*0.315*	
11	浮游植物	*1.000*	19.000	130.000		*0.319*	
12	碎屑	*1.000*	43.000			*0.194*	

表 9.6 eDNA 宏条形码补充后夏季渤海湾模型参数（斜体为模型估计参数）

编号	功能组	营养级	生物量 /(t/km²)	*P/B*	*Q/B*	EE	捕捞量 /[t/(km²·a)]
1	花鲈	*3.954*	0.064	1.058	4.945	*0.728*	0.0390
2	小黄鱼	*3.996*	0.010	1.660	5.700	*0.764*	0.0039
3	虾虎鱼	*3.503*	0.065	1.590	6.320	*0.432*	0.0021
4	日本鳀	*3.206*	0.050	2.900	9.700	*0.831*	0.0400
5	赤鼻棱鳀	*3.325*	*0.002*	2.900	*9.700*	0.923	
6	短吻红舌鳎	*3.558*	0.018	1.550	7.048	0.264	0.0011
7	叫姑鱼	*3.634*	*0.006*	0.974	7.300	0.912	
8	青鳞小沙丁鱼	*3.058*	*0.025*	2.000	12.860	0.645	
9	鲮	*2.366*	*0.042*	1.520	5.400	0.654	0.0007
10	蟹类	*2.894*	0.238	3.500	12.000	*0.213*	0.0008
11	虾类	*2.886*	0.537	8.000	28.000	*0.135*	0.0016
12	头足类	*3.334*	0.036	3.300	11.970	*0.696*	0.0016
13	其他底栖	*2.189*	8.338	1.800	8.600	*0.784*	
14	浮游动物	*2.053*	9.554	25.000	125.000	*0.316*	
15	浮游植物	*1.000*	19.000	130.000		*0.319*	
16	碎屑	*1.000*	43.000			*0.194*	

表 9.7 传统方法构建的大神堂非鱼礁区模型参数（斜体为模型估计参数）

编号	功能组	营养级	生物量 /(t/km²)	*P/B*	*Q/B*	EE	捕捞量 /[t/(km²·a)]
1	花鲈	*3.792*	0.020	1.058	4.000	*0.681*	0.0127
2	短吻红舌鳎	*3.558*	0.008	1.550	7.048	*0.206*	0.0011
3	虾虎鱼	*3.474*	0.025	1.590	6.320	*0.576*	0.0021
4	许氏平鲉	*4.071*	0.001	1.490	5.250	*0.000*	
5	斑鰶	*3.325*	0.020	0.623	10.400	*0.601*	0.0010
6	蟹类	*2.894*	0.037	3.500	12.000	*0.219*	0.0008
7	虾类	*2.886*	0.067	8.000	28.000	*0.356*	0.0016
8	头足类	*3.334*	0.013	3.300	8.000	*0.507*	0.0016
9	底栖生物	*2.189*	1.243	1.800	8.600	*0.733*	
10	浮游动物	*2.053*	7.087	25.000	125.000	*0.263*	
11	浮游植物	*1.000*	6.110	130.000		*0.727*	
12	碎屑	*1.000*	41.000			*0.518*	

表 9.8 eDNA 宏条形码补充后大神堂非鱼礁区模型参数（斜体为模型估计参数）

编号	功能组	营养级	生物量 /(t/km²)	*P/B*	*Q/B*	EE	捕捞量 /[t/(km² · a)]
1	花鲈	*4.006*	0.020	1.058	4.000	*0.681*	0.0127
2	短吻红舌鳎	*3.578*	0.008	1.550	7.048	*0.120*	0.0011
3	半滑舌鳎	*3.896*	*0.003*	1.050	7.408	0.598	0.0008
4	方氏云鳚	*3.202*	*0.001*	1.500	6.500	0.626	
5	虾虎鱼	*3.474*	0.025	1.590	6.320	*0.598*	0.0021
6	许氏平鲉	*4.017*	0.001	1.490	5.250	*0.000*	
7	日本鳀	*3.206*	*0.067*	2.900	9.700	0.306	0.0400
8	青鳞小沙丁鱼	*3.058*	*0.001*	2.000	12.860	0.645	
9	鮻	*2.366*	*0.006*	1.520	5.400	0.428	0.0007
10	斑鰶	*2.523*	0.020	0.623	10.400	*0.601*	0.0010
11	皮氏叫姑鱼	*3.634*	*0.001*	0.974	7.300	0.912	
12	其他中上层鱼类	*3.042*	*0.000*	1.740	8.900	0.889	
13	其他底层鱼类	*3.157*	*0.097*	1.600	6.000	0.625	0.0772
14	蟹类	*2.894*	0.037	3.500	12.000	*0.936*	0.0008
15	虾类	*2.886*	0.067	8.000	28.000	*0.777*	0.0016
16	头足类	*3.334*	0.013	3.300	8.000	*0.795*	0.0016
17	底栖生物	*2.189*	1.243	1.800	8.600	*0.806*	
18	浮游动物	*2.053*	7.087	25.000	125.000	*0.266*	
19	浮游植物	*1.000*	6.110	130.000		*0.727*	
20	碎屑	*1.000*	41.000			*0.518*	

表 9.9 传统方法构建的大神堂海域人工鱼礁区模型参数（斜体为模型估计参数）

编号	功能组	营养级	生物量 /(t/km²)	*P/B*	*Q/B*	EE	捕捞量 /[t/(km² · a)]
1	花鲈	*3.986*	0.041	1.058	4.000	*0.365*	0.0127
2	短吻红舌鳎	*3.558*	0.008	1.550	7.048	*0.338*	0.0011
3	虾虎鱼	*3.474*	0.041	1.590	6.320	*0.543*	0.0021
4	赤鼻棱鳀	*3.325*	0.008	2.900	9.700	*0.932*	
5	方氏云鳚	*3.243*	0.006	4.620	15.140	*0.746*	
6	斑鰶	*2.523*	0.027	0.623	10.400	*0.834*	0.0010
7	蟹类	*2.894*	0.053	3.500	12.000	*0.338*	0.0008
8	虾类	*2.886*	0.093	8.150	28.900	*0.433*	0.0016
9	头足类	*3.334*	0.068	3.300	8.000	*0.174*	0.0016
10	底栖生物	*2.189*	3.093	1.800	8.600	*0.461*	

续表

编号	功能组	营养级	生物量/(t/km²)	P/B	Q/B	EE	捕捞量/[t/(km²·a)]
11	浮游动物	*2.053*	7.331	25.000	125.000	*0.280*	
12	浮游植物	*1.000*	5.280	130.000		*0.874*	
13	碎屑	*1.000*	43.000			*0.713*	

表 9.10　eDNA 宏条形码补充后大神堂海域人工鱼礁区域模型参数（斜体为模型估计参数）

编号	功能组	营养级	生物量/(t/km²)	P/B	Q/B	EE	捕捞量/[t/(km²·a)]
1	花鲈	*4.022*	0.041	1.058	4.000	*0.365*	0.0127
2	短吻红舌鳎	*3.558*	0.008	1.550	7.048	*0.159*	0.0011
3	半滑舌鳎	*3.898*	*0.005*	1.050	7.408	0.598	0.0008
4	方氏云鳚	*3.243*	*0.002*	1.500	6.500	0.626	
5	虾虎鱼	*3.474*	0.041	1.590	6.320	*0.589*	0.0021
6	日本鳀	*3.206*	*0.066*	2.900	9.700	0.306	0.0400
7	赤鼻棱鳀	*3.325*	0.008	2.900	9.700	*0.928*	0.0002
8	青鳞小沙丁鱼	*3.058*	*0.001*	2.000	12.860	0.645	
9	鲅	*2.366*	*0.012*	1.520	5.400	0.428	0.0007
10	斑鰶	*2.523*	0.027	0.623	10.400	*0.834*	0.0010
11	其他中上层鱼类	*3.042*	*0.000*	1.740	8.900	0.889	
12	其他底层鱼类	*3.157*	*0.096*	1.600	6.000	0.625	0.0772
13	蟹类	*2.894*	0.053	3.500	12.000	*0.840*	0.0008
14	皮皮虾	*2.886*	0.093	8.150	28.900	*0.796*	0.0016
15	头足类	*3.334*	0.068	3.300	8.000	*0.209*	0.0016
16	底栖生物	*2.189*	3.093	1.800	8.600	*0.479*	
17	浮游动物	*2.053*	7.331	25.000	125.000	*0.283*	
18	浮游植物	*1.000*	5.280	130.000		*0.874*	
19	碎屑	*1.000*	43.000			*0.714*	

1. 食物网结构对比

在四次渤海调查中，eDNA 宏条形码技术都检测到了传统方法没有采集到的鱼类，详情见表 9.11、表 9.12。由图 9.7 可以明显看出，eDNA 宏条形码技术和传统方法结合获取了更为丰富的鱼类数据，构建的食物网模型功能组数量更多，食物网更加复杂。

表 9.11 冬季和夏季渤海湾鱼类调查结果

目/科/种	冬季		夏季	
	eDNA 宏条形码技术	传统方法	eDNA 宏条形码技术	传统方法
一、鲸目 Cetacea				
1. 鼠海豚科 Phocaenidae				
(1) 江豚 *Neophocaena phocaenoides*	√			
二、鲱形目 Clupeiformes				
2. 鲱科 Clupeidae				
(2) 斑鰶 *Konosirus punctatus*	√			
(3) 青鳞小沙丁鱼 *Sardinella zunasi*				
3. 鳀科 Engraulidae			√	
(4) 日本鳀 *Engraulis japonicus*	√		√	√
(5) 赤鼻绫鳀 *Thryssa kammalensis*			√	
三、鲻形目 Mugiliformes				
4. 鲻科 Mugilidae				
(6) 鮻 *Liza haematocheila*	√	√	√	
四、鲈形目 Perciformes				
5. 虾虎鱼科 Gobiidae				
(7) 矛尾刺虾虎鱼 *Acanthogobius hasta*	√			
(8) 矛尾虾虎鱼 *Chaeturichthys stigmatias*	√	√	√	
(9) 小头栉孔虾虎鱼 *Ctenotrypauchen microcephalus*		√		
(10) 红鳗虾虎鱼 *Odontamblyopus rubicundus*	√		√	√
(11) 髭缟虾虎鱼 *Tridentiger barbatus*	√	√	√	√
6. 花鲈科 Lateolabracidae				
(12) 花鲈 *Lateolabrax maculatus*	√	√		√
7. 石首鱼科 Sciaenidae				
(13) 叫姑鱼 *Johnius grypotus*			√	
(14) 小黄鱼 *Larimichthys polyactis*				√
五、鲽形目 Pleuronectiforme				
8. 舌鳎科 Cynoglossidae				
(15) 短吻红舌鳎 *Cynoglossus joyneri*	√	√	√	√
(16) 半滑舌鳎 *Cynoglossus semilaevis*	√			
六、鲉形目 Scorpaeniformes				
9. 鲬科 Platycephalida				
(17) 鲬 *Platycephalus indicus*				
物种种类数	11	7	9	6

表 9.12　大神堂海域人工鱼礁区和非鱼礁区鱼类调查结果

目/科/种	人工鱼礁区		非鱼礁区	
	eDNA 宏条形码技术	传统方法	eDNA 宏条形码技术	传统方法
一、银汉鱼目 Atheriniformes				
1. 银汉鱼科 Atherinidae				
（1）吴氏下银汉鱼 *Hypoatherina woodwardi*	√		√	
二、颌针鱼目 Beloniformes				
2. 鱵科 Hemiramphidae				
（2）瓜氏下鱵 *Hyporhamphus quoyi*	√		√	
三、鲱形目 Clupeiformes				
3. 鳀科 Engraulidae				
（3）日本鳀 *Engraulis japonicas*	√		√	
（4）赤鼻棱鳀 *Thryssa kammalensis*		√		
4. 鲱科 Clupeidae				
（5）斑鰶 *Konosirus punctatus*	√	√	√	√
（6）青鳞小沙丁鱼 *Sardinella zunasi*	√		√	
四、鲈形目 Perciformes				
5. 鳚科 Blenniidae				
（7）美肩鳃鳚 *Omobranchus elegans*	√		√	
（8）方氏云鳚 *Pholis fangi*	√	√	√	
6. 杜父鱼科 Cottidae				
（9）松江鲈 *Trachidermus fasciatus*			√	
7. 虾虎鱼科 Gobiidae				
（10）矛尾刺虾虎鱼 *Acanthogobius hasta*	√		√	
（11）六丝钝尾虾虎鱼 *Amblychaeturichthys hexanema*	√	√	√	√
（12）矛尾虾虎鱼 *Chaeturichthys stigmatias*	√		√	
（13）红鳗虾虎鱼 *Odontamblyopus rubicundus*	√		√	
（14）小头副孔虾虎鱼 *Paratrypauchen microcephalus*	√			
（15）斑尾复虾虎鱼 *Synechogobius ommaturus*		√		√
（16）髭缟虾虎鱼 *Tridentiger barbatus*	√	√	√	√
（17）双带缟虾虎鱼 *Tridentiger bifasciatus*			√	
（18）纹缟虾虎鱼 *Tridentiger trigonocephalus*	√		√	
8. 花鲈科 Lateolabracidae				
（19）花鲈 *Lateolabrax maculatus*	√	√	√	√

续表

目/科/种	人工鱼礁区		非鱼礁区	
	eDNA 宏条形码技术	传统方法	eDNA 宏条形码技术	传统方法
9. 石首鱼科 Sciaenidae				
(20) 皮氏叫姑鱼 *Johnius belengerii*			√	
五、鲻形目 Mugiliformes				
10. 鲻科 Mugilidae				
(21) 鮻 *Liza haematocheila*	√		√	
(22) 鲻 *Mugil cephalus*	√		√	
六、鲽形目 Pleuronectiforme				
11. 舌鳎科 Cynoglossidae				
(23) 短吻红舌鳎 *Cynoglossus joyneri*	√	√	√	√
(24) 半滑舌鳎 *Cynoglossus semilaevis*	√		√	
七、鲭形目 Scombriformes				
12. 鲳科 Stromateidae				
(25) 银鲳 *Pampus argenteus*	√		√	
八、鲉形目 Scorpaeniformes				
13. 鲉科 Scorpaenidae				
(26) 许氏平鲉 *Sebastes schlegeli*				√
物种种类数	21	8	22	7

冬季传统方法检测到 8 种鱼类，合并为 5 个鱼类功能组。eDNA 宏条形码技术检测到 6 种传统方法没有采集到的鱼类，分别是日本鳀、半滑舌鳎、斑鰶、红鳗虾虎鱼、矛尾刺虾虎鱼和江豚。两种方法共获得 13 种鱼类，合并为 8 个鱼类功能组，由于不同虾虎鱼食性组成获取困难，将 5 种虾虎鱼合并为一个功能组（功能组可以帮助在物种级别上无法进行参数化的鱼类）；eDNA 宏条形码技术仅在一个样点检测到江豚，且序列数较低，因此不纳入食物网中。最终，综合方法（eDNA 宏条形码技术+传统方法）在原有的食物网模型中增加了 3 个功能组［图 9.7 的（A）、(a)］。

夏季渤海调查两种方法建立的食物网结构如图 9.7（B）、(b）所示，分别由 12 个和 16 个功能组组成。由表 9.11 可知夏季渤海传统方法仅检测到 6 种鱼类，eDNA 宏条形码技术检测到 9 种鱼类，两种方法共同检测到日本鳀、短吻红舌鳎、髭缟虾虎鱼和红鳗虾虎鱼 4 种鱼类，占总鱼类数的 36.4%。eDNA 宏条形码技术比传统方法多检测到的鱼类中，赤鼻棱鳀、叫姑鱼、青鳞小沙丁鱼和鮻可分别作为一个功能组纳入食物网模型中，矛尾刺虾虎鱼则合并到原有的虾虎鱼功能组中。

对渤海大神堂海域人工鱼礁区和非鱼礁区进行鱼类调查，传统方法在两个区域分别检测到鱼类 8 种和 7 种（表 9.12）；eDNA 宏条形码技术在两个区域分别检测到鱼类 20 种和 22 种。eDNA 宏条形码技术的鱼类检出率远高于传统方法。传统方法和综合方法获取的鱼

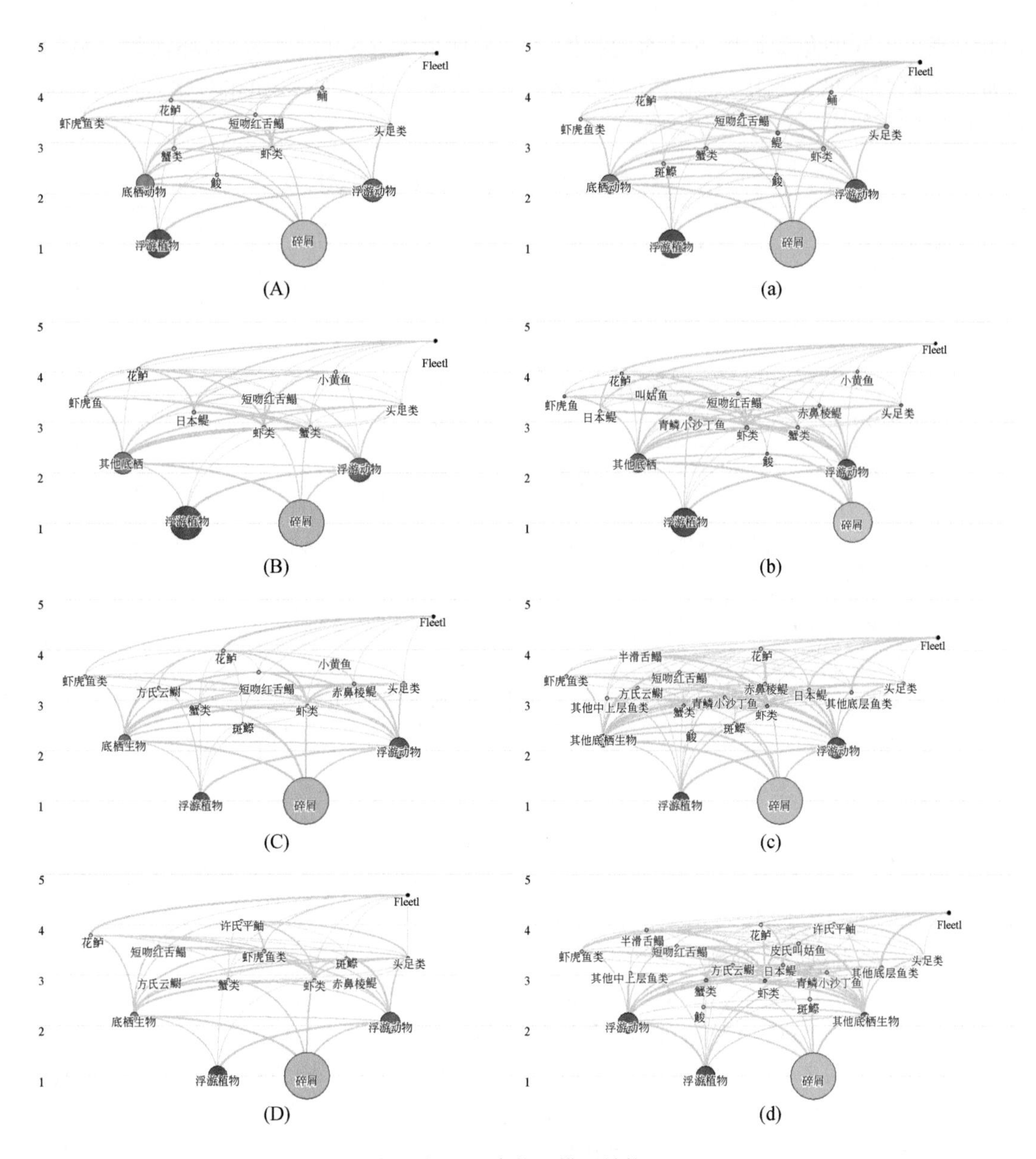

图 9.7　食物网模型结构

（A）和（a）、（B）和（b）、（C）和（c）、（D）和（d）分别代表对渤海冬季、夏季、鱼礁区、非鱼礁区的 4 次调查；（A）~（D）代表传统方法；（a）~（d）代表 eDNA 宏条形码技术与传统方法结合的综合方法

类数据建立的食物网如图 9.7（C）、（c）、（D）和（d）所示，通过 eDNA 宏条形码技术对鱼类数据的补充，人工鱼礁区和非鱼礁区的食物网模型分别增加 6 个和 8 个功能组。

2. 食物网成熟度指标对比

对比 4 次调查所构建的 8 个模型的结构功能参数，传统方法食物网模型的结构功能参数与传统方法+eDNA 宏条形码技术所建立模型的输出参数如表 9.13 所示。经过配对样本 t

检验发现，不同的鱼类调查方法对食物网系统杂食指数（SOI）、Finn 循环指数（FCI）、Finn 平均路径长度（FML）、总初级生产量/总呼吸量（TPP/TR）和相对聚合度（*A/C*）没有产生显著的影响。

表 9.13　两种方法建立的食物网模型特征参数比较

特征参数	采样方法	A	B	C	D	*p*
NLG	传统方法	12	12	13	12	0.041
	传统方法+eDNA 宏条形码技术	15	16	19	20	
CI	传统方法	0.46	0.47	0.43	0.44	0.005
	传统方法+eDNA 宏条形码技术	0.39	0.36	0.31	0.30	
SOI	传统方法	0.18	0.16	0.16	0.16	0.096
	传统方法+eDNA 宏条形码技术	0.18	0.18	0.22	0.21	
FCI/%	传统方法	6.67	4.7	18.01	13.51	0.08
	传统方法+eDNA 宏条形码技术	6.66	4.7	17.99	13.49	
FML	传统方法	2.50	2.37	2.98	2.8	0.641
	传统方法+eDNA 宏条形码技术	2.50	2.38	2.98	2.8	
TPP/TR	传统方法	2.41	3.22	1.21	1.47	0.391
	传统方法+eDNA 宏条形码技术	2.41	3.21	1.21	1.47	
TPP/TB	传统方法	58.3	65.32	42.76	54.29	0.018
	传统方法+eDNA 宏条形码技术	57.83	65.13	42.3	53.65	
A/C/%	传统方法	35.59	39.61	21.93	32.32	0.405
	传统方法+eDNA 宏条形码技术	35.49	39.57	31.82	32.21	

注：渤海湾冬季（A）、夏季（B）调查，大神堂海域人工鱼礁区（C）、非鱼礁区（D）调查。

eDNA 宏条形码技术补充显著影响了食物网的生物功能组数量（NLG，$p<0.05$）、连接性指数（CI，$p<0.01$）和总初级生产量/总生物量（TPP/TB，$p<0.05$）3 个指标。传统方法建立的食物网 NLG、CI、TPP/TB 指标平均值分别为 12.25、0.45 和 55.17；eDNA 宏条形码技术补充后 3 个食物网指标平均值分别为 17.50、0.34、54.73。说明将 eDNA 宏条形码技术检测到的鱼类物种补充到食物网中，显著增加了食物网的 NLG、物种的 CI 显著降低，食物网中初级生产者的能量的利用程度显著增加。这是因为食物网鱼类物种的增加提高了物种丰富度，而物种丰富度和 CI 之间存在负效应（Rooney and McCann，2012；Pimm et al.，1991），最终导致 CI 的降低。食物网中的鱼类物种增加必然导致食物网中总生物量的增加，食物网中的初级生产者能量的消耗量也随着物种的增多而增大，能量损耗减少，生态系统的成熟度变高。

3. 食物网稳定性指标对比

通过两种方法构建 4 对食物网模型，利用 Ecosim 模块对食物网施加不同程度的捕捞干扰（1.1～2.0 倍），共得到 40 组功能组生物量变化数据。利用生物量变化数据可以计算出每个功能组的稳定性指标，将所有功能组的抵抗力、恢复时间、变异性指标的均值作为该食物网相应指标的值；用功能组弹性的最小值来代表食物网的弹性。不同干扰水平下，测得的食物网稳定性不同，最终每个指标获得 80 个数据。对两种方法最终得到的稳定性指标做配对 t 检验，以判断调查采样方法对 Ecopath 食物网稳定性指标的影响。

由图 9.8 可知，结合 eDNA 宏条形码技术和传统方法的综合方法所构建的食物网模型稳定性指标与传统方法相比均有显著差异。eDNA 宏条形码技术对食物网模型的补充，本质上是在传统方法构建模型的基础上补充新的鱼类物种或鱼类功能组，增加了食物网的物种多样性。综合方法（传统方法+eDNA 宏条形码技术）得到的食物网抵抗力极显著低于传统方法（$p<0.01$），弹性显著低于传统方法（$p<0.05$），恢复时间和变异性极显著高于传统方法（$p<0.01$）。说明采样方法显著影响了所构建食物网模型的稳定性，物种组成更为丰富的食物网在受到外界干扰时的生物量的变化幅度更大，恢复到健康状态的速度更慢，所需要的时间也更久，稳定性也更差。这与 May（1973）、Pfisterer 和 Schmid（2002）的研究一致，生物多样性、复杂的捕食关系和物种相互作用会降低了群落和生态系统的恢复速度和抵抗干扰的能力，降低了系统的稳定性。

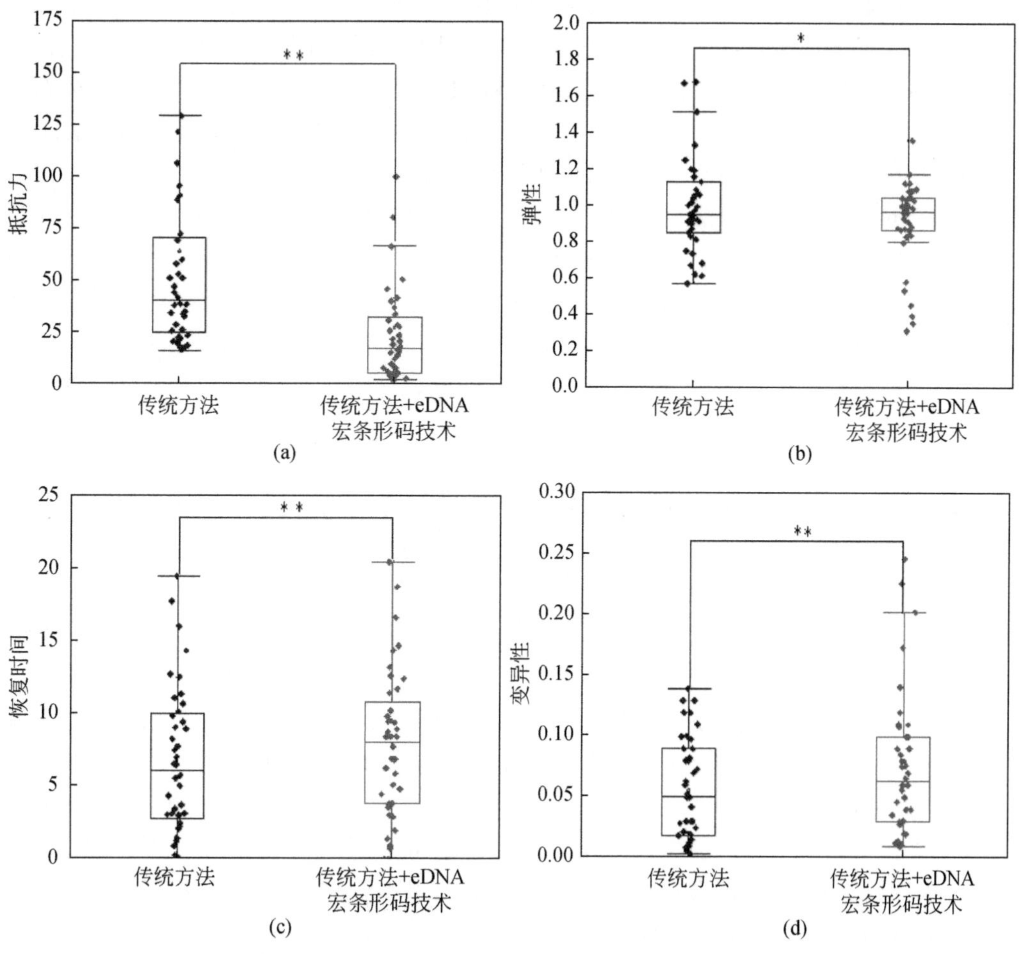

图 9.8 两种方法建立的食物网模型稳定性：（a）抵抗力、（b）弹性、（c）恢复时间、（d）变异性的比较

本章的研究通过传统方法和 eDNA 宏条形码技术对渤海鱼类进行了调查，eDNA 宏条形码技术在每个采样位点检测到的物种数都高于传统方法，eDNA 宏条形码技术的鱼类检出率更高。且 eDNA 宏条形码技术检测到的鱼类都与渤海鱼类历史调查资料相吻合，说明该技术有很高的准确性。由于公共鱼类条形码数据库的不完整和通用引物的特异性的限制，有部分传统方法检测到的鱼类并没有被 eDNA 宏条形码技术检测到，传统方法只有 46.7% 的物种被 eDNA 宏条形码技术调查覆盖，这需要我们进一步完善相关的引物设计和更新本地数据库。

将传统方法和 eDNA 宏条形码技术检测得到的鱼类数据作为 Ecopath 模型功能组的划分依据，研究中依靠传统方法得到的 4 个 Ecopath 模型的 P 指数范围为 0.333 ~ 0.389，由 eDNA 宏条形码技术和传统方法共同调查构建得到的 Ecopath 模型的 P 指数范围为 0.268 ~ 0.343，均处于合理范围内，说明所构建的食物网模型能够反映研究区域实际状况。eDNA 宏条形码技术数据补充后的食物网可信度低于传统方法建立的食物网模型，这是因为补充的鱼类功能组的生物量数据缺失，需要输入其他参数由模型模拟估计其生物量。4 次海洋调查建立 4 对 Ecopath 模型和 40 对 Ecosim 模拟结果，通过计算对比食物网模型结构功能参数和稳定性指标。研究发现 eDNA 宏条形码技术增加食物网中的鱼类物种多样性，会显著改变食物网结构功能参数中的 NLG、CI、TPP/TB 和所有稳定性指标。表明不全面的调查数据会影响到食物网模型的构建，导致食物网内部结构、功能和稳定性的错误估计。

因此本章研究认为，虽然 eDNA 宏条形码技术无法完全取代传统方法，但可以作为鱼类物种检测的工具与传统方法相结合，减轻渔业调查对海洋生态系统的损伤，为海洋鱼类资源监测提供更全面、更可靠、更“绿色”的数据。将 eDNA 宏条形码技术和传统方法获得的鱼类物种信息共同用于 Ecopath 模型构建更合理，这会显著改变食物网的结构、功能和稳定性，能够建立更贴近实际海洋状况的食物网。eDNA 宏条形码技术对 Ecopath 模型的补充，有利于我们更准确地了解研究区域生态系统食物网的内部结构和功能，为海洋生态管理提供技术支持。

9.2 基于 eDNA 宏条形码技术的渤海湾食物网稳定性评估

位于海陆交接独特位置的海湾，拥有丰富多样的海洋资源，是沿岸渔民赖以生存的基础。海湾具有半封闭的地理特性、较高的初级生产力、物种丰富的渔业资源和较高的生态服务价值、其在人类社会经济发展和气候调节中占据着重要地位。近年来随着海洋资源的深度开发，渔业资源衰退问题愈发严重，研究表明全球海洋都受到人类活动的影响，其中受人类活动影响严重的海域约占世界海洋面积的 41%（Halpern et al., 2008）。海湾独特的地理位置使海湾的水体交换不良，致其受人类围填海工程、渔业捕捞、海洋运输、废水排放等活动的影响更大，最终影响海湾生态系统的健康状况，我国海湾均有着不同程度的退化（Shi et al., 2011；Peng et al., 2012）。

位于渤海西部的渤海湾是渤海的三大海湾之一。然而随着沿岸地区经济繁荣和人口快速增长，工业废水、农业肥料等大量污染物汇集到渤海湾。这导致渤海湾海水水质恶化、鱼类栖息地减少、生物多样性降低、生态系统功能退化。人类活动对海湾压力的快速增长可能会超过生态系统目前的适应能力和恢复能力，这影响了渤海湾生态系统的物质循环和能量流动过程，最终导致严重的环境污染和生态问题。

作为周边城市经济发展的重要地区，渤海湾生态系统的健康关乎环渤海区域的经济增长。近几年对渤海湾生态系统的研究集中在污染物的时空变化和浮游生物、底栖动物的群落变化（Lu et al., 2019；Shi et al., 2022；Shuwang et al., 2023），均无法反映目前渤海湾生态系统的结构功能、能量流动、成熟度和稳定性的具体情况。研究于 2021 年 11 月和 2022 年 6 月对渤海湾进行了海洋调查（包括 eDNA 宏条形码技术调查），根据海洋等深线布设采样点，以代表渤海湾整体环境情况。共设置采样点 8 处，其中 5m 等深线和 10m 等深线各 4 处，如图 9.6（a）所示。利用现场调查数据和 eDNA 宏条形码技术测序数据构建了渤海湾两个季节的食物网模型，研究渤海湾生态系统的结构功能和稳定性，比较其季节性变化，从食物网层面反映渤海湾海域的生态健康状况。功能组划分和食性矩阵见表 9.14 ~ 表 9.18；输入输出参数见表 9.4 和表 9.6。

表 9.14　冬季渤海湾功能组的物种组成

编号	功能组	组成
1	花鲈 *Lateolabrax maculatus*	花鲈 *Lateolabrax maculatus*
2	鲬 *Platycephalus indicus*	鲬 *Platycephalus indicus*
3	虾虎鱼 Gobiidae	髭缟虾虎鱼 *Tridentiger barbatu*、矛尾虾虎鱼 *Chaemrichthys stigmatias*、**红鳗虾虎鱼 *Odontamblyopus rubicundus***、**矛尾刺虾虎鱼 *Acanthogobius hasta***
4	短吻红舌鳎 *Cynoglossus joyneri*	短吻红舌鳎 *Cynoglossus joyneri*
5	**半滑舌鳎 *Cynoglossus semilaevis***	**半滑舌鳎 *Cynoglossus semilaevis***
6	鮻 *Planiliza haematocheilus*	鲬 *Platycephalus indicus*
7	**鳀科 *Engraulidae***	**日本鳀 *Engraulis japonicus***
8	**斑鰶 *Konosirus punctatus***	**斑鰶 *Konosirus punctatus***
9	蟹类 Crabs	日本蟳 *Charybdis japonica*、三疣梭子蟹 *Portunus trituberculatus*、日本拟平家蟹 *Heikeopsis japonicus*、隆线强蟹 *Eucrate crenata*、艾氏活额寄居蟹 *Diogenes edwardsii*
10	虾类 Shrimps	口虾蛄 *Oratosquilla oratoria*、日本鼓虾 *Alpheus japonicus*、葛氏长臂虾 *Palaemon gravieri*
11	头足类 Cephalopoda	火枪乌贼 *Loligo beka*、短蛸 *Octopus fangsiao*、长蛸 *Octopus cf. minor*
12	其他底栖动物 other benthos	脉红螺 *Rapana venosa* 、扁玉螺 *Neverita didyma* 、红带织纹螺 *Nassarius succinctus*、对称拟蚶 *Arcopsis symmetrica*、纵肋织纹螺 *Nassarius variciferus*、单环刺螠 *Urechis unicinctus*
13	浮游动物 zooplankton	毛颚类 Chaetognatha、桡足类 Copepoda
14	浮游植物 phytoplankton	硅藻门 Bacillariophyta、甲藻门 Pyrrophyta
15	碎屑 detritus	碎屑 detritus

注：加粗字体为 eDNA 宏条形码技术检测补充的鱼类。

表 9.15　夏季渤海湾功能组的物种组成

编号	功能组	组成
1	花鲈 *Lateolabrax maculatus*	花鲈 *Lateolabrax maculatus*
2	小黄鱼 *Pseudosciaena polyactis*	小黄鱼 *Larimichthys polyactis*
3	虾虎鱼 Gobiidae	红鳗虾虎鱼 *Odontamblyopus rubicundus*、髭缟虾虎鱼 *Tridentiger barbatu*、**矛尾刺虾虎鱼 *Acanthogobius hasta***
4	日本鳀 *Engraulis japonicas*	日本鳀 *Engraulis japonicus*
5	**赤鼻棱鳀 *Thryssa kammalensis***	**赤鼻棱鳀 *Thryssa kammalensis***
6	短吻红舌鳎 *Cynoglossus joyneri*	短吻红舌鳎 *Cynoglossus joyneri*
7	**叫姑鱼 *Johnius belangerii***	**叫姑鱼 *Johnius belangerii***
8	**青鳞小沙丁鱼 *Sardinella zunas***	**青鳞小沙丁鱼 *Sardinella zunas***
9	**鮻 *Planiliza haematocheilus***	**鮻 *Planiliza haematocheilus***
10	蟹类 Crabs	日本蟳 *Charybdis japonica*、日本拟平家蟹 *Heikeopsis japonicus*、肉球近方蟹 *Hemigrapsus sanguineus*、艾氏活额寄居蟹 *Diogenes edwardsii*
11	虾类 Shrimps	口虾蛄 *Oratosquilla oratoria*、日本鼓虾 *Alpheus japonicus*、中国明对虾 *Fenneropenaeus chinensis*
12	头足类 Cephalopoda	火枪乌贼 *Loligo beka*
13	其他底栖动物 other benthos	脉红螺 *Rapana venosa* 、扁玉螺 *Neverita didyma* 、红带织纹螺 *Nassarius succinctus*
14	浮游动物 zooplankton	毛颚类 Chaetognatha、浮游幼虫 larva、桡足类 Copepoda
15	浮游植物 phytoplankton	硅藻门 Bacillariophyta、甲藻门 Pyrrophyta
16	碎屑 detritus	碎屑 detritus

注：加粗字体为 eDNA 宏条形码技术检测补充的鱼类。

表 9.16　冬季渤海湾 Ecopath 模型的输入食性矩阵

猎物/捕食者	1	2	3	4	5	6	7	8	9	10	11	12	13
1	0.190												
2	0.180												
3	0.470	0.155	0.610	0.310	0.610								
4	0.600	0.670											
5	0.140				0.600								
6	0.175												
7	0.246	0.516			0.260								
8	0.100	0.755											
9	0.330	0.180	0.200	0.110	0.490		0.350		0.500	0.500	0.600		
10	0.383	0.495	0.340	0.390	0.797		0.135	0.500		0.500	0.200		
11	0.340	0.780		0.115	0.170				0.110	0.100	0.200		

续表

猎物/捕食者	1	2	3	4	5	6	7	8	9	10	11	12	13
12	0. 400	0. 600	0. 470	0. 344	0. 440	0. 273	0. 840	0. 290	0. 630	0. 635	0. 280		
13			0. 145	0. 190		0. 390	0. 746	0. 800	0. 140	0. 140	0. 440	0. 180	0. 500
14						0. 880		0. 800	0. 500	0. 500		0. 150	0. 650
15						0. 600		0. 500	0. 200	0. 200		0. 670	0. 300

表 9. 17　夏季渤海湾 Ecopath 模型的输入食性矩阵

猎物/捕食者	1	2	3	4	5	6	7	8	9	10	11	12	13	14
1	0. 320													
2	0. 250	0. 110												
3	0. 210	0. 129	0. 610			0. 290								
4	0. 244	0. 690				0. 200								
5	0. 810	0. 330												
6	0. 200													
7	0. 600	0. 690												
8	0. 500	0. 750	0. 640											
9	0. 131													
10	0. 760	0. 540	0. 180	0. 350	0. 130	0. 110	0. 192			0. 500	0. 500	0. 600		
11	0. 316	0. 469	0. 340	0. 135	0. 293	0. 390	0. 444	0. 123			0. 500	0. 200		
12	0. 360	0. 200				0. 115				0. 110	0. 100	0. 200		
13	0. 800	0. 200	0. 214	0. 840	0. 132	0. 344	0. 364	0. 570	0. 273	0. 630	0. 635	0. 280		
14		0. 770	0. 339	0. 746	0. 563	0. 190		0. 720	0. 390	0. 140	0. 140	0. 440	0. 180	0. 500
15								0. 100	0. 880	0. 500	0. 500		0. 150	0. 650
16									0. 600	0. 200	0. 200		0. 670	0. 300

表 9. 18　大神堂海域非鱼礁区食性矩阵

猎物/捕食者	1	2	3	4	5	6	7	8	9	10	11	12	13	14	15	16	17	18
1	0. 019																	
2	0. 006																	
3	0. 014		0. 006															
4	0. 010					0. 050												
5	0. 097	0. 026	0. 061	0. 001	0. 061	0. 221												
6																		
7	0. 238	0. 002	0. 026	0. 007														
8	0. 000		0. 046															

续表

猎物/捕食者	1	2	3	4	5	6	7	8	9	10	11	12	13	14	15	16	17	18
9	0.043																	
10	0.080					0.050												
11	0.006																	
12	0.027		0.002															
13	0.003	0.025	0.017	0.010														
14	0.033	0.011	0.049	0.001	0.020	0.064	0.035				0.192		0.120	0.005	0.005	0.060		
15	0.354	0.309	0.690	0.060	0.304	0.204	0.135	0.123		0.050	0.444	0.100	0.290	0.000	0.005	0.200		
16	0.030	0.115	0.017			0.254							0.020	0.011	0.001	0.020		
17	0.040	0.322	0.087	0.613	0.470	0.158	0.084	0.057	0.273	0.290	0.364	0.080	0.140	0.630	0.635	0.280		
18		0.190	0.000	0.302	0.145		0.746	0.720	0.039	0.080		0.720	0.100	0.104	0.104	0.440	0.180	0.050
19				0.006				0.100	0.088	0.080		0.100	0.300	0.050	0.050		0.150	0.650
20									0.600	0.500				0.200	0.200		0.670	0.300

9.2.1 食物网营养结构

渤海湾生态系统 Ecopath 模型功能组的相关参数如表 9.16 和表 9.17 所示，为了更好地反映生态系统中每个功能组的营养状况，研究者开始用 Odum 与 Heald 提出的“分数营养级”来补充 1942 年林德曼所提出的“整数营养级”的概念。这有利于我们更准确地研究生态系统各功能组的营养结构和能流变化（Lindeman，1942；Odum，1969）。通过 Ecopath 模型可以将复杂的能量流动过程进行简化，每个功能组在图 9.9 中用不同颜色的圆圈表示，捕食关系和捕食强度分别由圆圈之间的连线和连线的粗细表示，线越粗代表被捕食的强度越大。从图 9.9 可以看出，渤海湾生态系统存在牧食食物链和碎屑食物链两条经典食物链，由表 9.19 可知，冬夏两季碎屑所占能流比例分别为 42% 和 44%，表明渤海湾生态系统的能量流动主要依靠牧食食物链。

表 9.19　渤海湾冬夏两季生态系统各营养级传递效率　（单位：%）

营养级	冬季			夏季		
	生产者	碎屑	总能流	生产者	碎屑	总能流
Ⅱ	1.40	2.65	1.82	1.60	3.17	2.13
Ⅲ	12.80	11.50	12.16	13.23	8.10	10.62
Ⅳ	10.24	9.03	9.68	4.67	6.38	5.33
能量总传递效率	5.68	6.50	5.98	4.62	5.47	4.94

注：碎屑占总能流比例：冬季 0.42，夏季 0.44。

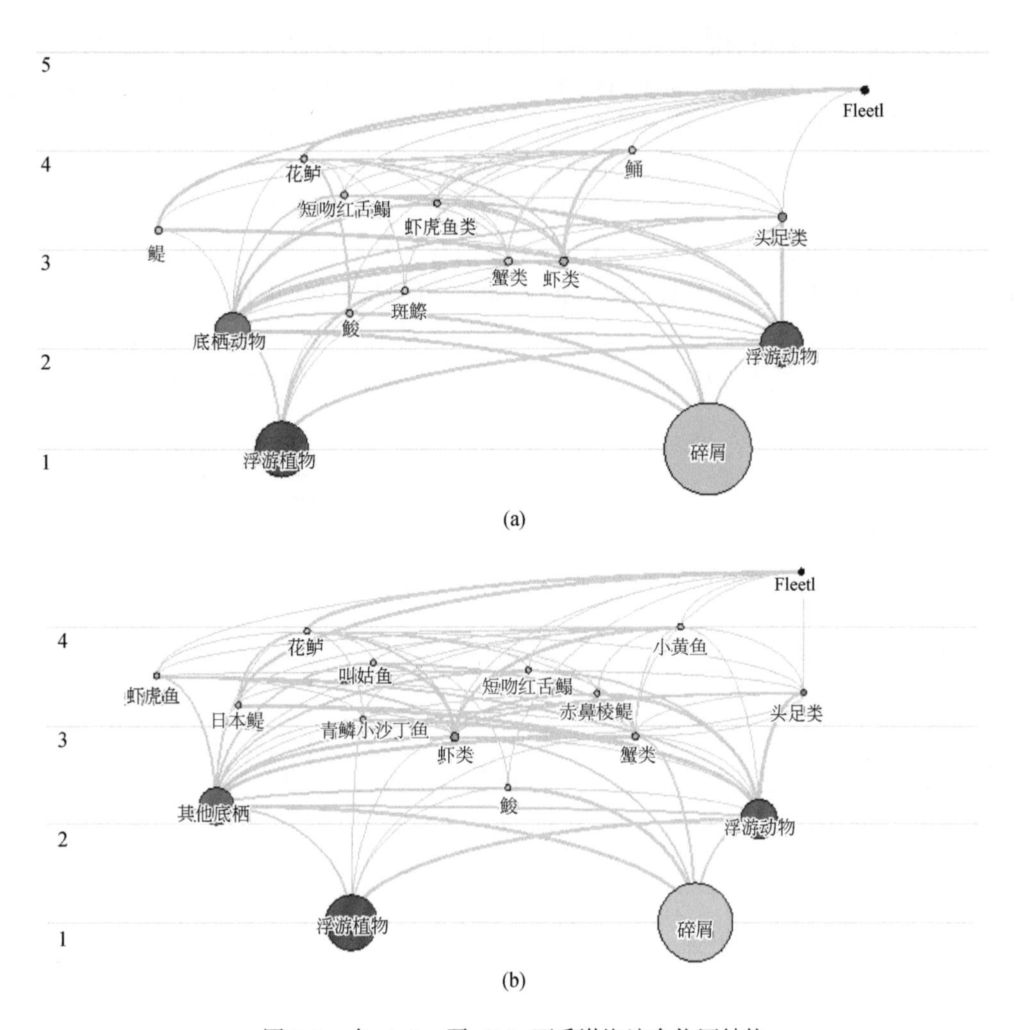

图 9.9 冬（a）、夏（b）两季渤海湾食物网结构

Ecopath 模型将渤海湾生态系统中的浮游植物功能组和碎屑功能组定位为第一营养级，从模型结果可以看到，冬夏两季相同功能组的营养级范围都在 1～4，浮游动物和底栖动物的营养级约为 2，营养级范围变化不大。在冬季和夏季两个模型中，处于食物网顶端的生物均为鱼类，冬季有 8 个鱼类功能组，营养级范围为 2.366～4.005，夏季有 9 个鱼类功能组，营养级范围为 2.366～3.996。鱼类的营养级普遍在 3 以上，其中鮻和斑鰶作为腐屑食性鱼类，营养级较低。与冬季相比，夏季食物网中新增两种营养级较高的肉食性鱼类，分别为小黄鱼和叫姑鱼。鱼类功能组的平均生态营养效率（EE）冬夏两季分别为 0.511 和 0.684，这表明鱼类功能组在食物网中的资源利用率较高，其中处于食物链顶端的短吻红舌鳎和鲬受到的捕食压力和捕捞压力较小，EE 均低于 0.3。

9.2.2 食物网能量传递的季节性变化

通过营养级聚合原理，将各个功能组的能量流动合并为几个营养级之间的能量流动过程，简化了食物网中复杂的能流关系，便于分析能量在不同营养级之间的流动情况和分布状况。营养级聚合结果显示，渤海湾生态系统营养结构可以分为 7 个整合营养级，由于Ⅴ、Ⅵ、Ⅶ营养级的输入量、输出量和总流量较低，可以忽略不计，最终渤海湾生态系统有效营养级为Ⅰ～Ⅳ。营养级之间的能量传递如图 9.10 所示，第一营养级的生物量和能量最高，营养级越高总流量越低，符合金字塔分布特点。冬夏两季总初级生产量分别为 1635.6t/(km^2·a) 和 2470.0t/(km^2·a)，其中分别有 702.9t/(km^2·a) 和 788.0t/(km^2·a) 的能量流入营养级Ⅱ，分别占 42.98% 和 31.90%。能量流动集中在较低的营养级，冬夏两季在第Ⅰ、Ⅱ两个营养级上的能量流动占总能量流动的比例最大，冬季营养级Ⅰ和Ⅱ占系统总能量流动的比例分别为 40.57% 和 26.31%，夏季分别为 42.54% 和 20.63%。

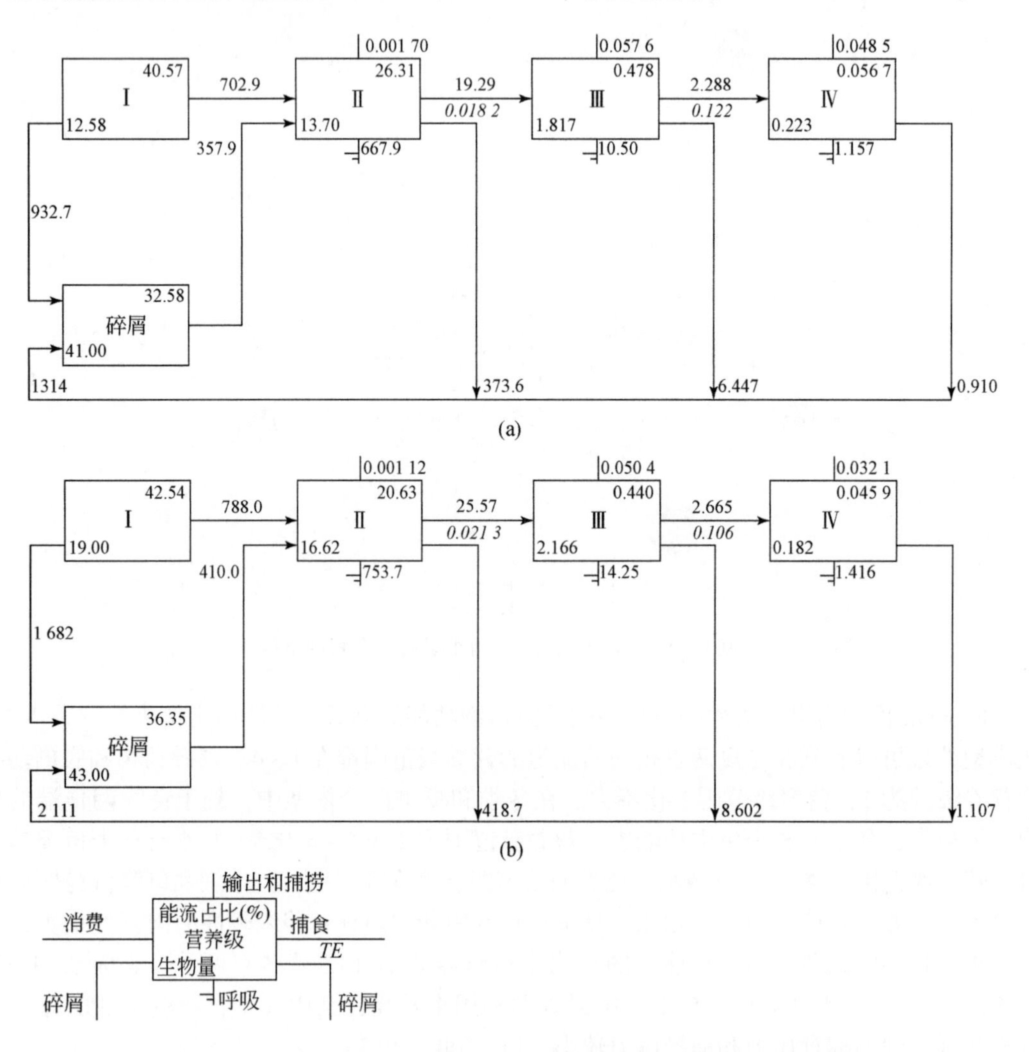

图 9.10　渤海湾冬（a）、夏（b）两季生态系统林德曼椎型能流图

通过表 9.19 可以看到渤海湾冬夏两季不同来源的能量在各个营养级的能量传递效率。两个季节初级生产者和碎屑的传递效率最低出现在营养级Ⅰ、Ⅱ，初级生产者传递效率

（1.40% 和 1.60%）低于碎屑传递效率（2.65% 和 3.17%）；传递效率最高现在营养级Ⅱ、Ⅲ，该营养级的初级生产者传递效率（12.80% 和 13.23%）高于碎屑传递效率（11.50% 和 8.10%）。整体来看，冬季和夏季渤海湾生态系统的总传递效率分别为 5.98% 和 4.94%，均低于林德曼传递效率（10%），其中来自初级生产者的传递效率（冬夏两季分别为 5.68% 和 4.62%）略低于碎屑的传递效率（冬夏两季分别为 6.50% 和 5.47%）。

9.2.3 关键功能组和混合营养效应

Ecopath 模型通过关键程度指数和总体相对效应对关键功能组进行判断。关键度指数越接近 0，总体相对效应越接近 1 说明该功能组对所在生态系统中的变化起重要作用。由图 9.11 可以看出，冬季的关键种包括花鲈、鲬、虾类和底栖动物，夏季关键种有花鲈、虾类、小黄鱼和虾虎鱼。两个季节共有的关键种为花鲈和虾类，其中关键度指数最高的物种都为花鲈，总体相对效应为 1，对整个生态系统的影响程度大。

生态系统内各个功能组之间存在直接或间接的竞争关系，彼此之间相互影响和制约，从而实现生态系统的健康发展。Ecopath 模型中的混合营养效应（mix trophic impact，MTI）模块同时考虑功能组间直接的捕食影响和食物网作用下的间接影响，通过细微调整功能组的生物量来估计对其他功能组生物量的影响情况。渤海湾两个季节的混合营养效应分析结果如图 9.12 所示。总体来看，低营养级的功能组作为该生态系统能量的主要来源，对大部分功能组起到积极作用，而捕食性功能组会直接对被捕食功能组或间接对其他功能组产生消极作用，如碎屑对斑鰶和鳀两种腐屑食性鱼类产生较强的正面效应；营养级较高的关键种花鲈对功能组的其他鱼类产生明显的负面效应。关键功能组虾类以浮游动物为食，对浮游动物产生了明显的负面效应，因食物竞争关系对蟹类和浮游动物食性鱼类产生了明显的负面效应。

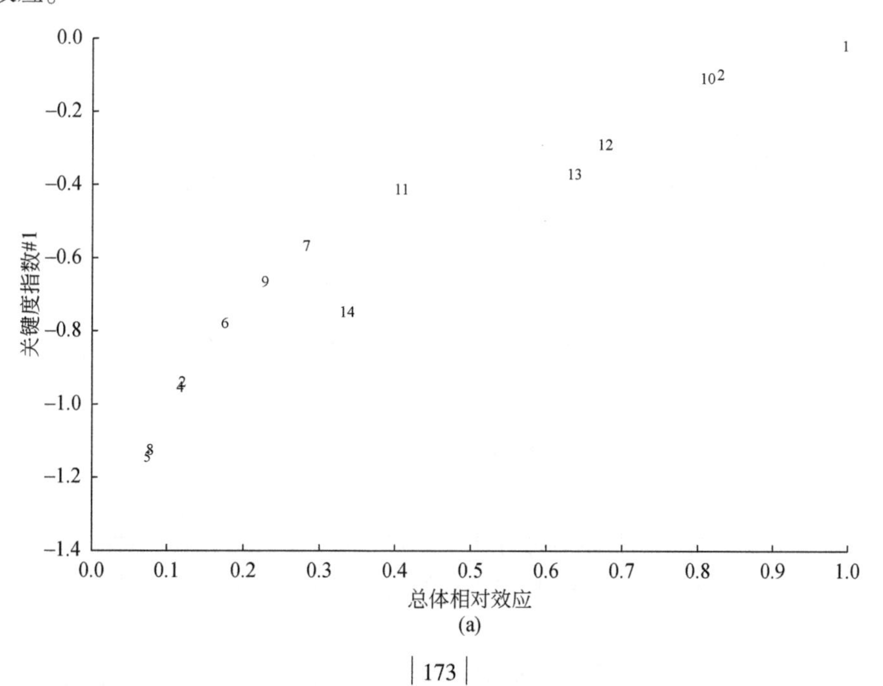

(a)

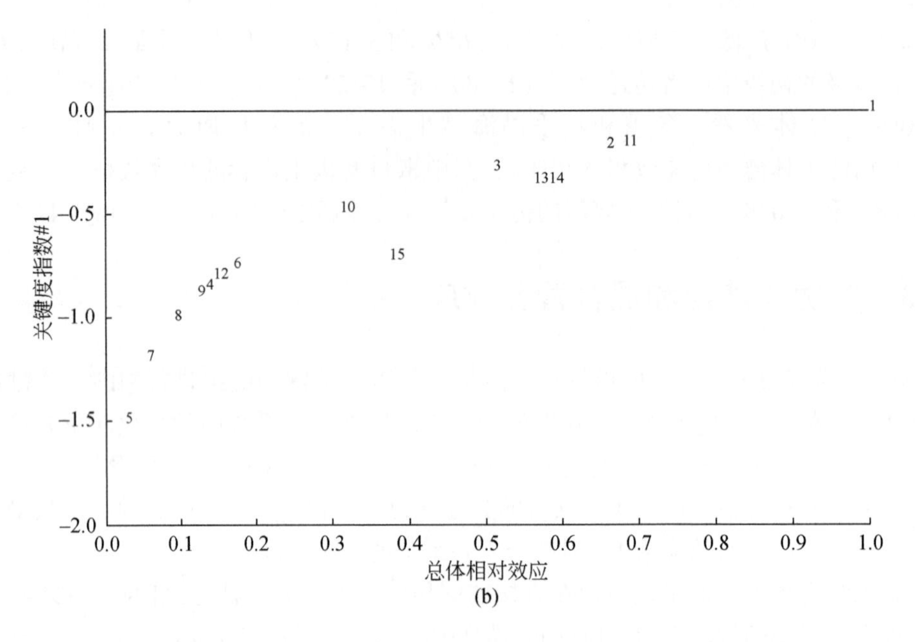

图 9.11 冬季（a）、夏季（b）关键度指数分布（数字对应功能组编号）

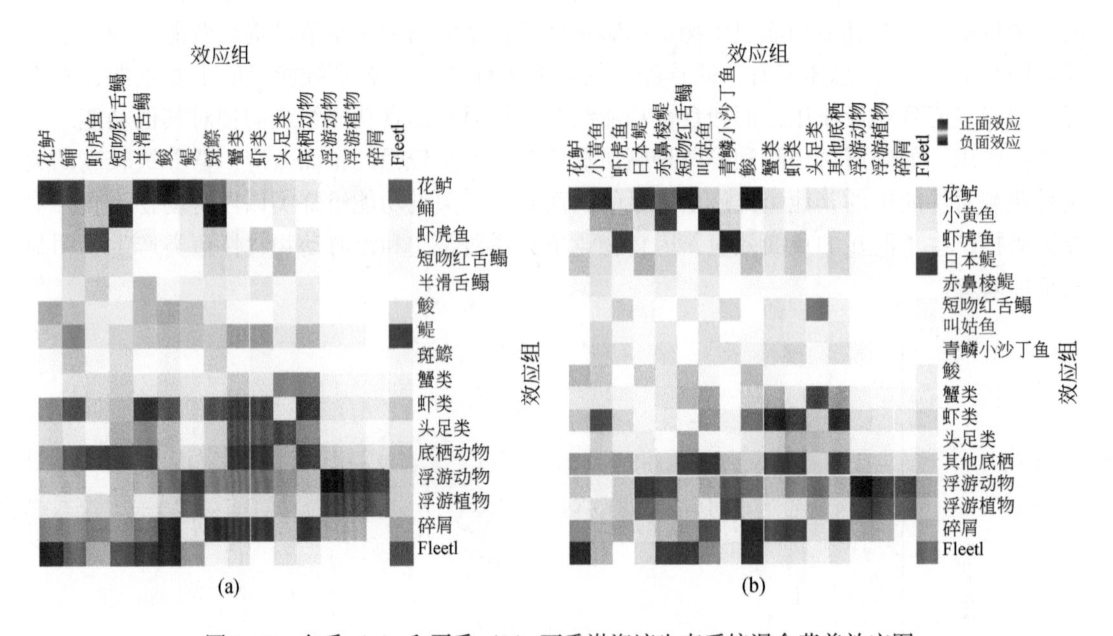

图 9.12 冬季（a）和夏季（b）两季渤海湾生态系统混合营养效应图

9.2.4 食物网成熟度的季节性变化

Ecopath 模型输出的系统总体结构特征参数可以反映研究区域成熟度的基本情况。本研究统计 150 个 Ecopath 模型的质量评价 P 指数介于 0.16～0.68，冬夏两季渤海湾 Ecopath

模型的质量评价 P 指数分别为0.31和0.34，表明模型可信度较高。通过冬夏两季渤海湾生态系统的主要特征参数（表9.20）可以看出，夏季渤海湾海域NLG有所增加，鱼类的生物多样性上升，与冬季相比缺少了两种肉食性鱼类（鲬、半滑舌鳎）和一种腐屑食性鱼类（斑鰶）同时增加了两种肉食性鱼类（小黄鱼和叫姑鱼）和两种浮游动物食性鱼类（赤鼻棱鳀和青鳞小沙丁鱼）。这可能是夏季进行海洋调查时正处于渤海的伏季休渔期，休渔期为鱼类的生长繁殖提供了足够的时间和空间；而且渤海鱼类多为洄游性鱼类，冬季进入黄海过冬，在春季回到渤海。在夏季增加的鱼类物种中，小黄鱼、叫姑鱼和赤鼻棱鳀均为洄游性鱼类。连接性指数（CI）和系统杂食指数（SOI）数值越高，表明生态系统中功能组之间的捕食关系越复杂，功能组的关联程度越高，生态系统也就越复杂。冬季和夏季渤海湾生态系统的CI分别为0.39和0.38；SOI都为0.17，与其他海湾生态系统相比，渤海湾食物网的复杂程度较低。

表9.20 冬夏两季渤海湾食物网特征参数

特征参数	21年冬季	22年夏季	成熟度趋势
生物功能组数量 NLG	15	16	↑
连接指数 CI	0.39	0.38	↓
系统杂食指数 SOI	0.17	0.17	→
Finn 循环指数 FCI/%	6.66	4.71	↓
Finn 平均路径长度 FML	2.50	2.38	↓
总初级生产量/总呼吸 TPP/TR	2.41	3.21	↓
总初级生产量/总生物量 TPP/TB	57.76	65.03	↓
相对聚合度 A/C/%	35.46	39.53	↓

Finn循环指数（FCI）和Finn平均能流路径长度（FML）可以反映生态系统能量循环情况，稳定的海洋生态系统能量流经的食物链长，能量循环程度高也较高。冬季和夏季FCI分别为6.66%和4.71%，FML分别为2.50和2.38，夏季物质循环程度低于冬季。沿海生态系统的FCI在10%～20%，平均约为13%，渤海湾两个季节FCI均低于13%，这说明渤海湾生态系统处于低循环阶段（Libralato et al.，2008）。

总初级生产量/总呼吸量（TPP/TR）、总初级生产量/总生物量（TPP/TB）和相对聚合度（A/C）的数值随着生态系统成熟度的增加而减小。夏季3个指标的值均高于冬季，分别增加了33.20%、12.59%和11.48%，表明夏季生态系统的成熟度低于冬季。TPP/TR是其中最能够反映生态系统成熟度的一个指标，成熟的生态系统总初级生产量与总呼吸量相近，大部分能量都用于呼吸作用，其余的损耗能量较少，比值也越接近1。渤海湾冬夏两季的TPP/TR分别为2.41和3.21，说明渤海湾生态系统尚未发育成熟，生物量不足，仍处于系统发育的初级阶段（Dutta et al.，2017）。

9.2.5 食物网稳定性的季节性变化

Ecosim模型在捕捞干扰的时间强制序列的驱动下进行了100年的模拟，冬夏两季渤海湾生态系统中不同渔业资源功能组（除浮游植物、浮游动物和碎屑）对捕捞干扰的响应不一致，其中产生重大波动（变化幅度超过10%）的功能组都为鱼类功能组。

各功能组生物量变化如图9.13所示，冬季15个渔业资源功能组中，有7个功能组在1.5倍捕捞干扰下相对生物量发生了重大波动，且均为鱼类功能组。鱼类中斑鰶的抵抗力较强，在干扰后的第5年才发生扰动。花鲈和斑鰶的生物量在捕捞干扰下有所减少，分别下降至原本生物量的10.1%和84.5%，花鲈作为顶级捕食者和渤海湾主要捕捞物种受到的捕捞压力较大，在过度捕捞下，其生物量大幅下降接近消失。花鲈作为捕食者，生物量的下降直接或间接导致其捕食功能组生物量的增加，如鲬、短吻红舌鳎、虾虎鱼类、鮻、日本鳀5个功能组的生物量有不同幅度的增加，其中鮻占花鲈摄食比例较高受到的影响大，在花鲈生物量达到最低值时鮻的生物量达到最高。所有生物量发生重大波动的功能组都是在干扰停止后才恢复到稳定状态，恢复时间从6.83年到25.08年不等，恢复时间最短的功能组为斑鰶，最长的为花鲈。

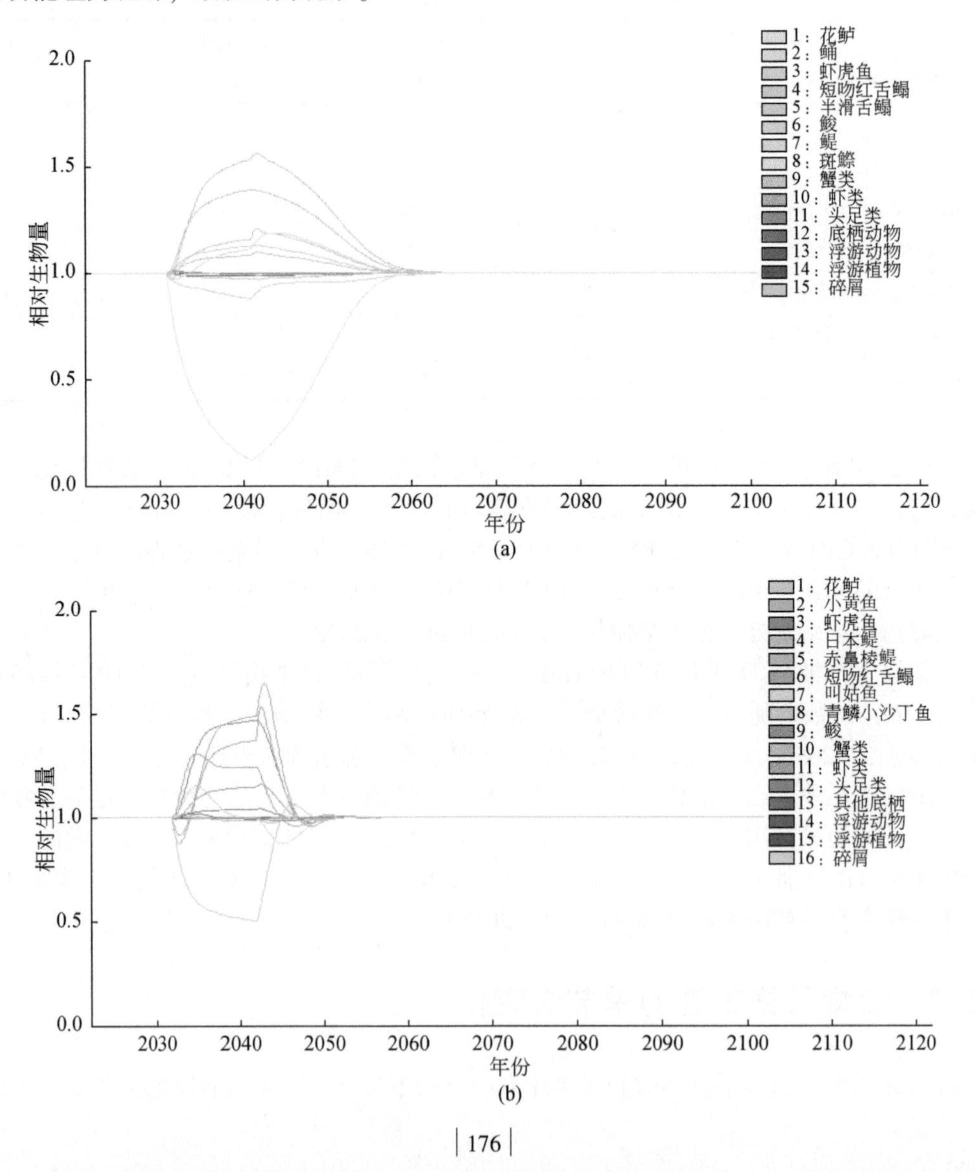

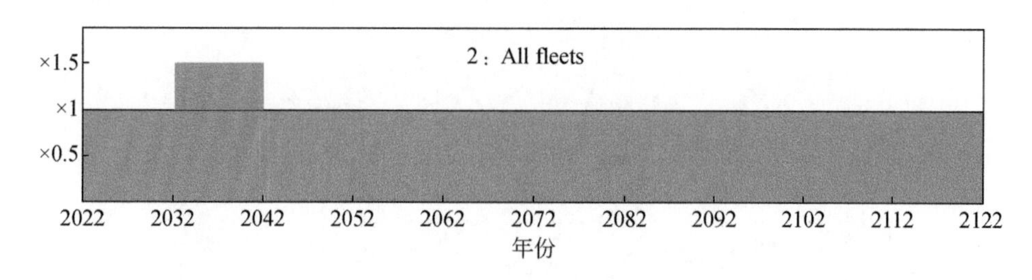

图 9.13 渤海湾冬（a）、夏季（b）Ecosim 模型模拟结果

夏季渔业功能组数量多于冬季，不稳定功能组数量与冬季一致，不稳定功能组所占比例为 53.8%，低于冬季的 63.6%。花鲈、小黄鱼、日本鳀、赤鼻棱鳀、短吻红舌鳎、叫姑鱼和鮻 7 个鱼类功能组的生物量出现了重大波动。其中日本鳀和叫姑鱼的相对生物量的上下波动都超出了稳定阈值，其他不稳定功能组的相对生物量仅在一侧超过了波动的阈值。夏季 7 个功能组的恢复时间相差不大，都在 10 年左右，与干扰年限相差不大，其中恢复时间最久的功能组为日本鳀，恢复时间最晚的功能组为叫姑鱼。

在建模过程中，Ecosim 模型模拟计算每个功能组的生物量变化，可以计算每个功能组抵抗力、恢复时间和变异性，然后进行平均化，得到一个代表整个系统的值。生态系统弹性用功能组中最小值代表。

冬夏两季渤海湾食物网稳定性指标如表 9.21 所示。抵抗力和弹性指标与生态系统的稳定性成正比，渤海湾生态系统夏季的抵抗力和弹性均高于冬季，在受到渔业捕捞干扰的情况下，生态系统能够保持原有的结构和功能，并且可以较快地恢复到受干扰前的状态。在受到外界干扰的情况下，渤海湾生态系统夏季的恢复时间和变异系数低于冬季，说明干扰对夏季渤海湾各个功能组的影响较小，生物量在研究时间内的波动不明显，且受到干扰生物量发生波动的功能组能够在较短的时间内恢复到原始稳定状态。整体来看，渤海湾生态系统的稳定性在夏季高于冬季，这是因为夏季功能组数量多于冬季，且各功能组之间的连接度较低，在受到捕捞干扰的情况下，捕捞带来的负面影响在食物网中传递能力较弱。

表 9.21 冬夏两季渤海湾食物网稳定性指标

稳定性指标	冬季	夏季	稳定性趋势
抵抗力	20.59	41.48	↑
弹性	0.58	0.93	↑
恢复时间	11.68	6.8	↑
变异系数	0.07	0.05	↑

9.2.6 相互作用强度与关键环

基于建立的渤海 2021 年冬季 11 月和 2022 年夏季 6 月 Ecopath 模型，根据 Jacquet 方法，计算各物种之间的相互作用强度如图 9.14 和图 9.15 所示。在夏季，相互作用强度最大的是底栖动物和头足类之间，为-15.6。而在秋季，相互作用强度最大的是浮游动物和

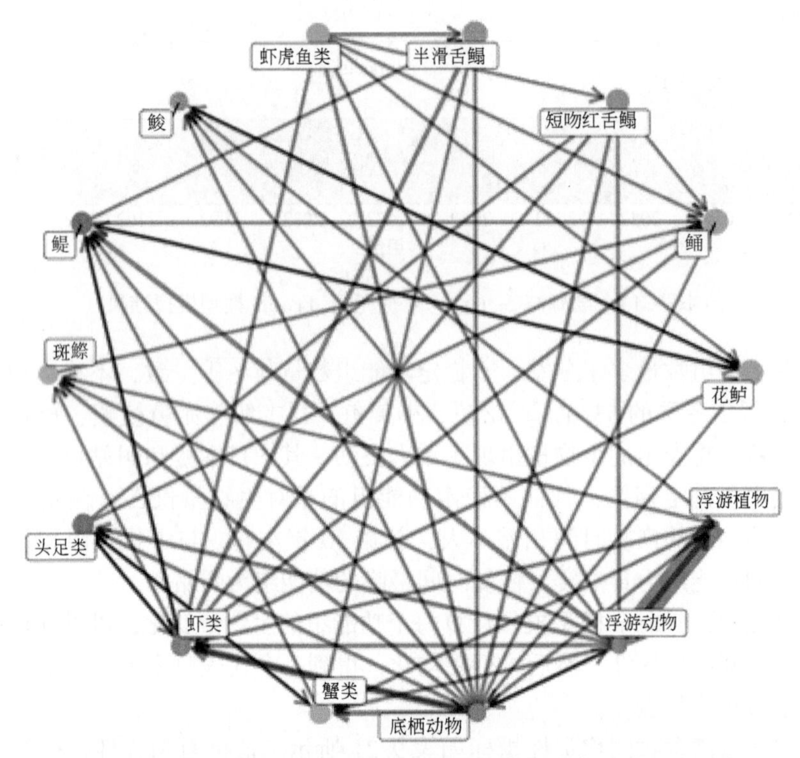

图 9.14　渤海冬季 2021 年 11 月食物网相互作用强度（雅可比矩阵）

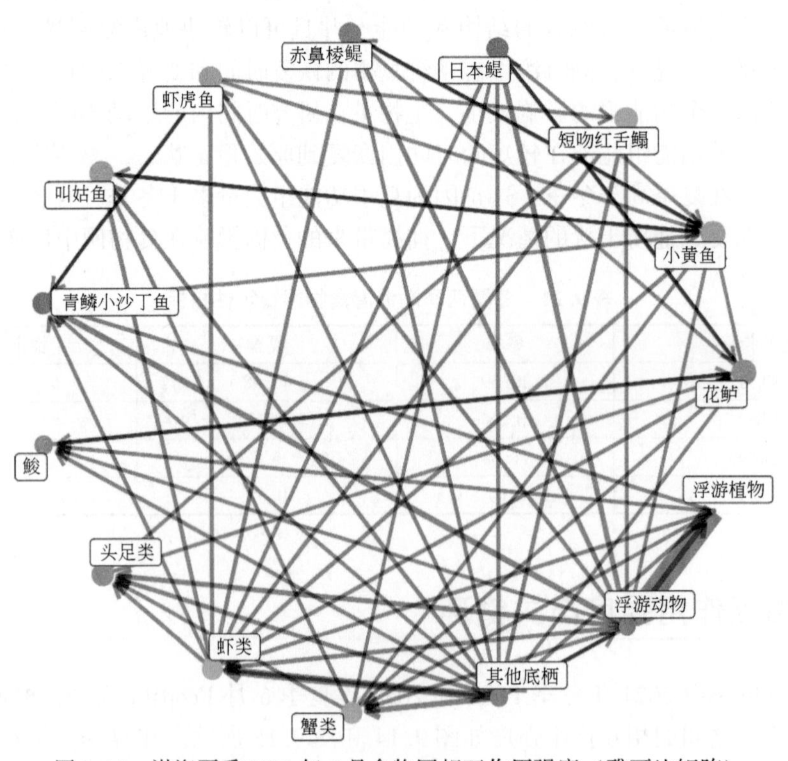

图 9.15　渤海夏季 2022 年 6 月食物网相互作用强度（雅可比矩阵）

浮游植物之间，达到-81.25。冬夏两季其他各物种之间的相互作用强度都比较小。

根据 Johnson 算法，计算所有反馈环几何平均权重（图9.16、图9.17）。2021 年冬季 11 月和 2022 年夏季 6 月最长的环都有 14 个物种，随着环长的增加，几何平均权重逐渐递减。两物种反馈环几何平均权重肯定为负，对于其他长度的反馈环，其正负几何平均权重几乎关于 0 对称，可以认为其几何平均权重总和接近 0。最大的几何平均权重出现在三物种反馈环，2021 年冬季 11 月和 2022 年夏季 6 月两月的最大几何平均权重接近 2，而其他长度的反馈环几何平均权重都小于 2。在 2021 年冬季 11 月，如果所有三物种反馈环几何平均权重总和为 44.9，而所有两物种反馈环几何平均权重总和为-1811，其比值绝对值为 0.025。而 2022 年夏季 6 月三物种反馈环和两物种反馈环几何平均权重总和之比为 47/1345=0.035>0.025，说明 2021 年冬季 12 月系统稳定性高于 2022 年夏季 6 月。

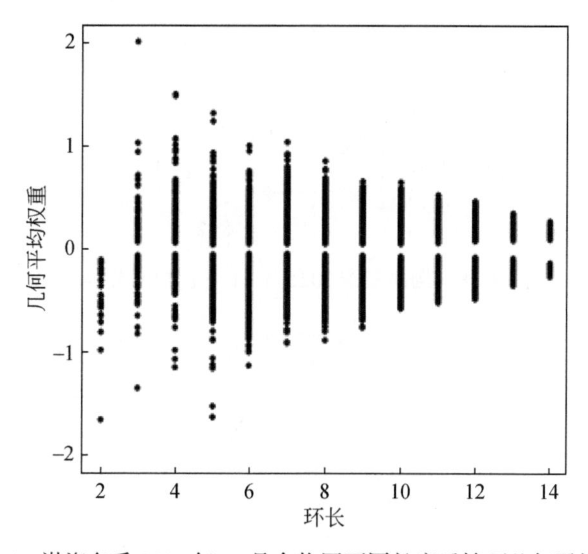

图9.16　渤海冬季 2021 年 11 月食物网不同长度反馈环几何平均权重

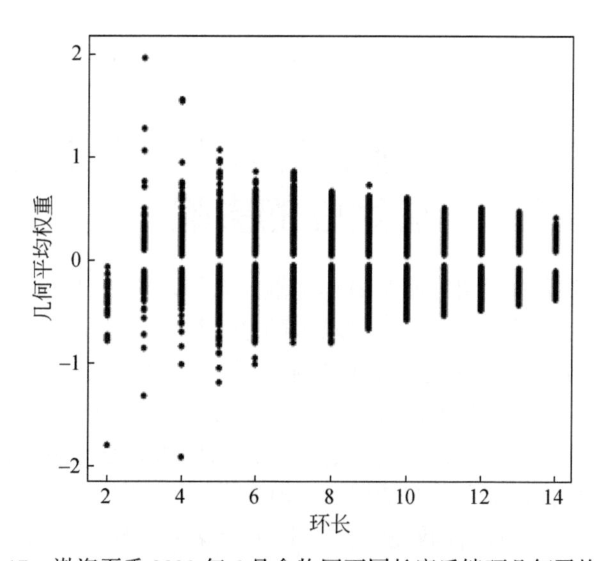

图9.17　渤海夏季 2022 年 6 月食物网不同长度反馈环几何平均权重

2021年冬季11月和2022年夏季6月都是底栖动物、浮游动物和浮游植物形成的反馈环的几何平均权重在所有反馈环中最大，它们对系统的稳定性起着至关重要的作用(图9.18和图9.19)。要想提高系统的稳定性，一个有效的方法是降低底栖动物、浮游动物和浮游植物反馈环的几何平均权重。而该反馈环中最大的几何平均权重是浮游植物和浮游动物之间的相互作用强度，达到-81.2，而其他几何平均权重最大才为11。降低浮游植物浮游动物之间的相互作用强度对提高系统稳定性起着事半功倍的作用。提高浮游动物密度可以降低它与浮游植物之间的相互作用强度，从而提高系统的稳定性。

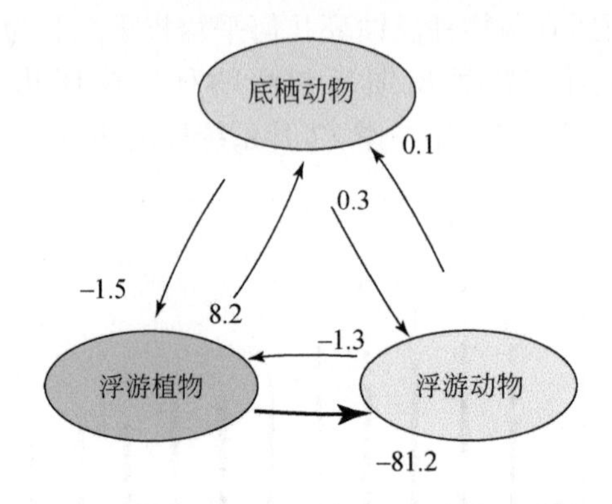

图9.18　渤海冬季2021年11月食物网关键环

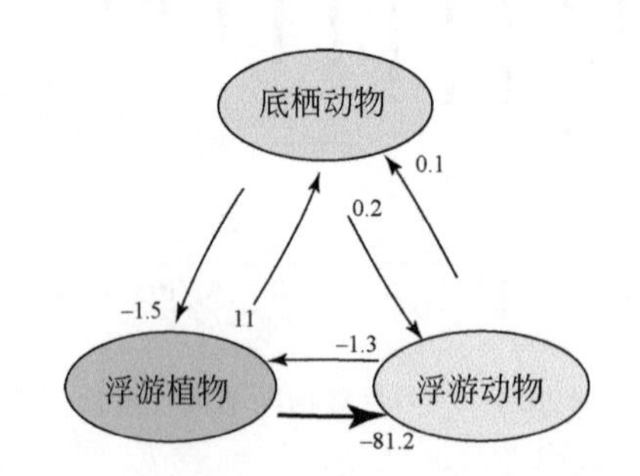

图9.19　渤海夏季2022年6月食物网关键环

9.3　基于eDNA技术评估人工鱼礁对海洋食物网稳定性的影响

人类对海洋生态系统的利用加速了海洋生境、系统功能、渔业资源的退化。然而，随着人口的快速增长，人类对海洋产品的需求也随之增加，促进了海水养殖的发展。海水养殖排放的污染物又对海洋生态系统造成了破坏，导致自然海水生态系统的渔业资源减少，形成恶性循环。目前许多国家将海洋牧场作为资源持续利用和发展的渔业管理手段，人工鱼礁是海洋牧场的主体，可以增加鱼类栖息地，进而增加渔业资源物种多样性。由于日本人工鱼礁投放上的成功，人工鱼礁自20世纪90年代受到极大关注。2000～2016年，中国累计投入50多亿元用于建设海洋牧场，并在相关专家的指导下投放了近60 000 000m^3人工鱼礁，建成42个国家级海洋牧场示范区。

位于渤海湾西北部的大神堂海域地质条件十分独特，具有丰富的底栖海洋生物资源，是目前我国华北平原唯一的活牡蛎礁生态系统（王宇等，2014）。近年来大神堂海域也受到环渤海湾地区的用海工程和渔业捕捞的负面影响，出现渔业资源衰退、牡蛎礁生境受损等退化特征（郭彪等，2015）。为遏制生境退化，提高生态系统的稳定性，2013 年我国正式批准建立了天津大神堂牡蛎礁国家级海洋特别保护区，截至 2018 年底已投放近十万袋人工牡蛎增殖礁，完成了 11 个人工鱼礁礁群的建设，形成面积约 13km^2 的人工鱼礁（李慕菡等，2021）。

目前已有从水质改善（徐冠球等，2022）、渔业资源多样性（于洁等，2016）等维度对大神堂海域修复效果的评价研究，但缺乏基于生态系统层面的生态修复评价研究。本章从生态系统层面评价人工鱼礁对海洋的结构功能和稳定性的修复效果，为渤海湾生态健康和渔业资源的可持续利用提供理论支持。

在大神堂海域设置 8 个调查位点如图 9.6（b）所示，人工鱼礁区 4 个站点 AR1 ~ AR4，非人工鱼礁区 4 个站点 NAR1 ~ NAR4。2022 年 11 月对两个区域进行海洋调查和 eDNA 样品采集。由于鱼礁区的地理位置不适宜利用底拖网进行渔业资源调查，本次研究采用地笼法进行渔业资源调查。功能组划分和食性矩阵见表 9.18、表 9.22 ~ 表 9.24，模型输入输出参数见表 9.8 和表 9.10。

表 9.22　大神堂海域人工鱼礁区域功能组

编号	功能组	组成
1	花鲈 *Lateolabrax maculatus*	花鲈 *Lateolabrax maculatus*
2	短吻红舌鳎 *Cynoglossus joyneri*	短吻红舌鳎 *Cynoglossus joyneri*
3	**半滑舌鳎 *Cynoglossus semilaevis***	**半滑舌鳎 *Cynoglossus semilaevis***
4	方氏云鳚 *Pholis fangi*	方氏云鳚 *Pholis fangi*
5	虾虎鱼 Gobiidae	六丝钝尾虾虎鱼 *Amblychaeturichthys hexanema*、髭缟虾虎鱼 *Tridentiger barbatus*、斑尾复虾虎鱼 *Synechogobius ommaturus* **矛尾刺虾虎鱼 *Acanthogobius hasta*、矛尾虾虎鱼 *Chaeturichthys stigmatias*、红鳗虾虎鱼 *Odontamblyopus rubicundus*、小头副孔虾虎鱼 *Paratrypauchen microcephalus***
6	**日本鳀 *Engraulis japonicus***	**日本鳀 *Engraulis japonicus***
7	赤鼻棱鳀 *Thryssa kammalensis*	赤鼻棱鳀 *Thryssa kammalensis*
8	**青鳞小沙丁鱼 *Sardinella zunas***	**青鳞小沙丁鱼 *Sardinella zunas***
9	**鮻 *Planiliza haematocheilus***	**鮻 *Planiliza haematocheilus***
10	斑鰶 *Konosirus punctatus*	斑鰶 *Konosirus punctatus*
11	**其他中上层鱼类 other pelagic fishes**	**银鲳 *Pampus Agenteus*、吴氏下银汉鱼 *Hypoatherina woodwardi*、瓜氏下鱵 *Hyporhamphus quoyi***
12	**其他底层鱼类 other demersal fishes**	**鲻 *Mugil cephalus*、美肩鳃鳚 *Omobranchus elegans***
13	蟹类 Crabs	日本蟳 *Charybdis japonica*、隆线强蟹 *Eucrate crenata*
14	虾类 Shrimps	口虾蛄 *Oratosquilla oratoria*、中国明对虾 *Fenneropenaeus chinensis*
15	头足类 Cephalopod	火枪乌贼 *Loligo beka*、短蛸 *Octopus fangsiao*

续表

编号	功能组	组成
16	其他底栖动物 other benthos	多毛类 Polychaeta、其他软体动物 other Mollusca、甲壳类 Crustacea 等
17	浮游动物 zooplankton	毛颚类 Chaetognatha、浮游幼虫 larva、桡足类 Copepoda
18	浮游植物 phytoplankton	硅藻门 Bacillariophyta、甲藻门 Pyrrophyta
19	碎屑 detritus	碎屑 detritus

注：加粗字体为基于 eDNA 宏条形码技术检测到但传统方法没有检测到的鱼类。

表 9.23　大神堂海域非鱼礁区功能组

编号	功能组	组成
1	鲈 *Perciformes*	花鲈 *Lateolabrax maculatus*、**松江鲈 *Trachidermus fasciatus***
2	短吻红舌鳎 *Cynoglossus joyneri*	短吻红舌鳎 *Cynoglossus joyneri*
3	**半滑舌鳎 *Cynoglossus semilaevis***	**半滑舌鳎 *Cynoglossus semilaevis***
4	**方氏云鳚 *Pholis fangi***	**方氏云鳚 *Pholis fangi***
5	虾虎鱼 Gobiidae	髭缟虾虎鱼 *Tridentiger barbatus*、斑尾复虾虎鱼 *Synechogobius ommaturus*、六丝钝尾虾虎鱼 *Chaeturichthys hexanema*、矛尾刺虾虎鱼 *Acanthogobius hasta*、矛尾虾虎鱼 *Chaeturichthys stigmatias*、红鳗虾虎鱼 *Odontamblyopus rubicundus*、双带缟虾虎鱼 *Tridentiger bifasciatusi*
6	许氏平鲉 *Sebastes schlegelii*	许氏平鲉 *Sebastes schlegeli trigonocephalus*
7	**日本鳀 *Engraulis japonicas***	**日本鳀 *Engraulis japonicus***
8	**青鳞小沙丁鱼 *Sardinella zunas***	**青鳞小沙丁鱼 *Sardinella zunas***
9	**鮻 *Planiliza haematocheilus***	**鮻 *Planiliza haematocheilus***
10	斑鰶 *Konosirus punctatus*	斑鰶 *Konosirus punctatus*
11	**皮氏叫姑鱼 *Johnius belengerii***	**皮氏叫姑鱼 *Johnius belengerii***
12	**其他中上层鱼类 other pelagic fishes**	**银鲳 *Pampus argenteus*、吴氏下银汉鱼 *Hypoatherina woodwardi*、瓜氏下鱵 *Hyporhamphus quoyi***
13	**其他底层鱼类 other demersal fishes**	**鲻 *Mugil cephalus*、美肩鳃鳚 *Omobranchus elegans***
14	蟹类 Crabs	日本蟳 *Charybdis japonica*、日本拟平家蟹 *Heikeopsis japonicus*、隆线强蟹 *Eucrate crenata*、三疣梭子蟹 *Portunus trituberculatus*
15	虾类 Shrimps	口虾蛄 *Oratosquilla oratoria*、脊腹褐虾 *Crangon affinis*
16	头足类 Cephalopoda	火枪乌贼 *Loligo beka*
17	其他底栖动物 other benthos	多毛类 Polychaeta、其他软体动物 other Mollusca、甲壳类 Crustacea 等
18	浮游动物 zooplankton	毛颚类 Chaetognatha、浮游幼虫 larva、桡足类 Copepoda
19	浮游植物 phytoplankton	硅藻门 Bacillariophyta、甲藻门 Pyrrophyta
20	碎屑 detritus	碎屑 detritus

注：加粗字体为基于 eDNA 宏条形码技术检测到但传统方法没有检测到的鱼类。

表 9.24　大神堂海域人工鱼礁区食性矩阵

猎物/捕食者	1	2	3	4	5	6	7	8	9	10	11	12	13	14	15	16	17
1	0.019																
2	0.006																
3	0.014		0.006														
4	0.010																
5	0.097	0.031	0.061	0.050	0.061												
6	0.110		0.012	0.003													
7	0.134		0.014	0.004													
8			0.046														
9	0.043																
10	0.080																
11	0.027		0.002														
12	0.003		0.017									0.030					
13	0.033	0.011	0.049	0.000	0.020	0.035	0.013					0.120	0.005	0.005	0.060		
14	0.350	0.309	0.690	0.061	0.304	0.135	0.293	0.123	0.000	0.050	0.100	0.290		0.005	0.200		
15	0.034	0.115	0.017	0.050								0.020	0.011	0.001	0.020		
16	0.040	0.344	0.087	0.600	0.470	0.084	0.132	0.057	0.273	0.290	0.080	0.140	0.630	0.635	0.280		
17		0.190		0.150	0.145	0.746	0.563	0.720	0.039	0.080	0.720	0.100	0.104	0.104	0.440	0.180	0.050
18				0.082				0.100	0.088	0.080	0.100	0.300	0.050	0.050		0.150	0.650
19									0.600	0.500			0.200	0.200		0.670	0.300

9.3.1　食物网营养结构与能量传递的季节性变化

大神堂海域人工鱼礁区和非鱼礁区食物网结构如图 9.20 所示。可以看出大神堂区域存在两条经典的能量流动途径：一条是牧食食物链，如浮游植物—浮游动物—虾类—花鲈；另一条是碎屑食物链，如碎屑—腐屑食性鱼类—许氏平鲉。碎屑占总体能量流动的比例均低于50%，说明研究区域的能量主要由牧食食物链进行传递，且人工鱼礁区牧食食物链占总体能量流动的比例高于非鱼礁区。人工鱼礁区和非鱼礁区的功能组组成较为相似，人工鱼礁区由 19 个功能组组成，其中 12 个为鱼类功能组，包括 22 种鱼类，营养级范围为 2.366 ~ 4.017，其中营养级 TL>3.5 的高营养级鱼类有花鲈（TL=4.022）、短吻红舌鳎（TL=3.558）和其他舌鳎（TL=3.898）3 种，非鱼礁区由 20 个功能组组成，其中有 13 个鱼类功能组，包含 23 种鱼类，营养级范围为 2.366 ~ 4.003，与人工鱼礁区相比增加了许氏平鲉（TL=4.017）和皮氏叫姑鱼（TL=3.634），人工鱼礁区域的鱼类平均营养级为 3.239，小于非鱼礁区 3.320。虾类、蟹类和其他底栖生物的平均营养级为 2.656，属于初级消费者水平，是食物网中将能量传递给高营养级的主要枢纽。

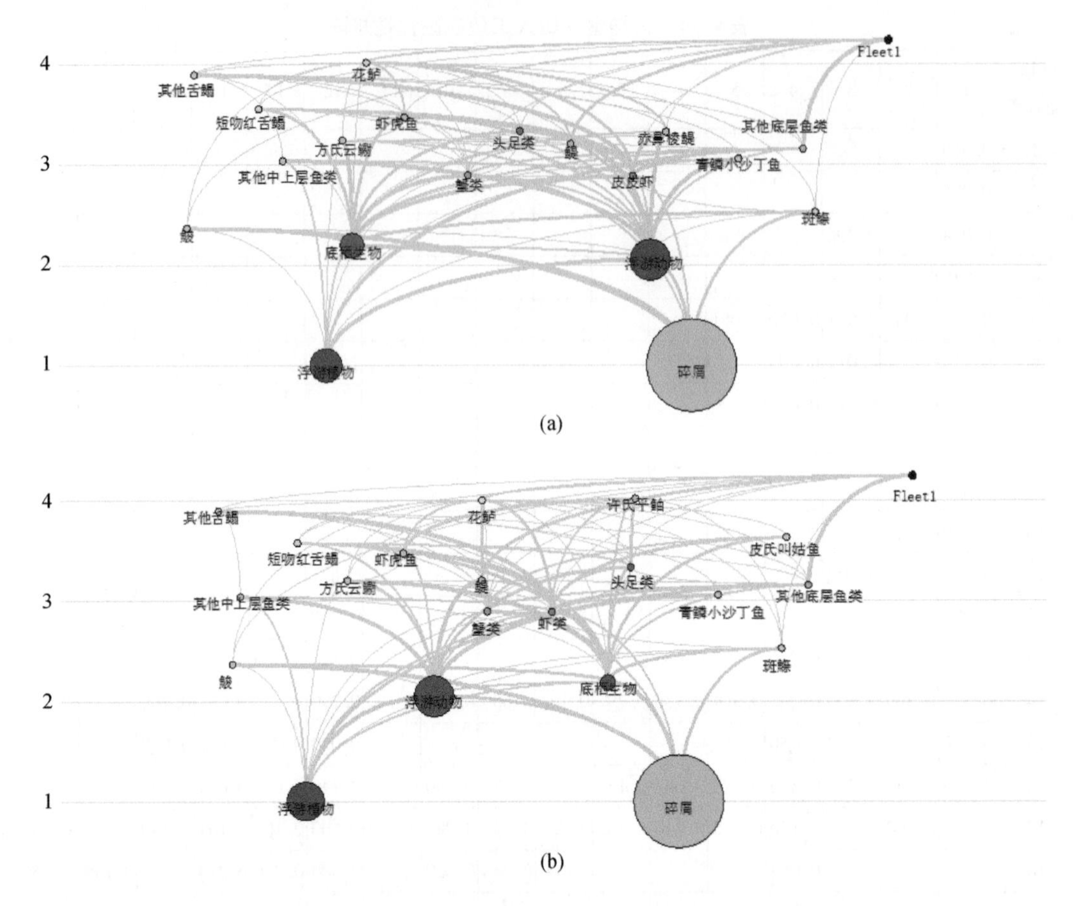

图 9.20　大神堂海域人工鱼礁区（a）、非鱼礁区（b）食物网结构图

通过 Ecopath 模型，将大神堂海域人工鱼礁区和非鱼礁区生态系统功能组间的能量流动进行合并，简化为 7 个营养级间的能量流动，由于营养级Ⅵ和Ⅶ的能量流动占总能流的比例很低，因此在分析时可以不考虑。由图 9.21 可以看出，大神堂海域主要在营养级Ⅰ～Ⅴ进行能量流动，人工鱼礁区和非鱼礁区的能量流量集中在低营养级（营养级Ⅰ和Ⅱ），占系统总流量的 99.00% 以上。两个区域营养级Ⅰ的总流量分别为 1097t/(km^2·a) 和 1321t/(km^2·a)，占总流量的 54.86% 和 60.68%；营养级Ⅱ总流量分别为 893.6t/(km^2·a) 和 851.3t/(km^2·a)，占总流量的 44.66% 和 39.08%。由浮游植物和碎屑组成的营养级Ⅰ是大神堂海生态系统的能量来源，在总摄食量中的占比高达 99%。人工鱼礁区域营养级Ⅰ被摄食量为 893.6t/(km^2·a)，浮游植物和碎屑分别为 600.0t/(km^2·a) 和 293.6t/(km^2·a)，非鱼礁区营养级Ⅰ被摄食量低于鱼礁区，为 851.3t/(km^2·a)，其中浮游植物和碎屑分别为 577.8t/(km^2·a) 和 273.5t/(km^2·a)。

由表 9.25 可以看出该生态系统的能量传递效率，总体来看大神堂海域人工鱼礁区能量总传递效率为 5.61%，其中生产者和碎屑的能量传递效率分别为 5.22% 和 6.28%；非鱼礁区能量总传递效率为 5.26%，其中生产者和碎屑的能量传递效率分别为 4.84% 和 5.99%。可以看出人工鱼礁区不论是生产者、碎屑还是总能量的传递效率均高于非鱼礁

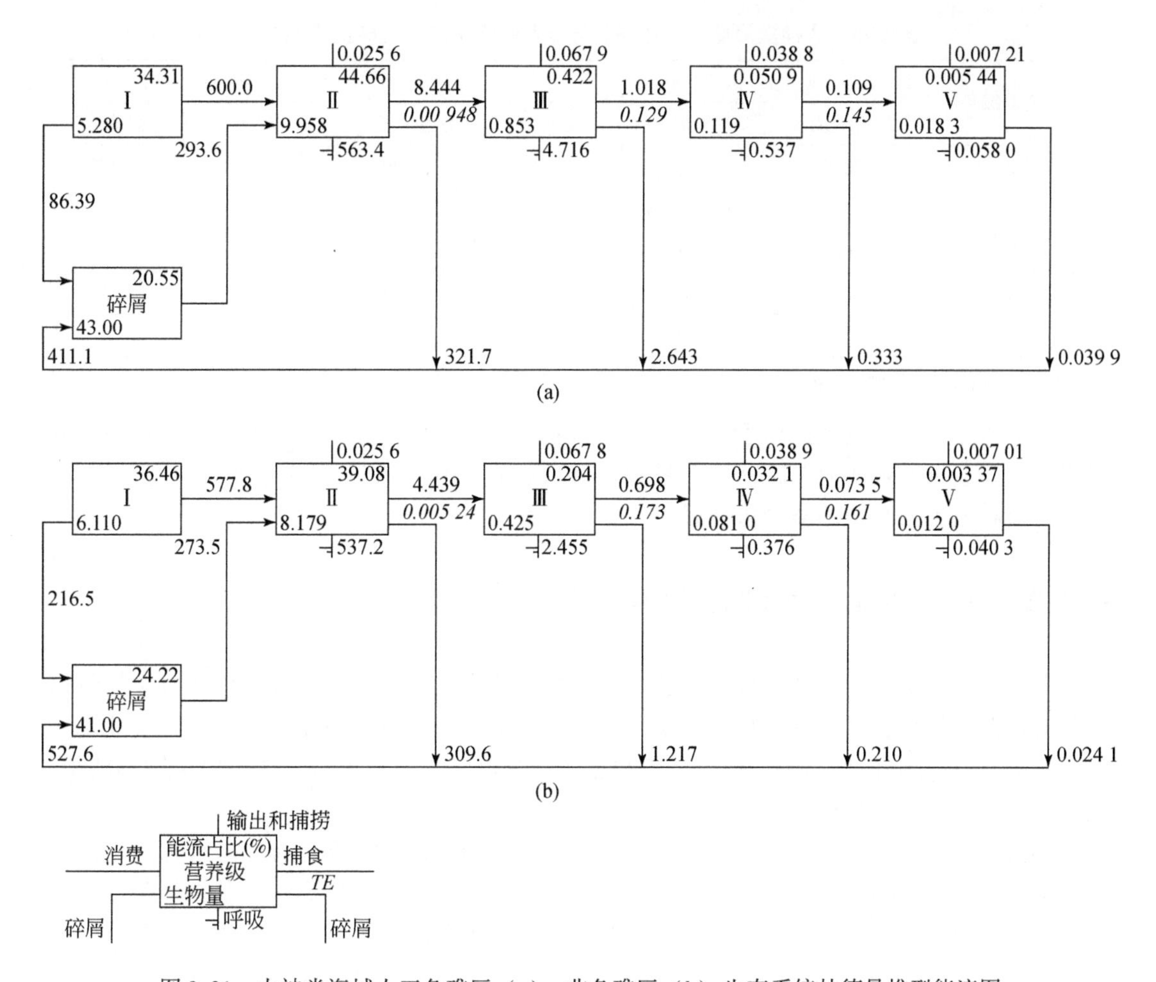

图 9.21　大神堂海域人工鱼礁区（a）、非鱼礁区（b）生态系统林德曼椎型能流图

区。人工鱼礁的投放改善了大神堂海域的生态环境，增加了生物资源量，减少了能量传递过程中的浪费，让更多的能量被高营养级摄食利用，提高了能量在生态系统中的利用程度。但大神堂海域的能量利用程度仍旧不高，传递效率低于林德曼传递效率（10%），这主要是营养级Ⅱ的传递效率低所导致的。大神堂海域营养级Ⅱ主要由浮游植物和底栖生物组成，浮游动物的生物量过高，而组成营养级Ⅲ的物种生物量较低，这导致营养级Ⅱ能量传递受阻，虽然与非鱼礁区相比人工鱼礁的投放增加了营养级Ⅲ的生物资源量，但仍无法消耗营养级Ⅱ过度积累的能量。这导致营养级Ⅱ的总流量［893.6t/(km^2·a)］中大部分能量都流向碎屑或被自身呼吸消耗，只有少部分能量被高营养级摄食，总能量传递效率仅为 0.95%。营养级Ⅲ～Ⅴ的能量传递效率相差不大，均有约 10% 的能量被下一营养级同化利用，说明该海域高营养级之间的能量流动符合林德曼传递效率。

表 9.25　大神堂海域人工鱼礁区与非鱼礁区生态系统能量传递效率　（单位：%）

营养级	人工鱼礁区			非鱼礁区		
	生产者	碎屑	总能流	生产者	碎屑	总能流
Ⅱ	0.77	1.32	0.95	0.39	0.81	0.52
Ⅲ	11.37	14.62	12.86	16.39	18.14	17.26
Ⅳ	16.25	12.88	14.5	17.72	14.63	16.1
Ⅴ	10.25	9.75	10.05	12.39	12.36	12.38
能量总传递效率	5.22	6.28	5.61	4.84	5.99	5.26

注：碎屑占总能流比例，非鱼礁区 0.37，人工鱼礁区 0.35。

综上所述，人工鱼礁提高了大神堂海域的能量传递效率，但营养级Ⅱ的能量传递受到阻碍，可以通过增殖放流浮游动物食性鱼类和底栖食性鱼类来改善营养级Ⅱ的能量流动，进一步提高该生态系统的能量传递效率。

9.3.2　关键功能组和混合营养效应

关键种是对所在生态系统维持系统结构、功能和稳定性起着关键控制作用且生物量占比相对较低的物种，该物种生物量的细微改变对该生态系统中其他物种生物量的变化起到重要影响。Ecopath 模型利用关键度指数和总体相对效应来判断生态系统中的关键功能组。关键度指数大于 0 或接近 0 的功能组一般为生态系统的关键功能组。

通过图 9.22 可以看出，人工鱼礁区和非鱼礁区关键度指数最高的功能组都是生态系统中的顶级捕食者——花鲈，其关键度指数和总体相对效应都远远高于其他功能组，对该生态系统的稳定起着至关重要的作用。除花鲈外，人工鱼礁区的舌鳎和虾类，非鱼礁区的舌鳎、底栖生物和虾类的关键度指数都接近 0 且总体相对效应大于 0.5。这些功能组在大

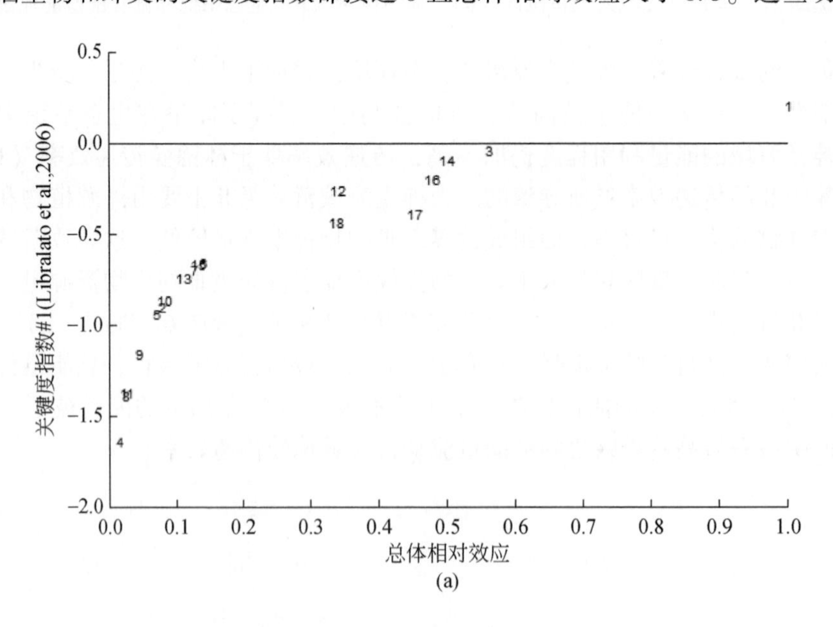

(a)

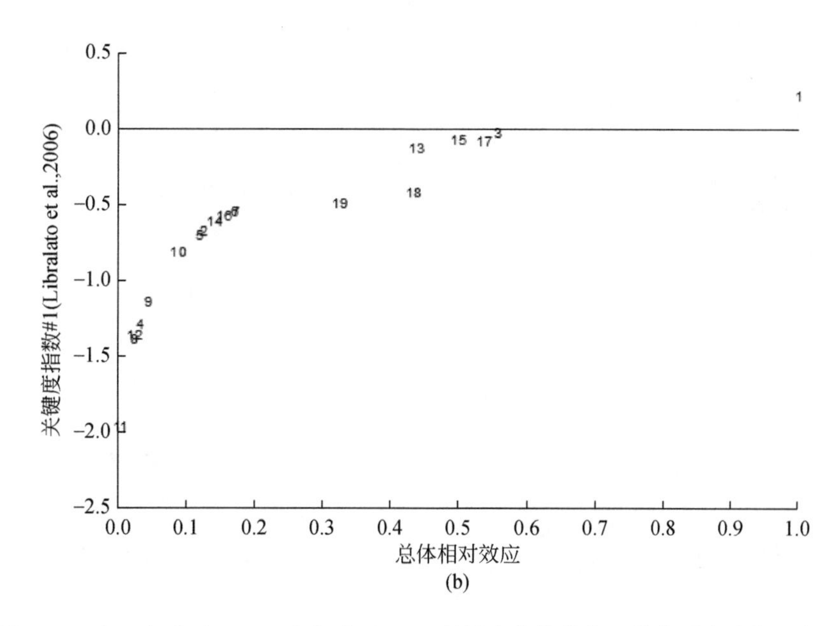

图 9.22　人工鱼礁区（a）、非鱼礁区（b）关键度指数分布（数字对应功能组编号）

神堂海域能量流动中起着流动枢纽的作用，要维持大神堂海域生态系统的稳定，应当适量捕捞海域中的关键种：花鲈、舌鳎、虾类和其他底栖生物，以免造成其生物量的大量减少，影响到生态系统中的能量传递，最终导致生态系统的波动。

由图 9.23 可以看出，关键功能组花鲈对大部分功能组都产生了负面效应，但对青鳞小沙丁鱼产生了明显的正面效应。花鲈生物量增加，捕食量也相应增大，作为花鲈食物来源的鱼类功能组的生物量便有所减少，其中包含了青鳞小沙丁鱼的捕食者——半滑舌鳎。花鲈虽然不直接摄食青鳞小沙丁鱼，但增加花鲈生物量的这一改变会通过食物网功能组间的相互作用间接导致青鳞小沙丁鱼生物量的增加。

9.3.3　食物网成熟度

大神堂海域人工鱼礁区和非鱼礁区的生态系统总体结构特征参数如表 9.26 所示。两个区域的 NLG 相差不大，人工鱼礁区比非鱼礁区少一个功能组。人工鱼礁区和非鱼礁区的 CI 分别为 0.31 和 0.30，SOI 分别为 0.22 和 0.21，表明大神堂生态系统的食物网结构比较复杂，不同功能组摄食的营养水平不同，功能组之间的关联程度较高，生态系统能量流动呈网状结构而非链状结构。与非鱼礁区相比，人工鱼礁区 FCI 和 FML 都有所上升，其中 FCI 增加了 33.36%，FML 增加了 6.43%，说明投放人工鱼礁增加了生态系统能量流经的食物链长度，能量循环程度更高。而且两个区域的 FCI 都大于 10%，表明大神堂生态系统已经处于发展的中期阶段，物质循环程度较高。TPP/TR 是表征生态系统成熟度的重要指标，生态系统的 TPP/TR 一般大于 1，其越接近 1 证明生态系统越成熟；但在生态系统受到外界污染的情况下，TPP/TR 可能会出现小于 1 的情况。大神堂海域人工鱼礁区的 TPP/TR 为 1.21，小于非鱼礁区的 1.47，均接近 1，说明该海域食物网在能量流动过程中

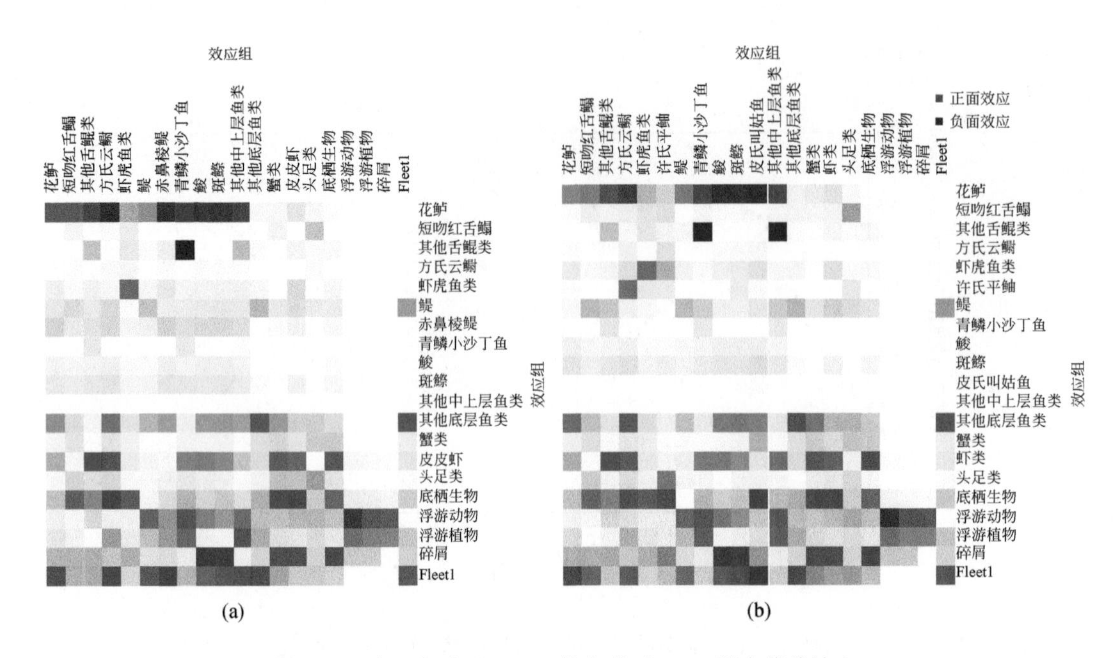

图 9.23 人工鱼礁区（a）、非鱼礁区（b）混合营养效应

的损耗较少，证明大神堂海域的生态系统发育较为成熟。

表 9.26 食物网成熟度指标

特征参数	非鱼礁区	人工鱼礁区	成熟度趋势
生物功能组数量 NLG	20	19	↓
连接性指数 CI	0.30	0.31	↑
系统杂食指数 SOI	0.21	0.22	↑
Finn 循环指数 FCI/%	13.49	17.99	↑
Finn 平均路径长度 FML	2.80	2.98	↑
总初级生产量/总呼吸量 TPP/TR	1.47	1.21	↑
总初级生产量/总生物量 TPP/TB	53.65	42.30	↑
相对聚合度 *A*/*C*/%	32.21	31.82	↑

总体来看，大神堂海域食物网各功能组间的摄食关系较为复杂，能量循环程度高，人工鱼礁的投放使得生态系统在稳定健康的基础上进一步趋向成熟。

9.3.4 食物网稳定性

捕捞是人类对海洋资源的利用行为，对当地渔业资源及其生活环境产生了负面影响。过度捕捞导致渔业资源的减少甚至枯竭，并直接影响到生态系统的结构、功能和稳定性。本节以捕捞为胁迫条件，用模型的 Ecosim 模块进行模拟，考察过度捕捞对具有复杂特性的海洋生态系统稳定性的作用。在模型模拟过程中，Ecosim 模型模拟了每个功能组的生物量变化，Ecosim 模型模拟结果如图 9.24 所示，可以看到 1.5 倍捕捞压力进行 10 年干扰，非鱼礁区功能组相对生物量的波动程度和波动时间均大于人工鱼礁区。

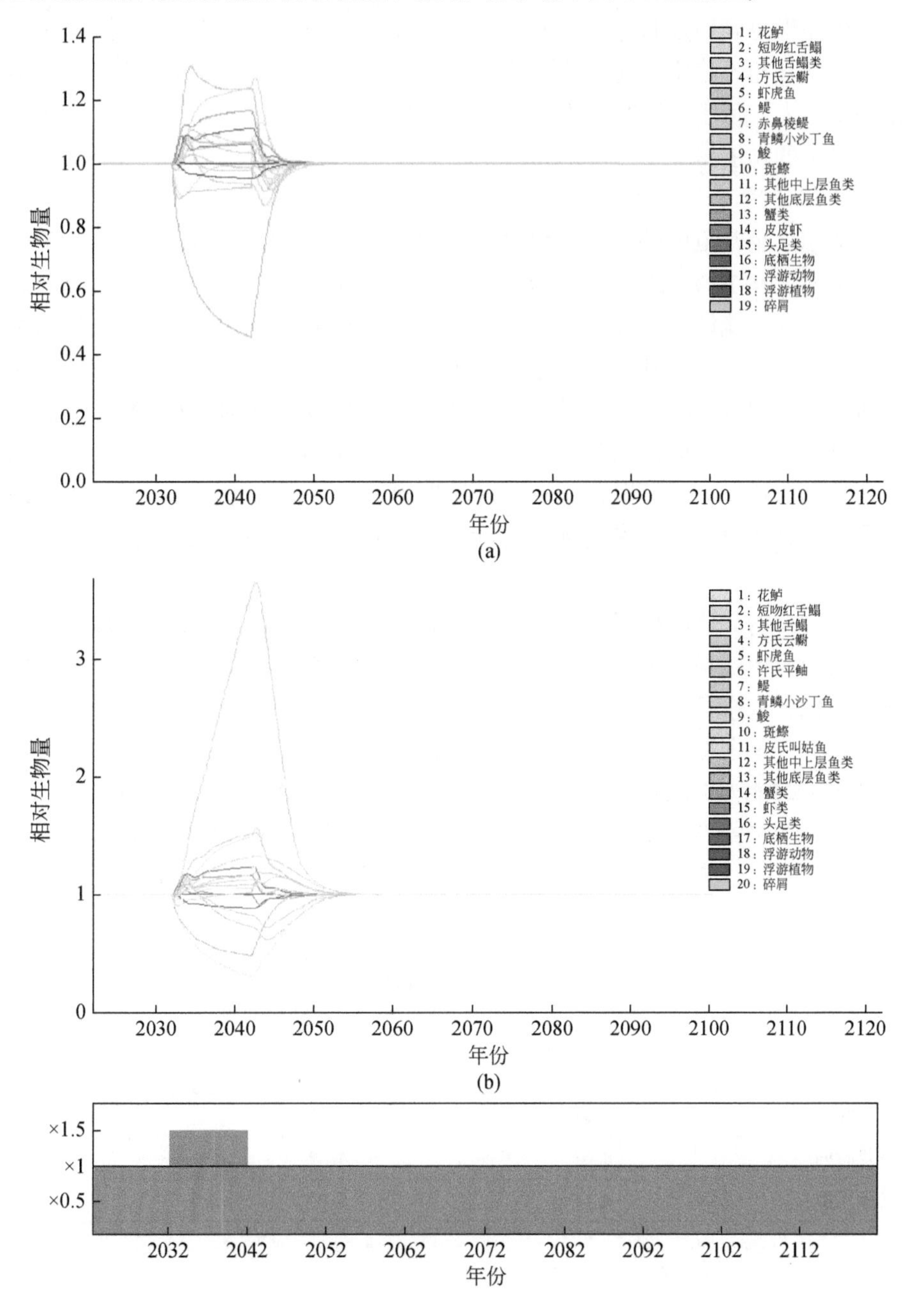

图 9.24　1.5 倍捕捞干扰下大神堂海域人工鱼礁区（a）和非鱼礁区（b）Ecosim 模型模拟结果

人工鱼礁区在 1.5 倍捕捞干扰下，有 8 个功能组生物量的波动超出了稳定范围（10%），分别是花鲈、半滑舌鳎、方氏云鳚、鳀、赤鼻棱鳀、其他中上层鱼类、其他底层鱼类和蟹类。其中变化幅度（相对生物量的最大值与最小值之差）排名前三的分别为其他底层鱼类（0.54）、赤鼻棱鳀（0.37）、其他舌鳎（0.29）。其他底层鱼类功能组在受到干扰后的第9年生物量达到最低值，为初始生物量的45.5%。不稳定功能组中仅有方氏云鳚在干扰过程中便恢复到稳定状态，恢复时间仅为10年，在后续几年的捕捞干扰下，其生物量维持稳定。其他不稳定功能组均在停止干扰后的3年内恢复到稳定状态。其他底层鱼类的变化幅度最大，从不稳定状态恢复到稳定范围以内需要12.83年，是人工鱼礁食物网中恢复时间最久的功能组。

非鱼礁区共有17个渔业资源（除浮游动物、浮游植物和碎屑）功能组，在捕捞干扰下生物量波动超出正常范围的有15个功能组，只有短吻红舌鳎和虾虎鱼两个功能组受到干扰后相对生物量在10%以内进行波动，变化幅度分别为0.097和0.102，说明这两个功能组的抵抗力较强，能够在外界压力下维持自身的稳定状态。皮氏叫姑鱼的生物量的变化幅度最大，生物量最多时达到了原始生物量的3.59倍。在不稳定功能组中，青鳞小沙丁鱼和虾类两个功能组在干扰下生物量发生了波动，变化幅度分别为0.39和0.21，但生物量很快就恢复到规定范围内，恢复时间分别为0.67年和0.50年。这两个功能组的弹性很高，在受到外界干扰压力时可以快速恢复自身生物量到原始状态。结束干扰后，虾类功能组的相对生物量又经过7.5年恢复到正常状态，总恢复时间为16.5年，是其中恢复稳定最晚的功能组。

为了得到食物网总体的稳定性指标，可以将每个功能组稳定性指标的数值进行平均，弹性取所有功能组中的最小值。大神堂海域食物网稳定性指标如表9.27所示，可以看到与非鱼礁区相比，人工鱼礁区的抵抗力增加了73.8%，恢复时间和变异系数分别减少了49.0%和63.6%。3个稳定性指标均有所改善，说明人工鱼礁的投放增强了大神堂海域抵抗外界捕捞压力的能力，能够在高强度的捕捞压力下尽量维持生态系统原有的稳定状态；在压力干扰下，生物量发生波动物种能够以较快的时间恢复到原始状态。人工鱼礁区弹性下降15.5%，发生重大扰动的功能组生物量恢复到稳定范围的速度较慢。总体来看，人工鱼礁的投放增强了大神堂海域食物网的稳定性。

表9.27　2022年大神堂海域食物网稳定性指标

稳定性指标	非鱼礁区	人工鱼礁区	稳定性趋势
抵抗力	4.31	7.49	↑
弹性	1.03	0.87	↓
恢复时间	8.67	4.42	↑
变异系数	0.11	0.04	↑

9.3.5　食物网相互作用强度与关键环分析

基于建立的大神堂海域传统鱼礁区和非鱼礁区Ecopath模型，根据Jacquet方法，计算各物种之间的相互作用强度如图9.25和图9.26所示。在传统鱼礁区，相互作用强度最大的是浮游植物和浮游动物之间，为-81.25。同样在非鱼礁区，相互作用强度最大的还是浮游动物和浮游植物的作用关系，达到-81。传统鱼礁区和非鱼礁区其他各物种之间的相互作用强度都比较小。

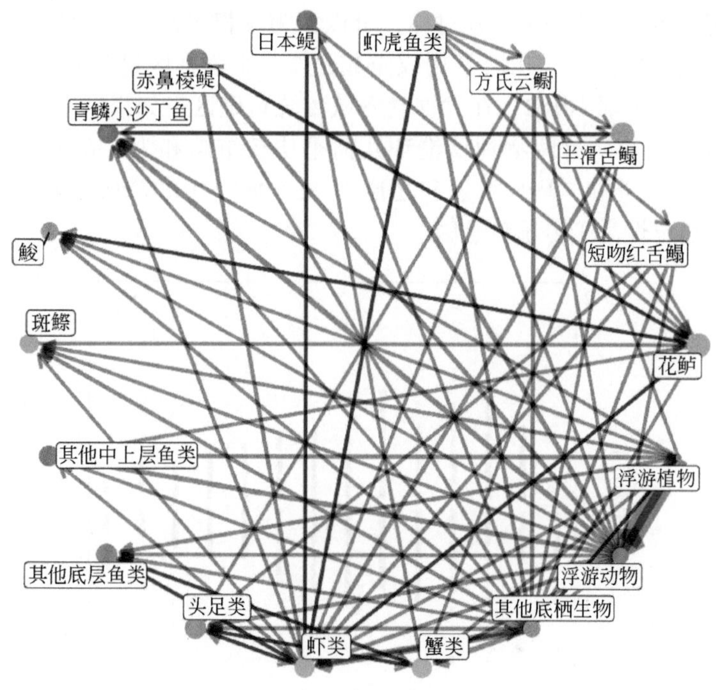

图 9.25　大神堂海域鱼礁区食物网各物种相互作用强度（雅可比矩阵）

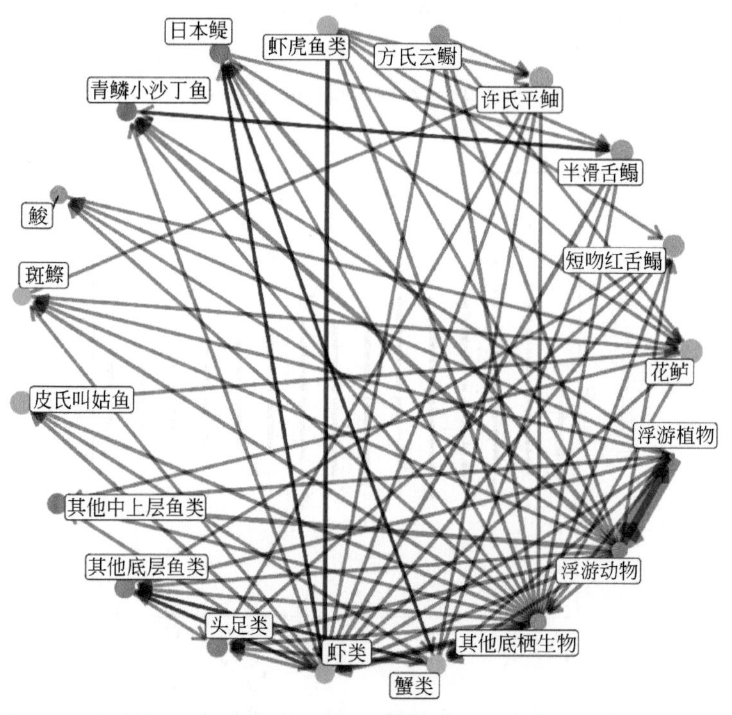

图 9.26　大神堂海域非鱼礁区食物网各物种相互作用强度（雅可比矩阵）

根据 Johnson 算法，计算所有反馈环几何平均权重（图 9.27、图 9.28）。传统鱼礁区和非鱼礁区最长的环分别有 15 个物种和 16 个物种，随着环长的增加，几何平均权重逐渐递减。两物种反馈环几何平均权重肯定为负。除去三物种反馈环，对于固定长度的反馈环，其正负几何平均权重几乎关于 0 对称，可以认为其权重总和接近 0。最大的环重出现在三物种反馈环，传统鱼礁区几何平均权重超过 2，非鱼礁区最大几何平均权重为 1.7，其他长度几何平均权重都小于 2。在大神堂海域传统鱼礁区，如果所有三物种反馈环几何平均权重总和为 51，而所有两物种反馈环几何平均权重总和为-3682，其比值绝对值为 0.014。而非鱼礁区三环和二环权重总和之比为 22/3082 = 0.007 <0.014，说明在大神堂海域非鱼礁区系统稳定性高于传统鱼礁区。

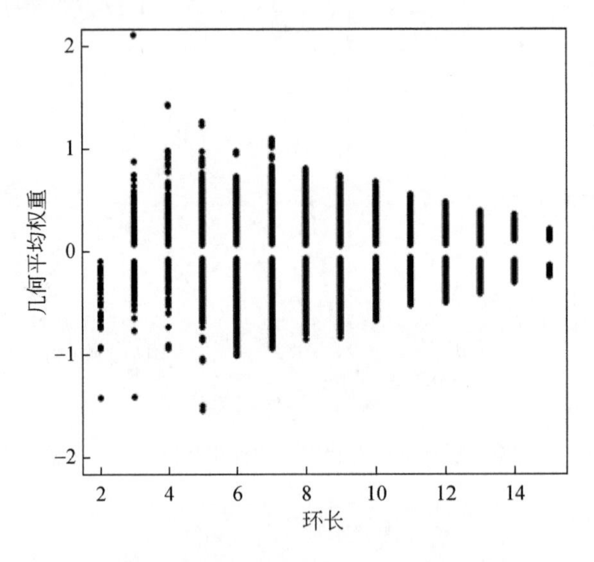

图 9.27　传统鱼礁区食物网不同长度反馈环几何平均权重

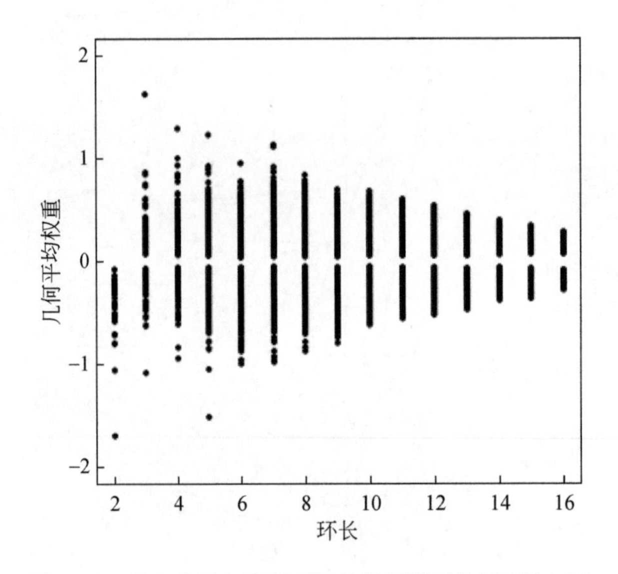

图 9.28　非鱼礁区食物网不同长度反馈环几何平均权重

在大神堂海域，传统鱼礁区和非鱼礁区都是其他底栖生物、浮游动物和浮游植物形成的反馈环几何平均权重在所有反馈环中最大，它们对系统的稳定性起着至关重要的作用（图 9.29 和图 9.30）。要想提高系统的稳定性，一个有效的方法是降低其他底栖生物、浮游动物和浮游植物反馈环的几何平均权重。而该反馈环中最大的几何平均权重是浮游植物和浮游动物之间的相互作用强度，达到−81.2，而其他几何平均权重最大才为 22.6。降低浮游植物与浮游动物之间的相互作用强度对提高系统稳定性起着事半功倍的作用。提高浮游动物密度可以降低它与浮游植物之间的相互作用强度，从而提高系统的稳定性。

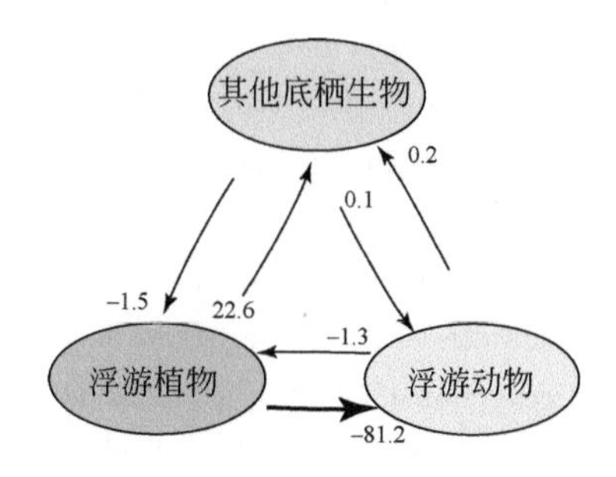

图 9.29　大神堂海域传统鱼礁区食物网关键环

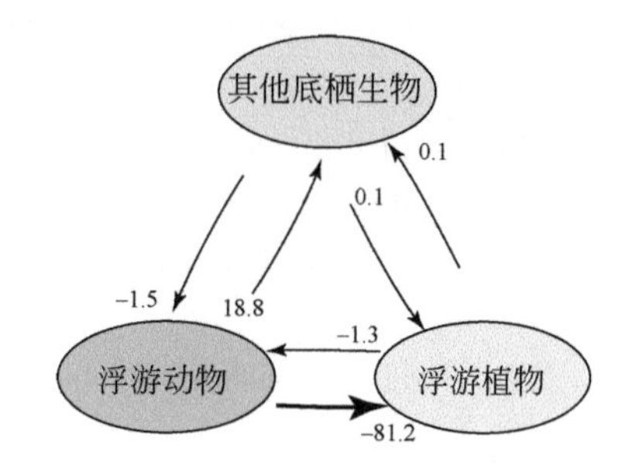

图 9.30　大神堂海域非鱼礁区食物网关键环

参考文献

郭彪，于莹，张博伦，等. 2015. 天津大神堂海域人工鱼礁区游泳动物群落特征变化［J］. 海洋渔业，37（5）：409-418.

李慕菡，徐宏，郭永军. 2021. 天津大神堂海洋牧场综合效益研究［J］. 中国渔业经济，39（1）：6.

王宇，房恩军，郭彪，等. 2014. 天津大神堂海洋特别保护区生境修复初步评价［J］. 河北渔业，（11）：23-29.

徐冠球，谭晓璇，屠建波，等. 2022. 天津大神堂牡蛎礁保护区海域海水水质变化趋势分析与评价［J］. 海洋环境科学，41（4）：554-562.

于洁，王宇，房恩军，等. 2016. 天津大神堂海域人工鱼礁区生态养护效果的初步评估［J］. 河北渔业，（6）：24-28.

Bayley P B，Peterson J T. 2001. An approach to estimate probability of presence and richness of fish species［J］. Transactions of the American Fisheries Society，130（4）：620-633.

Bonar S A, Mercado-Silva N, Hubert W A, et al. 2017. Standard methods for sampling freshwater fishes: Opportunities for international collaboration [J]. Fisheries, 42 (3): 150-156.

Dutta S, Chakraborty K, Hazra S. 2017. Ecosystem structure and trophic dynamics of an exploited ecosystem of Bay of Bengal, Sundarban Estuary, India [J]. Fisheries Science, 83: 145-159.

Halpern B S, Walbridge S, Selkoe K A, et al. 2008. A global map of human impact on marine ecosystems [J]. Science, 319 (5865): 948-952.

Jerde C L, Mahon A R, Chadderton W L, et al. 2011. "Sight-unseen" detection of rare aquatic species using environmental DNA [J]. Conservation Letters, 4 (2): 150-157.

Libralato S, Coll M, Tudela S, et al. 2008. Novel index for quantification of ecosystem effects of fishing as removal of secondary production [J]. Marine Ecology Progress Series, 355: 107-129.

Libralato S, Christensen V, Pauly D. 2006. A method for identifying keystone species in food web models [J]. Ecological Modelling, 195 (3-4): 153-171.

Lindeman R L. 1942. The trophic-dynamic aspect of ecology [J]. Ecology, 23 (4): 399-417.

Lu M, Luo X, Jiao J J, et al. 2019. Nutrients and heavy metals mediate the distribution of microbial community in the marine sediments of the Bohai Sea, China [J]. Environmental Pollution, 255: 113069.

May R M. 1973. Qualitative stability in model ecosystems [J]. Ecology, 54 (3): 638-641.

Odum E P. 1969. The Strategy of Ecosystem Development: An understanding of ecological succession provides a basis for resolving man's conflict with nature [J]. Science, 164 (3877): 262-270.

Olds B P, Jerde C L, Renshaw M A, et al. 2016. Estimating species richness using environmental DNA [J]. Ecology and Evolution, 6 (12): 4214-4226.

Peng S, Qin X, Shi H, et al. 2012. Distribution and controlling factors of phytoplankton assemblages in a semi-enclosed bay during spring and summer [J]. Marine Pollution Bulletin, 64 (5): 941-948.

Pfisterer A B, Schmid B. 2002. Diversity-dependent production can decrease the stability of ecosystem functioning [J]. Nature, 416 (6876): 84-86.

Pimm S L, Lawton J H, Cohen J E. 1991. Food web patterns and their consequences [J]. Nature, 350 (6320): 669-674.

Rooney N, McCann K S. 2012. Integrating food web diversity, structure and stability [J]. Trends in Ecology & Evolution, 27 (1): 40-46.

Shi J, Li G, Wang P. 2011. Anthropogenic influences on the tidal prism and water exchanges in Jiaozhou Bay, Qingdao, China [J]. Journal of Coastal Research, 27 (1): 57-72.

Shi Y, Zhang G, Zhang G, et al. 2022. Species and functional diversity of marine macrobenthic community and benthic habitat quality assessment in semi-enclosed waters upon recovering from eutrophication, Bohai Bay, China [J]. Marine Pollution Bulletin, 181: 113918.

Shuwang X, Zhang G, Li D, et al. 2023. Spatial and temporal changes in the assembly mechanism and co-occurrence network of the chromophytic phytoplankton communities in coastal ecosystems under anthropogenic influences [J]. Science of the Total Environment, 877: 162831.

第10章 渤海湾潮间带生态系统特征及稳定性评估

大港滨海潮间带位于渤海湾西南岸，行政区域隶属天津市滨海新区南部大港。近年来，随着渤海湾地区工业化和城市化的快速发展，渤海湾滨海滩涂受到不同程度的影响而出现退化。目前天津市处于自然状态的滨海滩涂仅存于北部汉沽、中部塘沽和南部大港的部分海域，且仅存的滨海滩涂湿地也面临着海洋生物多样性逐渐减少、生态系统生态功能持续减弱的威胁。天津市大港滨海湿地生态系统位于天津市滨海新区大港以东海域，面积为106.37km^2，2018年9月3日，天津市人民政府将其选划为生态保护红线。前期调查发现，大港滨海湿地潮间带属于互花米草入侵区域，并且沿陆海梯度存在着不同的群落分布：互花米草主导群落、互花米草和长牡蛎共同主导群落、光滩。互花米草和牡蛎两者是著名的生态系统工程师，可以改变湿地栖息地特征和动物群落结构来扩大其栖息地。互花米草已经有近30年的入侵历史，并占据了滩涂潮间带，长牡蛎虽然属于渤海湾的一种本地物种，但在该潮间带的大面积聚焦分布近几年才在研究区域内出现。

10.1 样品采集与测定

为进一步了解大港滨海湿地生态系统互花米草生境、互花米草-长牡蛎共生生境、光滩生境的结构和功能属性，探究陆海梯度上不同生境大型底栖群落的变化特征及维持食物网稳定性的关键生态过程，本研究分别于2023年4月、6月、9月分别在研究区域进行样品生物资源采集和调查工作，以评估生态系统特征和稳定性的季节性变化。在潮间带内不同生境设置3个监测站位（Sa、S-O、Mu），且每个站位设置3个平行样本，具体站位布设见图10.1。海洋生物资源调查参照《海洋调查规范第6部分：海洋生物调查》（GB/T 12763.6—2007）和《海洋监测规范》（GB 17378.1—2007）相关标准执行。生物资源样品采集包括浮游植物、浮游动物、底栖动物及互花米草采集。

根据潮汐活动的规律，在该潮间带各生境中浮游生物和水体悬浮物样品认为一致。于2023年4月、6月、9月野外采集不同生境的食物网各要素并进行碳氮同位素测定。食物网中的碎屑者包括表层沉积物和水体悬浮颗粒物；生产者采集了互花米草和浮游植物；消费者采集了浮游动物和大型底栖动物。各类样品的采集方法如下。

表层沉积物：在底质相对均匀的条件下，使用小铁铲采集表层0～5cm沉积物样品，每个站位进行3次平行取样，将样品带回实验室后自然烘干，研磨处理后，通过63μm筛绢，获得样品。

水体悬浮颗粒物：用1L塑料瓶采集表层水样，冷冻保存运输到实验室后，首先用150μm筛绢过滤去除浮游动物，然后将滤液抽滤到用马弗炉（450℃，4h）燃烧过的玻璃

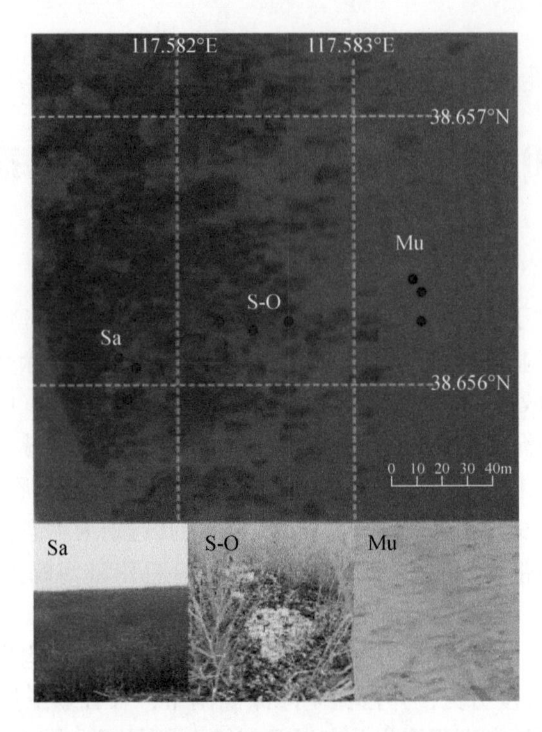

图 10.1 天津市大港湿地潮间带分布情况及监测站位图

纤维滤膜上（型号：Whatman GF/F，直径为50mm，孔径为0.47μm），获得样品，滤膜需要进行冷冻保存。

浮游植物：采用25号浮游生物网（浅水Ⅲ型）垂直采集并收集网内水体。冷冻保存，带回实验室后，首先用100μm筛绢过滤，除去浮游动物和碎屑，然后将滤液抽滤到Whatman GF/F滤膜上，冷冻保存。

浮游动物：采用13号浮游生物网（浅水Ⅱ型）垂直采集并收集网内水体。静置24h后，将水体抽滤到滤膜上并进行冷冻保存。

互花米草：手工采集互花米草，每个样品选取3株新鲜的互花米草叶片，用蒸馏水冲洗以去除附着物，样品采集后于70℃左右烘干获得互花米草样品。

大型底栖动物：各站位采集25cm左右的沉积物，分别淘洗过筛并将样品收集至样品瓶中，带回实验室后进行样品分拣和物种鉴定工作。虾类取其腹部肌肉，蟹类取其螯足，双壳类、腕足类取闭壳肌，腹足类取腹足肌肉。对多毛类等体积较小的个体取其全部个体。底栖动物样品均经冷冻干燥研磨处理后获得。以上每个物种均随机选取3～5只进行同位素样品测定，数量不足3只的物种将全部取样。

10.2 模型分析

本研究利用Ecopath with Ecosim（EwE）6.6，基于2023年各采样时间大港湿地潮间带生物调查结果，构建互花米草生境、互花米草-长牡蛎共生生境、光滩生境的Ecopath

模型，评估不同生境的生态系统结构和功能的差异性变化，2023 年大港湿地潮间带不同生境区的 pedigree 指数分别为 0.25、0.25、0.27，均处于可靠范围之内，模型具有可信度。

10.2.1 功能组划分

根据调查生物的分类学特征，互花米草生境共划分 9 个功能组，互花米草-长牡蛎生境共划分 10 个功能组，光滩生境共划分 8 个功能组。功能组基本覆盖了大港湿地潮间带生态系统能量流动过程，功能组的划分及组成见表 10.1 ~ 表 10.3。

表 10.1 2023 年互花米草生境区功能组划分

编号	功能组	组成
1	蟹类 Crabs	日本大眼蟹 *Macrophthalmus japonicus*
2	腹足类 Gastropods	秀丽织纹螺 *Nassarius dealbtuas*
3	多毛类 Polychaeta	日本刺沙蚕 *Neanthes japonica*
4	腕足类 Brachiopoda	鸭嘴海豆芽 *Lingula anatian*
5	其他甲壳类（蜾蠃蜚类）other Crustacea	河蜾蠃蜚 *Corophium acherusicum*、中华蜾蠃蜚 *Corophium sinensis*
6	浮游动物 zooplankton	浮游动物 zooplankton
7	互花米草 *Spartina alterniflora*	互花米草 *Spartina alterniflora*
8	浮游植物 phytoplankton	浮游植物 phytoplankton
9	碎屑 *detritus*	碎屑 detritus

表 10.2 2023 年互花米草-长牡蛎共生生境区功能组划分

编号	功能组	组成
1	蟹类 Crabs	日本大眼蟹 *Macrophthalmus japonicus*、绒螯近方蟹 *Hemigrapsus penicillatus*、豆形拳蟹 *Philyra pisum*
2	虾类 Shrimps	日本鼓虾 *Alpheus japonicus*
3	腹足类 Gastropods	秀丽织纹螺 *Nassarius dealbtuas*、陀螺短齿口螺 *Brachystomia bipyramidata*、丽核螺 *Pyrene bella*
4	多毛类 Polychaeta	日本刺沙蚕 *Neanthes japonica*、智利巢沙蚕 *Diopatra chiliensis*、全刺沙蚕 *Nectoneanthes oxypoda*、精巧扁蛰虫 *Loimia ingens*
5	腕足类 Brachiopoda	鸭嘴海豆芽 *Lingula anatian*
6	双壳类 Bivalvia	薄壳绿螂 *Glauconome primeana*、青蛤 *Cyclina sinensis*、四角蛤蜊 *Mactra veneriformis*、缢蛏 *Sinonovacula constricta*、纹斑新棱蛤 *Neotrapezium liratum*
7	浮游动物 zooplankton	浮游动物 zooplankton
8	互花米草 *Spartina alterniflora*	互花米草 *Spartina alterniflora*
9	浮游植物 phytoplankton	浮游植物 phytoplankton
10	碎屑 detritus	碎屑 detritus

表 10.3　2023 年光滩生境区功能组划分

编号	功能组	组成
1	蟹类 Crabs	日本大眼蟹 *Macrophthalmus japonicus*、豆形拳蟹 *Philyra pisumde*
2	腹足类 Gastropods	秀丽织纹螺 *Nassarius dealbtuas*
3	多毛类 Polychaeta	琥珀刺沙蚕 *Neanthes succinea*、智利巢沙蚕 *Diopatra chiliensis*、寡节甘吻沙蚕 *Glycinde gurjanovae*、扁蛰虫 *Loimia medusa* sp.、西方似蛰虫 *Amaeana occidentalis*
4	腕足类 Brachiopoda	鸭嘴海豆芽 *Lingula anatian*
5	双壳类 Bivalvia	四角蛤蜊 *Mactra veneriformis*
6	浮游动物 zooplankton	浮游动物 zooplankton
7	浮游植物 phytoplankton	浮游植物 phytoplankton
8	碎屑 detritus	碎屑 detritus

10.2.2　模型输入参数来源

大港滨海湿地不同生境 Ecopath 模型输入参数 B 来自生物调查；P/B、Q/B 参考黄渤海临近海域 Ecopath 模型的输入参数。DC_{ij} 来自基于稳定同位素数据及 MixSIAR 模型构建的食源矩阵。不同生境生态系统模型输入数据见表 10.4 ~ 表 10.6，食性组成见表 10.7 ~ 表 10.9。

表 10.4　2023 年大港滨海湿地互花米草生境 Ecopath 模型输入参数

编号	功能组	生物量/(t/km²)	P/B	Q/B	EE
1	腹足类	1.1330	1.8000	8.6000	
2	蟹类	2.2580	3.5000	12.0000	
3	多毛类	14.1220	6.8000	32.5000	
4	腕足类	4.7190	7.0000	24.0000	
5	其他甲壳类	6.8330	14.0000	60.0000	0.9382
6	浮游动物	9.0500	32.0000	125.0000	0.2409
7	浮游植物	15.7900	198.0000		0.3018
8	互花米草	1005.0000	1.3800		0.0826
9	碎屑	43.0000			0.2195

表 10.5　2023 年大港滨海湿地互花米草-长牡蛎共生生境 Ecopath 模型输入参数

编号	功能组	生物量/(t/km²)	P/B	Q/B	EE
1	虾类	1.8800	8.0000	28.0000	
2	蟹类	39.1650	3.5000	12.0000	

续表

编号	功能组	生物量/(t/km^2)	P/B	Q/B	EE
3	多毛类	11.9500	6.8000	32.5000	
4	腕足类	13.4900	7.0000	24.0000	
5	腹足类	16.5200	1.8000	8.6000	
6	双壳类	167.0500	4.1000	14.6000	0.2249
7	浮游动物	9.0500	32.0000	125.0000	0.6468
8	浮游植物	15.7900	198.0000		0.6938
9	互花米草	260.0000	1.3800		0.5851
10	碎屑	43.0000			0.7215

表 10.6　2023 年大港滨海湿地光滩生境 Ecopath 模型输入参数

编号	功能组	生物量/(t/km^2)	P/B	Q/B	EE
1	多毛类	4.5970	6.8000	32.5000	
2	蟹类	20.8620	3.5000	12.0000	
3	腕足类	13.6170	7.0000	24.0000	
4	腹足类	11.6460	1.8000	8.6000	
5	双壳类	129.6710	4.1000	14.6000	0.3720
6	浮游动物	9.0500	32.0000	125.0000	0.3090
7	浮游植物	15.7900	198.0000		0.5390
8	碎屑	43.0000			0.6334

表 10.7　2023 年大港滨海湿地互花米草生境食性矩阵

被捕食者/捕食者	1	2	3	4	5	6
1 腹足类	1	2	3	4	5	6
2 蟹类	0	0	0	0	0	0
3 多毛类	0	0	0	0	0	0
4 腕足类	0	0	0	0	0	0
5 蜾蠃蜚类	0	0	0	0	0	0
6 浮游动物	0	0.111	0.189	0	0	0
7 浮游植物	0	0	0.152	0	0	0
8 互花米草	0	0	0.145	0.541	0.4	0.576
9 碎屑	0.899	0.177	0.22	0	0	0

表 10.8　2023 年大港滨海湿地互花米草–长牡蛎共生生境食性矩阵

被捕食者/捕食者	1	2	3	4	5	6	7
1 虾类	1	2	3	4	5	6	7
2 蟹类	0	0	0	0	0	0	0
3 多毛类	0	0	0	0	0	0	0
4 腕足类	0	0	0	0	0	0	0
5 腹足类	0	0	0	0	0	0	0
6 双壳类	0	0	0	0	0	0	0
7 浮游动物	0. 262	0. 098	0	0	0. 663	0	0
8 浮游植物	0. 231	0	0. 451	0	0	0	0
9 互花米草	0. 202	0	0. 208	0. 578	0	0. 508	0. 576
10 碎屑	0	0. 249	0. 158	0	0. 222	0	0

表 10.9　2023 年大港滨海湿地光滩生境食性矩阵

被捕食者/捕食者	1	2	3	4	5	6
1 多毛类	0	0	0	0	0	0
2 蟹类	0	0	0	0	0	0
3 腕足类	0	0	0	0	0	0
4 腹足类	0	0	0	0	0	0
5 双壳类	0	0. 424	0	0. 915	0	0
6 浮游动物	0. 599	0	0	0	0	0
7 浮游植物	0. 192	0	0. 485	0	0. 447	0. 576
8 碎屑	0. 209	0. 576	0. 515	0. 085	0. 553	0. 424

10. 3　评 估 结 果

10. 3. 1　食物网要素的稳定同位素特征

天津市大港湿地潮间带不同生境各功能群的 $\delta^{13}C$、$\delta^{15}N$ 值分布情况见图 10. 2。

互花米草区域碳源的 $\delta^{13}C$ 值分布范围较窄，在浮游植物的−21. 93‰±2. 02‰到沉积碎屑的−9. 43‰±1. 44‰间分布，并且具有显著性差异（$p<0.05$）。其中互花米草的 $\delta^{13}C$ 值（−15. 65‰±0. 77‰）显著高于悬浮颗粒物（−19. 70‰±2. 40‰）和浮游植物，但悬浮颗粒物和浮游植物之间没有显著性差异。该区域内中 $\delta^{15}N$ 值最高的碳源为互花米草（9. 09‰±1. 02‰），而最低值为沉积碎屑的 7. 17‰±1. 80‰，互花米草的 $\delta^{15}N$ 值显著高于沉积碎屑和悬浮颗粒物（7. 21‰±0. 80‰），但与浮游植物（7. 84‰±1. 22‰）没有显著差异。

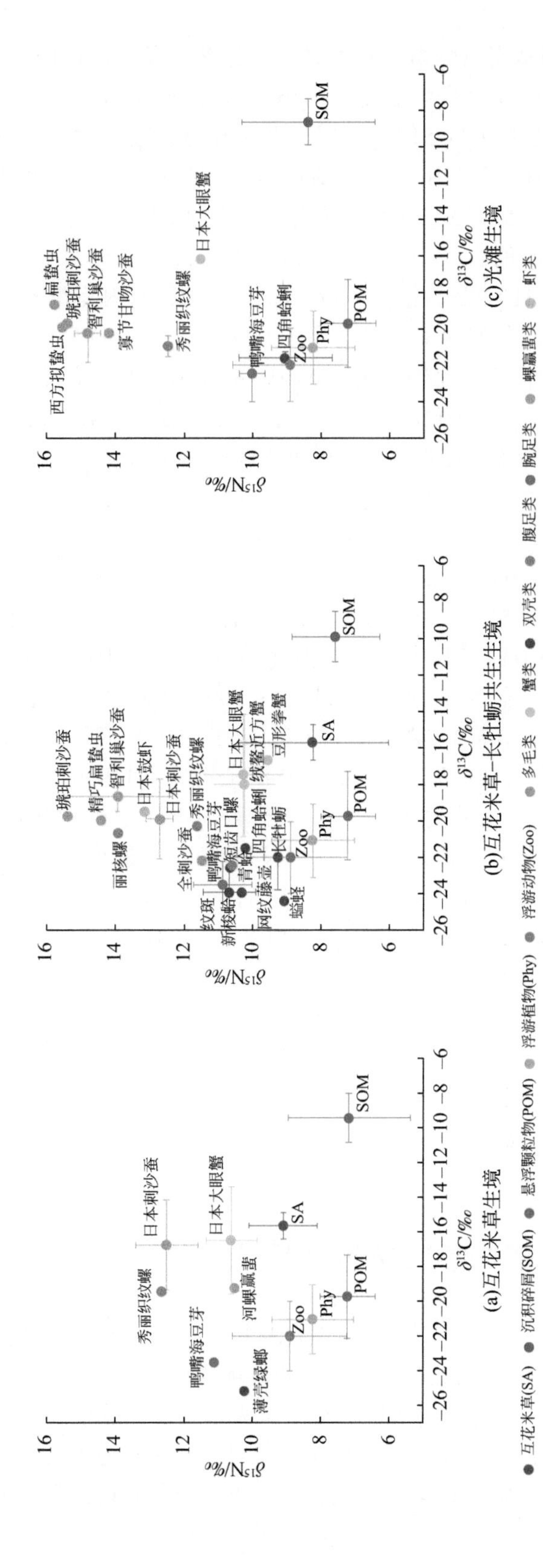

图10.2 天津市大港湿地潮间带不同生境各功能群$\delta^{13}C$-$\delta^{15}N$图

互花米草区域内不同消费者营养组的 $\delta^{13}C$ 值存在显著差异（$p<0.05$）。其中，蟹类的 $\delta^{13}C$ 值（-16.48‰±3.10‰）和多毛类（-16.73‰±2.61‰）显著大于浮游动物（-21.98‰±2.01‰）和腕足类（23.51‰），但与蜾蠃蜚类和腹足类没有显著差异。该区域内消费者营养组的 $\delta^{15}N$ 值分布范围为浮游动物的 8.90‰±1.69‰到腹足类的 12.67‰. 其中，多毛类的 $\delta^{15}N$ 值（12.51‰±0.91‰）显著大于浮游动物。

共生区域内碳源的 $\delta^{13}C$ 值在浮游植物的-21.93‰±2.02‰到沉积碎屑的-9.88‰±1.44‰间分布，不同碳源间具有显著性差异（$p<0.05$）。该区域内互花米草的 $\delta^{13}C$ 值分别为-15.67‰±1.00‰，沉积碎屑的 $\delta^{13}C$ 值显著高于互花米草，并且以上两种碳源的 $\delta^{13}C$ 值显著高于浮游植物和悬浮颗粒物。此外，该区域内中 $\delta^{15}N$ 值没有显著差异（$p>0.05$），分布范围在悬浮颗粒物的 7.21‰±0.80‰到互花米草的 8.24‰±2.23‰，其中，沉积碎屑 $\delta^{15}N$ 值为 7.58‰±1.28‰，略高于互花米草区域内沉积碎屑的 $\delta^{15}N$ 值。

共生区域内消费者各营养组的 $\delta^{13}C$ 值分布较窄，按大小排列依次为蟹类（-17.47‰±2.76‰）、虾类（-19.45‰）、多毛类（-19.85‰±1.64‰）、腹足类（-21.11‰±1.16‰）、浮游动物（-21.98‰±2.01‰）、双壳类（-23.08‰±1.44‰）和腕足类（-23.48‰±1.30‰）。其中，蟹类、虾类、多毛类显著大于双壳类。各消费者营养组的 $\delta^{15}N$值存在显著差异（$p<0.05$）。其中，多毛类（13.30‰±1.21‰）、虾类（13.16‰）、腹足类（12.05‰±1.70‰）显著高于浮游动物（8.90‰±1.69‰），腕足类（10.87‰±0.85‰）、蟹类（10.14‰±0.88‰）、双壳类（9.81‰±1.01‰）间没有显著差异。

光滩区域内碳源 $\delta^{13}C$ 值的分布范围较广，由浮游植物的-21.93‰±2.02‰到沉积碎屑的-8.65‰±1.24‰。同样的，沉积碎屑的 $\delta^{13}C$ 值显著大于浮游植物和悬浮颗粒物（$p<0.05$）。该区域内沉积碎屑的 $\delta^{15}N$ 值最大，其次是浮游植物，最小值出现在悬浮颗粒物，各消费者营养组间没有显著差异（$p>0.05$）。

光滩区域内各消费者营养组中，蟹类的 $\delta^{13}C$ 值最大（-16.83‰±0.88‰），并且显著高于多毛类（-20.06‰±1.10‰）、腹足类（-20.93‰±0.58‰）、双壳类（-21.62‰±0.35‰）、浮游动物（-21.98‰±2.01‰）和腕足类（-22.46‰±1.52‰），其余各消费者的 $\delta^{13}C$ 值无显著差别。消费者营养组的 $\delta^{15}N$ 值同样存在显著差异（$p<0.05$），多毛类（14.99‰±1.05‰）显著高于蟹类（11.55‰±2.54‰）、腕足类（10.01‰±0.32‰）、双壳类（9.04‰±1.00‰）、浮游动物（8.90‰±1.69‰），但与腹足类（12.48‰±1.24‰）无显著差异（$p>0.05$）。

10.3.2 食物网营养结构与能量传递特征

大港滨海湿地互花米草生境、互花米草-长牡蛎共生生境、光滩生境食物网结构如图 10.3～图 10.5 所示。3 种生境均由牧食食物链和碎屑食物链组成，而互花米草生境和互花米草-长牡蛎共生生境比光滩生境多一条以互花米草为基础食源的食物链。互花米草生境 9 个功能组占据 2 个营养级，营养级范围为 1.00～2.34；其中多毛类在该食物网中处于最高营养级。互花米草-长牡蛎共生生境 10 个功能组占据 3 个营养级，营养级范围为 1.00～2.66；腹足类营养级最高；光滩生境共有 8 个功能组，营养级范围为 1.00～2.92。相比而言，光滩生境及互花米草-长牡蛎共生生境食物网中营养级别较高。

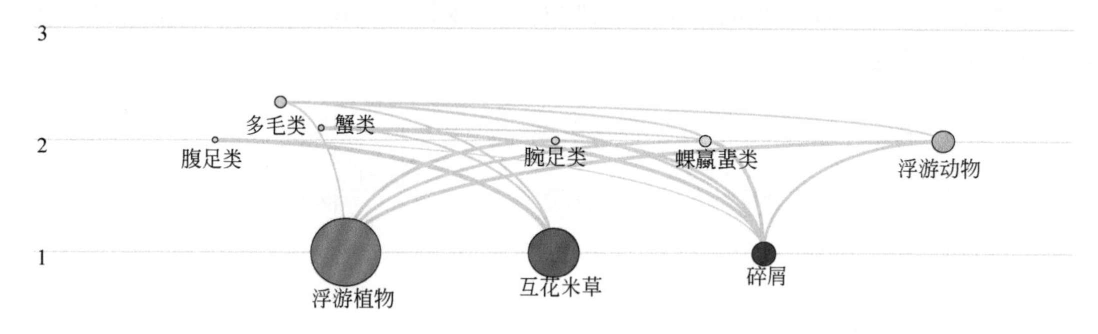

图 10.3　2023 年互花米草生境食物网结构

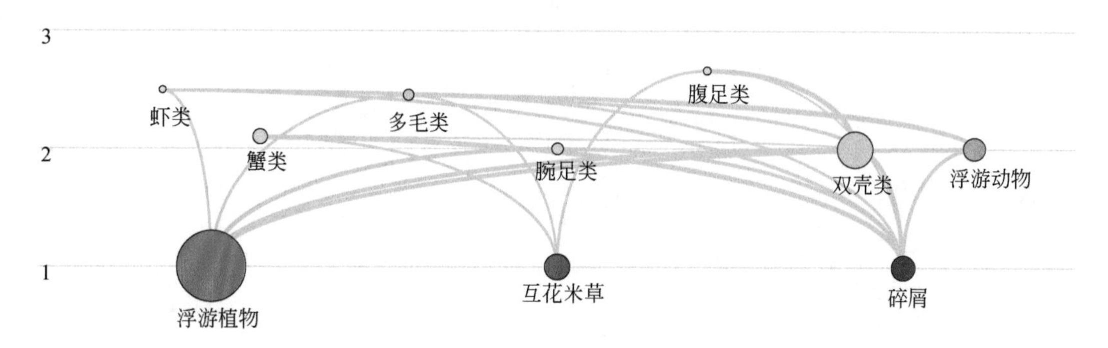

图 10.4　2023 年互花米草-长牡蛎共生生境食物网结构

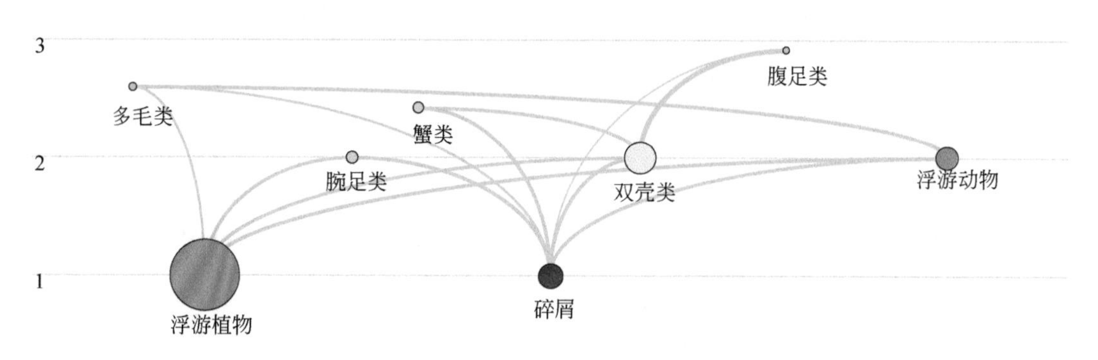

图 10.5　2023 年光滩生境食物网结构

营养级聚合结果显示，渤海湾生态系统营养结构可以分为 4 个整合营养级，由于Ⅳ营养级的输入量、输出量和总流量较低，可以忽略不计，最终渤海湾生态系统有效营养级为Ⅰ-Ⅲ。营养级之间的能量传递如图 10.6 所示。第一营养级的生物量和能量最高，营养级越高总流量越低，符合金字塔分布特点。互花米草生境、互花米草-长牡蛎共生生境、光滩生境的总初级生产量分别为 4513t/(km^2 · a)、3485t/(km^2 · a)、3126t/(km^2 · a)，其中分别有 1058t/(km^2 · a)、2379t/(km^2 · a)、1685t/(km^2 · a) 能量流入营养级Ⅱ，分别占总初级生产量的 23.44%、68.26%、53.90%。大港滨海湿地能量主要在 3 个营养级之间流动，不同生境中营养级能量传递效率分别为 8.01%、7.41%、8.06%，光滩生境最高，互花米草-长牡蛎共生生境最低，林德曼传递效率均小于 10%，表明大港滨海湿地的能量利用程度较低。

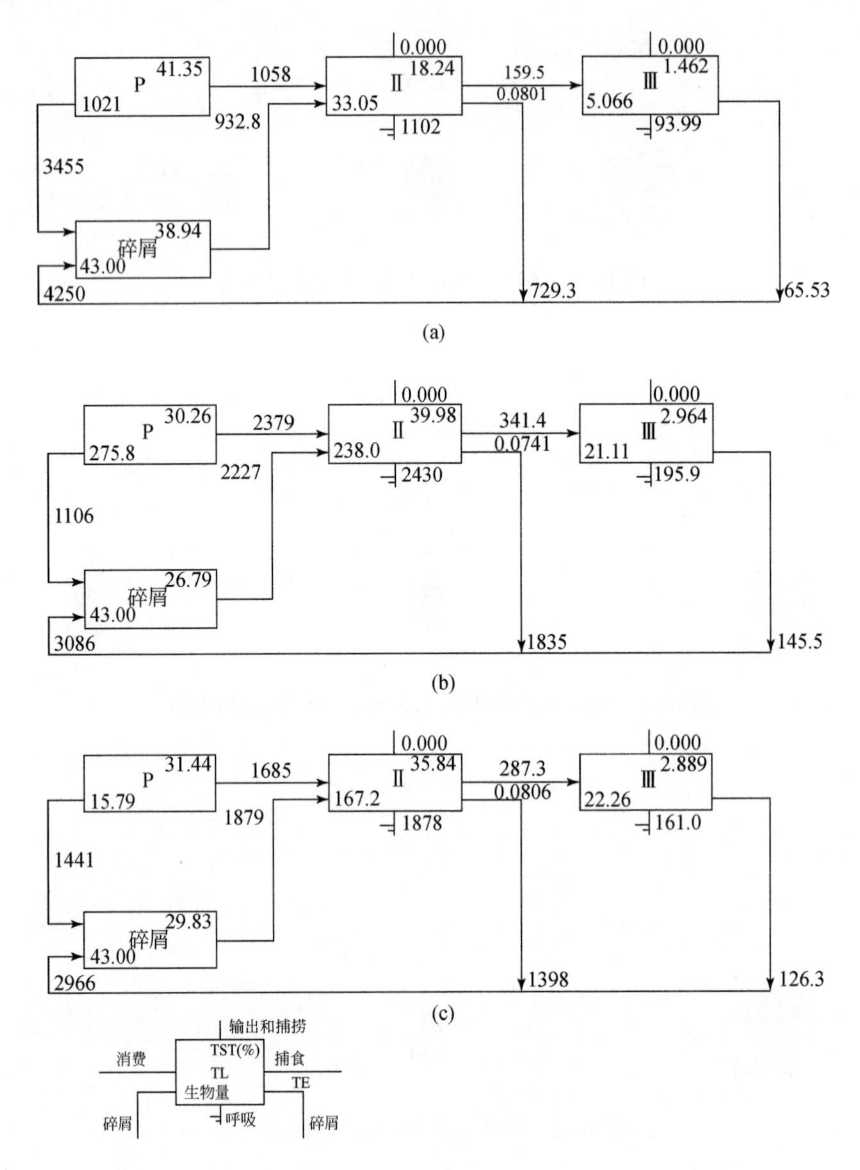

图 10.6　2023 年大港滨海湿地互花米草生境（a）、互花米草-长牡蛎共生生境（b）、光滩生境（c）生态系统能量流动示意图

10.3.3　食物网特征

2023 年大港滨海湿地不同生境食物网特征参数见表 10.10。互花米草-长牡蛎共生生境 NLG 大于互花米草生境和光滩生境，物种多样性增加，以往研究也有显示，牡蛎可以

作为生态系统工程师，为大型底栖生物提供复杂的栖息环境以增加物种多样性水平，本研究结果与之前研究一致。互花米草-长牡蛎共生生境 SOI 要大于互花米草生境，光滩生境的 SOI 最小，而 CI 呈现相反的趋势，综合来看，互花米草-长牡蛎共生生境食物网内部连接结构的复杂程度最高，其次是互花米草生境，光滩生境的复杂程度最低。互花米草-长牡蛎共生生境中的 FCI 和 FML 均最高，代表着相较于互花米草生境和光滩生境，物质再循环的比例增加，生态系统有机物流转增加，循环的多样性增加。

表 10.10　2023 年大港滨海湿地不同生境生态系统特征

类别	参数	互花米草生境	互花米草-长牡蛎共生生境	光滩生境
复杂性	生物功能组数量 NLG	8	9	8
	连接指数 CI	0.250	0.247	0.271
	系统杂食指数 SOI	0.063	0.068	0.043
循环	Finn 循环指数 FCI/%	3.773	15.85	14.28
	Finn 平均路径长度 FML	2.398	3.445	3.314
成熟度	总初级生产量/总呼吸量 TPP/TR	4.283	1.246	1.456
	总初级生产量/总生物量 TPP/TB	3.757	5.530	12.824
	相对聚合度 A/C/%	32.93	22.79	23.11

互花米草-长牡蛎共生生境的 TPP/TR 与 TPP/TB 均最低，其中 TPP/TR 被认为是表征生态系统成熟度最好的指标，成熟生态系统 TPP/TR 接近 1。互花米草-长牡蛎共生生境和光滩生境中的 TPP/TR 分别为 1.246 和 1.456，表明这两个生境中生态系统总体上接近成熟水平，且成熟度高于互花米草生境。

总体而言，从食物网结构变化和发育的成熟程度的角度来看，互花米草-长牡蛎共生生境增加了食物网营养物质的循环利用程度和生态系统整体的成熟度。

10.3.4　食物网稳定性分析

2023 年大港滨海湿地不同生境的局域稳定性如图 10.7 所示，光滩生境最稳定，其次是互花米草生境，而互花米草-长牡蛎共生生境最不稳定。在研究区域内，互花米草属于入侵物种，本研究发现互花米草的入侵降低了原生境的局域稳定性，而长牡蛎的出现再次降低了互花米草入侵生境的局域稳定性。竞争和调节动态展示了生态系统中两种不同生态系统工程师之间的相互作用。长牡蛎的引入似乎对抗了互花米草的入侵，通过重新定义底栖食物网的格局，可能导致生态系统的演替，使长牡蛎成为主导的生态工程师。

10.3.5　关键环分析

基于建立的大港滨海湿地互花米草生境、互花米草-长牡蛎共生生境、光滩生境的

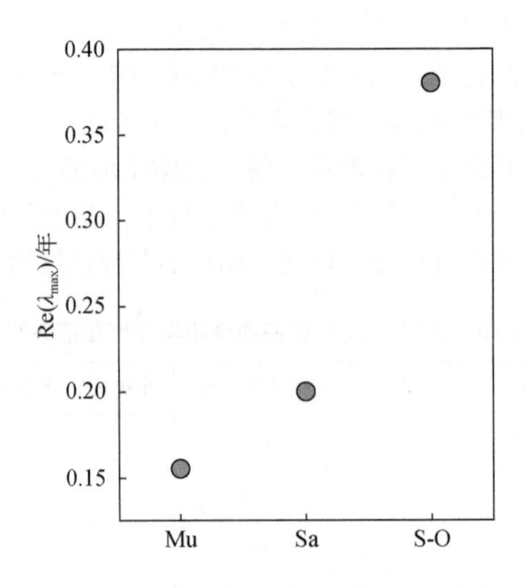

图 10.7　大港滨海湿地不同生境的局域稳定性

Ecopath 模型，根据 Jacquet 的方法，计算各物种之间的相互作用强度如表 10.11 ~ 表 10.13 所示。在大港滨海湿地生态系统中，浮游植物和浮游动物之间的相互作用强度最大，为-72.00。对于不同功能组而言，多毛类在 3 个生境中与浮游动物、浮游植物之间的相互作用强度均较大，并且呈现依次增加的趋势，也可以反映出其食性的变化。腕足类在 3 个生境中与浮游植物的相互作用强度均较大。此外，在互花米草生境中，螺嬴蜚类与浮游植物之间的相互作用强度较大；在互花米草-长牡蛎共生生境内，浮游植物与浮游动物、双壳类之间的相互作用强度较大。

表 10.11　2023 年大港滨海湿地互花米草生境相互作用强度矩阵（雅可比矩阵）

物种	腹足类	蟹类	多毛类	腕足类	螺嬴蜚类	浮游动物	浮游植物	互花米草
腹足类	0	0	0	0	0	0	0	0.0018
蟹类	0	0	0	0	0.13	0	0	0.0014
多毛类	0	0	0	0	2.66	1.61	0.88	0.021
腕足类	0	0	0	0	0	0	1.13	0
螺嬴蜚类	0	-1.33	-6.14	0	0	0	2.42	0
浮游动物	0	0	-4.94	0	0	0	10.56	0
浮游植物	0	0	-4.71	-12.98	-24.00	-72.00	0	0
互花米草	-7.73	-2.12	-7.15	0	0	0	0	0

表 10.12　2023 年大港滨海湿地互花米草-长牡蛎共生生境相互作用强度矩阵（雅可比矩阵）

物种	虾类	蟹类	多毛类	腕足类	腹足类	双壳类	浮游动物	浮游植物	互花米草
虾类	0	0	0	0	0	0.02	0.38	0.19	0

续表

物种	虾类	蟹类	多毛类	腕足类	腹足类	双壳类	浮游动物	浮游植物	互花米草
蟹类	0	0	0	0	0	0.08	0	0	0.13
多毛类	0	0	0	0	0	0	5.00	1.07	0.049
腕足类	0	0	0	0	0	0	0	3.46	0
腹足类	0	0	0	0	0	0.12	0	0	0.025
双壳类	-7.34	-1.18	0	0	-5.70	0	0	22.03	0
浮游动物	-6.47	0	-14.66	0	0	0	0	10.56	0
浮游植物	-5.66	0	-6.76	-13.87	0	-7.41	-72.00	0	0
互花米草	0	-2.99	-5.14	0	-1.91	0	0	0	0

表 10.13　2023 年大港滨海湿地光滩生境相互作用强度矩阵（雅可比矩阵）

物种	多毛类	蟹类	腕足类	腹足类	双壳类	浮游动物	浮游植物
多毛类	0	0	0	0	0	2.07	0.38
蟹类	0	0	0	0	0.24	0	0
腕足类	0	0	0	0	0	0	2.93
腹足类	0	0	0	0	0.15	0	0
双壳类	0	-5.09	0	-7.87	0	0	15.05
浮游动物	-19.47	0	0	0	0	0	10.56
浮游植物	-6.24	0	-11.64	0	-6.53	-72.00	0

根据 Johnson 算法，计算所有反馈环几何平均权重（图 10.8 ~ 图 10.10）。互花米草生境、互花米草-长牡蛎共生生境、光滩生境最长的环长分别有 6 个、7 个和 3 个物种，随着环长的增加，几何平均权重逐渐递减。两物种反馈环几何平均权重肯定为负。除去三物种反馈环，对于固定长度的反馈环，其正负几何平均权重几乎关于 0 对称，可以认为其几何平均权重总和接近 0。以往研究表明，环长为 3 的反馈环几何平均权重与稳定性的相关程度最高，互花米草生境内几何平均权重最高的为四物种反馈环，几何平均权重为 4.79。互花米草-长牡蛎共生生境以及光滩生境的最大几何平均权重均出现在三物种反馈环，分别为 5.80 和 4.80。在互花米草生境中，如果把所有三物种反馈环几何平均权重加起来为 2.24，而所有两物种反馈环几何平均权重总和为 -25.22，其比值绝对值为 0.089。而互花米草-长牡蛎共生生境、光滩生境三物种反馈环和两物种反馈环几何平均权重总和的绝对值分别为 $|4.14/-30.35|=0.136$、$1.39/23.86=0.058$，说明互花米草-长牡蛎共生生境的系统稳定性高于互花米草生境和光滩生境。

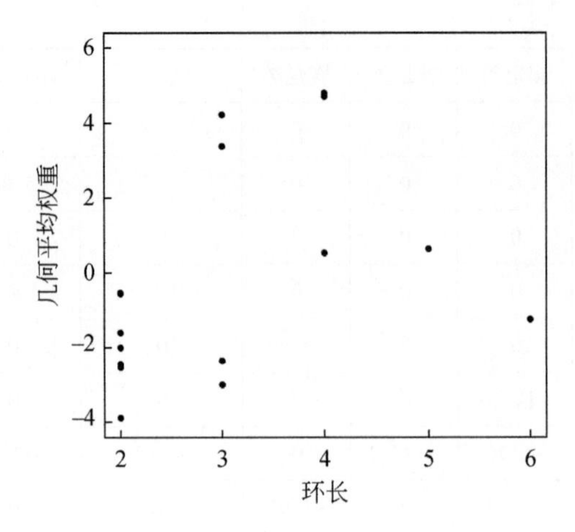

图 10.8　互花米草生境食物网不同长度反馈环几何平均权重

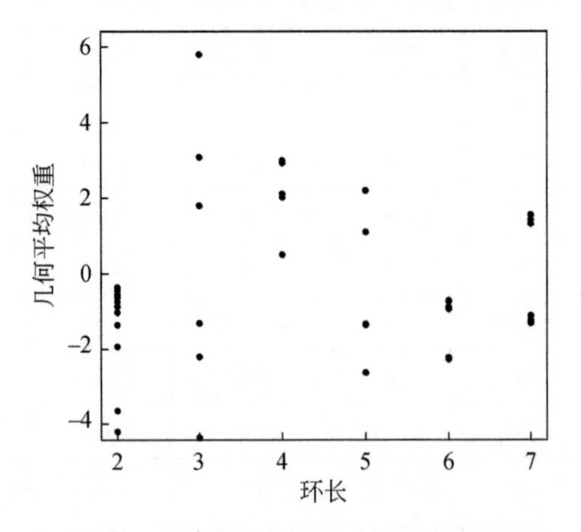

图 10.9　互花米草-长牡蛎共生生境食物网不同长度反馈环几何平均权重

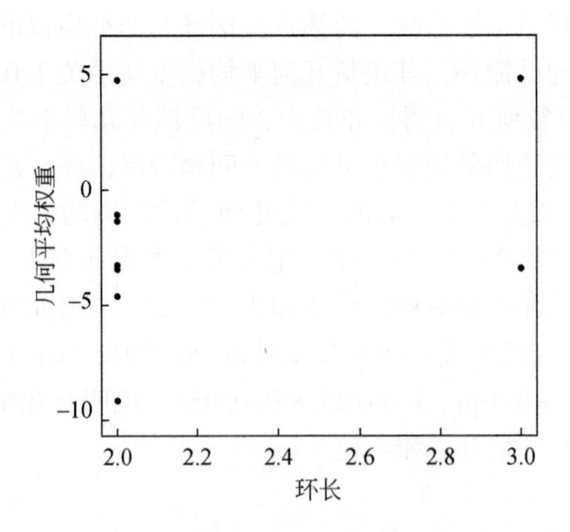

图 10.10　光滩生境食物网不同长度反馈环几何平均权重

在3种生境中，多毛类、浮游植物和浮游动物形成的反馈环几何平均权重在所有反馈环中最大，它们对系统的稳定性起着至关重要的作用（图10.11～图10.13）。要想提高系统的稳定性，一个有效的方法是降低多毛类、浮游植物和浮游动物反馈环的几何平均权重。而该反馈环中最大的几何平均权重是浮游植物和浮游动物之间的相互作用强度，达到-72。在互花米草-长牡蛎共生生境和光滩生境中，多毛类与浮游动物之间的相互作用强度较大，分别为-14.7和-19.5。对所有生境而言，降低浮游植物和浮游动物之间的相互作用强度对提高系统稳定性起着事半功倍的作用。提高浮游动物密度可以降低它与浮游植物之间的相互作用强度以及多毛类与浮游动物之间的相互作用强度，从而提高系统的稳定性。

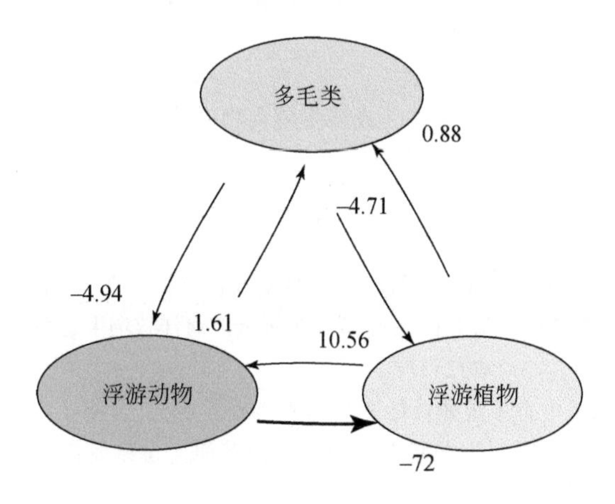

图10.11　互花米草生境食物网关键环

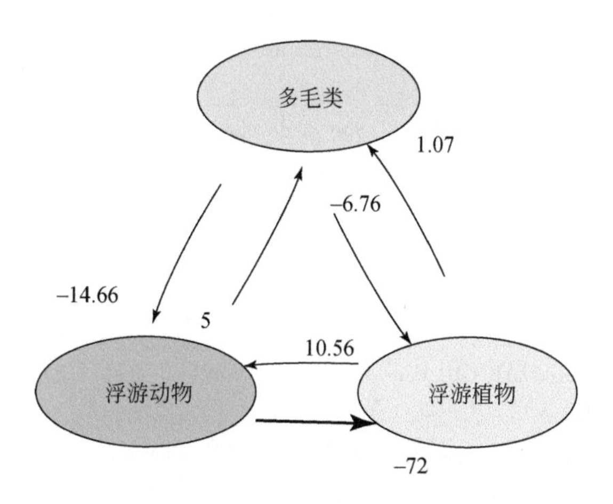

图10.12　互花米草-长牡蛎共生生境食物网关键环

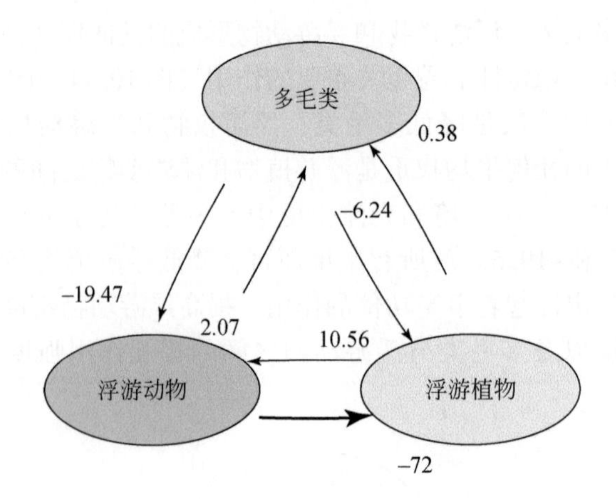

图 10.13　光滩生境食物网关键环

参 考 文 献

何从颖．2021. 西沪港生态系统结构研究及盐沼生境修复效益评价［D］．宁波：宁波大学．

李欣宇，张云岭，齐遵利，等．2023. 基于 Ecopath 模型的祥云湾海洋牧场生态系统结构和能量流动分析［J］. 大连海洋大学学报，38（2）：311-322+1.

林群．2012. 黄渤海典型水域生态系统能量传递与功能研究［D］．青岛：中国海洋大学．

王玮．2019. 基于稳定同位素分析与生态通道模型的西南黄海生态系统结构和能量流动分析［D］．南京：南京大学．

王以斌，尹晓斐，张晶晶，等．2021. 渤海湾西南部近岸海域环境状况及其时空变化［J］．福州大学学报（自然科学版），49（2）：261-269.

Allesina S，Tang S. 2015. The stability － complexity relationship at age 40：A random matrix perspective［J］. Population Ecology，57（1）：63-75.

Bentivoglio F，Calizza E，Rossi D，et al. 2016. Site-scale isotopic variations along a river course help localize drainage basin influence on river food webs［J］. Hydrobiologia，770（1）：257-272.

Neutel A M，Heesterbeek J A P，De Ruiter P C. 2002. Stability in real food webs：Weak links in long loops［J］. Science，296（5570）：1120-1123.

Post D M. 2002. Using stable isotopes toestimate trophic position：Models，methods，and assumptions［J］. Ecology，83（3）：703-718.

Stock B，Semmens B. 2016. MixSIAR GUI User Manual. Version 3. 1.［M］. San Diego：Scripps Institution of Oceanography，U C San Diego.

Teng W，Li Y，Bin X，et al. 2017. Ecosystem development of Haizhou Bay ecological restoration area from 2003 to 2013［J］. Journal of Ocean University of China，16：1126-1132.

附　　录

附　　图

附图 1　海洋食物网的相互作用网络及稳定性

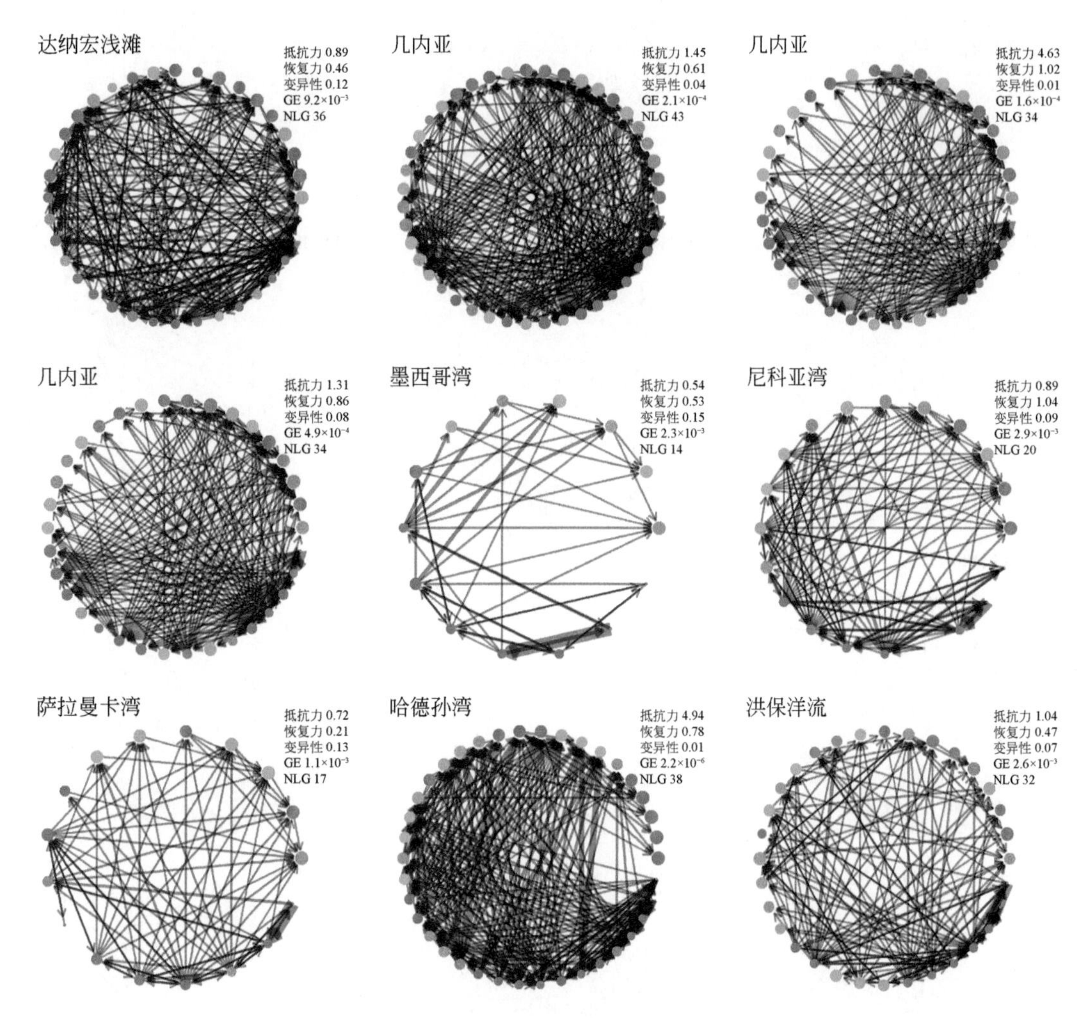

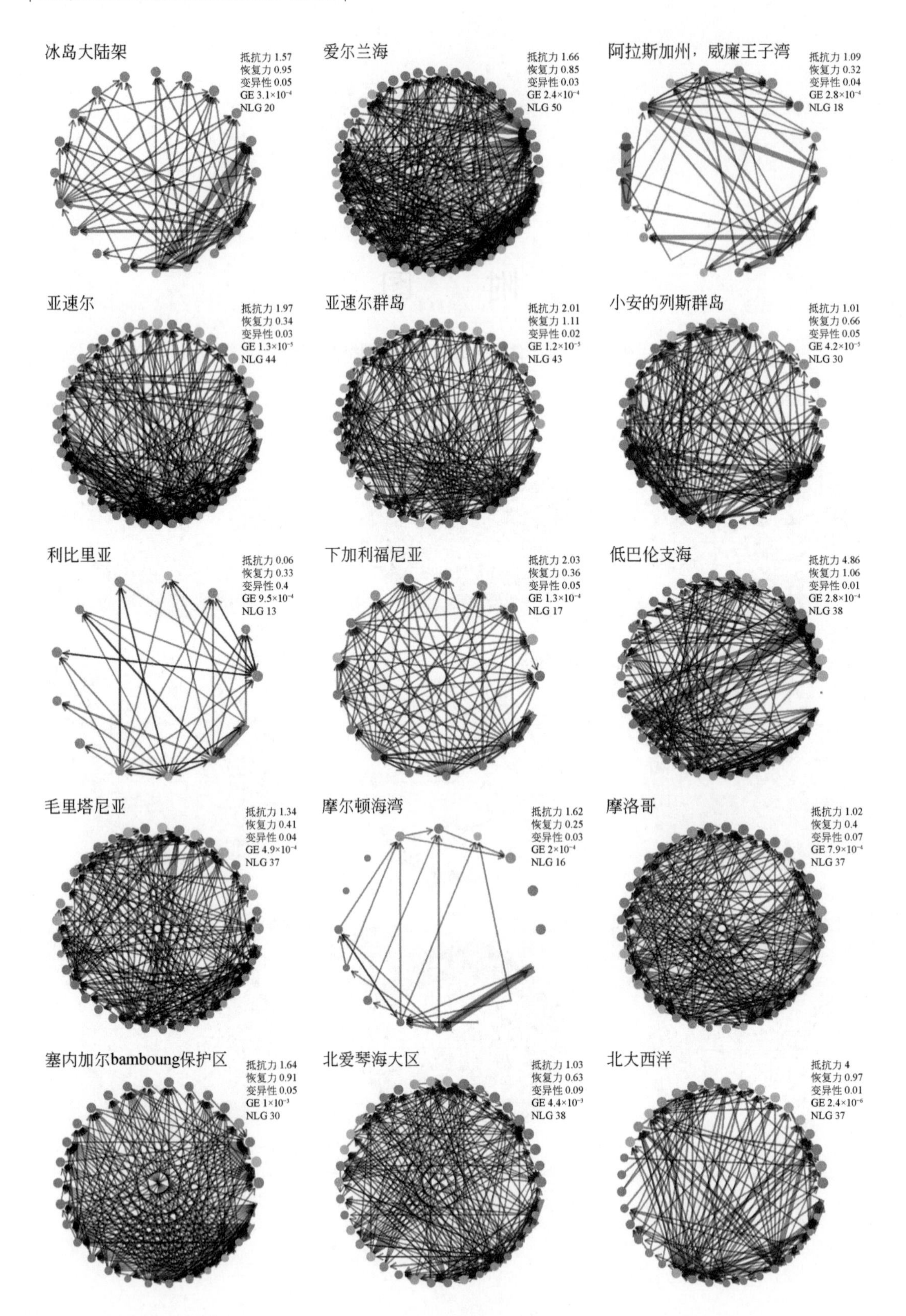
冰岛大陆架
抵抗力 1.57
恢复力 0.95
变异性 0.05
GE 3.1×10⁻⁴
NLG 20
爱尔兰海
抵抗力 1.66
恢复力 0.85
变异性 0.03
GE 2.4×10⁻⁴
NLG 50
阿拉斯加州，威廉王子湾
抵抗力 1.09
恢复力 0.32
变异性 0.04
GE 2.8×10⁻⁴
NLG 18
亚速尔
抵抗力 1.97
恢复力 0.34
变异性 0.03
GE 1.3×10⁻⁵
NLG 44
亚速尔群岛
抵抗力 2.01
恢复力 1.11
变异性 0.02
GE 1.2×10⁻⁵
NLG 43
小安的列斯群岛
抵抗力 1.01
恢复力 0.66
变异性 0.05
GE 4.2×10⁻⁵
NLG 30
利比里亚
抵抗力 0.06
恢复力 0.33
变异性 0.4
GE 9.5×10⁻⁴
NLG 13
下加利福尼亚
抵抗力 2.03
恢复力 0.36
变异性 0.05
GE 1.3×10⁻⁴
NLG 17
低巴伦支海
抵抗力 4.86
恢复力 1.06
变异性 0.01
GE 2.8×10⁻⁴
NLG 38
毛里塔尼亚
抵抗力 1.34
恢复力 0.41
变异性 0.04
GE 4.9×10⁻⁴
NLG 37
摩尔顿海湾
抵抗力 1.62
恢复力 0.25
变异性 0.03
GE 2×10⁻⁴
NLG 16
摩洛哥
抵抗力 1.02
恢复力 0.4
变异性 0.07
GE 7.9×10⁻⁴
NLG 37
塞内加尔bamboung保护区
抵抗力 1.64
恢复力 0.91
变异性 0.05
GE 1×10⁻³
NLG 30
北爱琴海大区
抵抗力 1.03
恢复力 0.63
变异性 0.09
GE 4.4×10⁻³
NLG 38
北大西洋
抵抗力 4
恢复力 0.97
变异性 0.01
GE 2.4×10⁻⁶
NLG 37

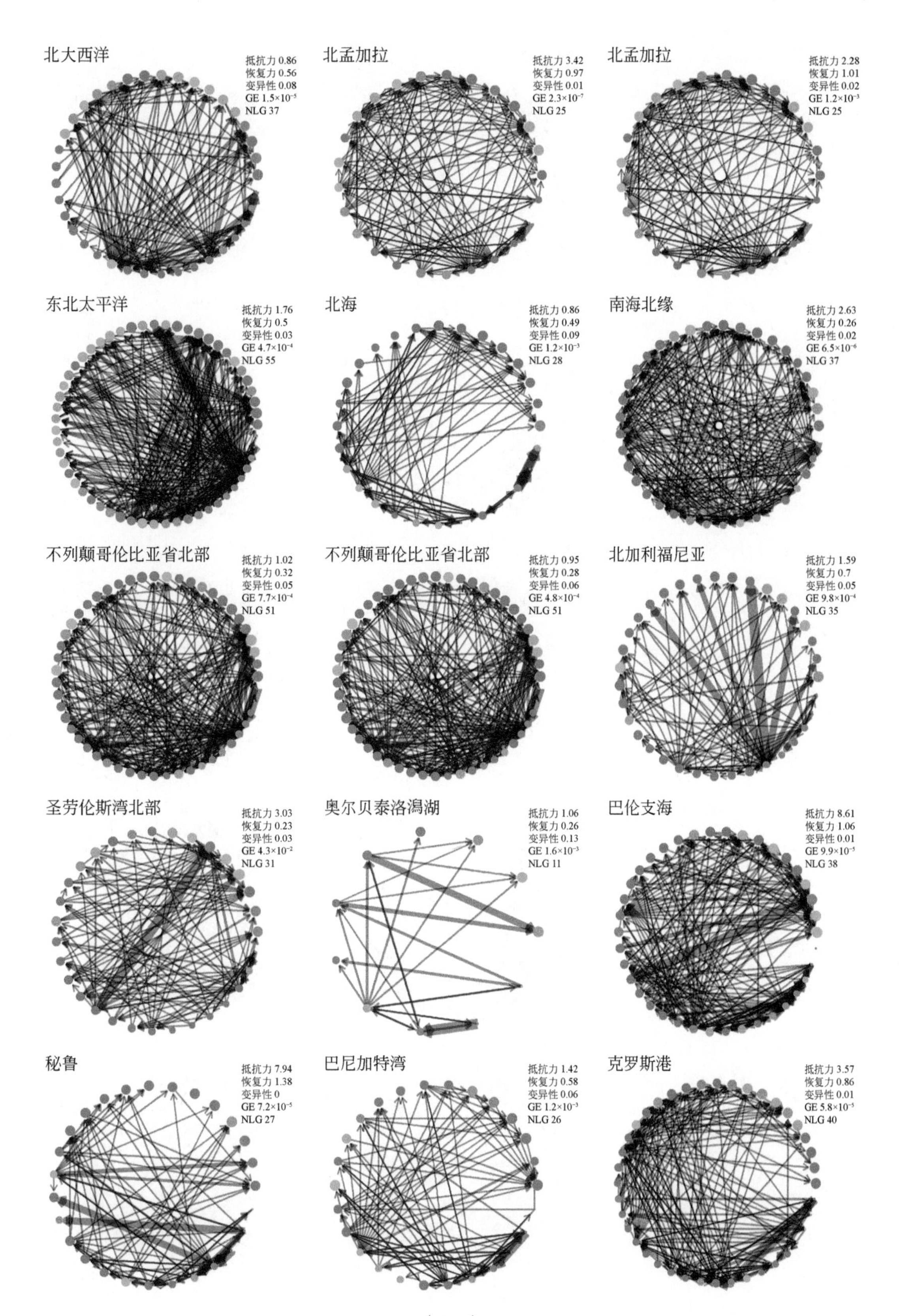
北大西洋
抵抗力 0.86
恢复力 0.56
变异性 0.08
GE 1.5×10^{-5}
NLG 37
北孟加拉
抵抗力 3.42
恢复力 0.97
变异性 0.01
GE 2.3×10^{-7}
NLG 25
北孟加拉
抵抗力 2.28
恢复力 1.01
变异性 0.02
GE 1.2×10^{-3}
NLG 25
东北太平洋
抵抗力 1.76
恢复力 0.5
变异性 0.03
GE 4.7×10^{-4}
NLG 55
北海
抵抗力 0.86
恢复力 0.49
变异性 0.09
GE 1.2×10^{-3}
NLG 28
南海北缘
抵抗力 2.63
恢复力 0.26
变异性 0.02
GE 6.5×10^{-6}
NLG 37
不列颠哥伦比亚省北部
抵抗力 1.02
恢复力 0.32
变异性 0.05
GE 7.7×10^{-4}
NLG 51
不列颠哥伦比亚省北部
抵抗力 0.95
恢复力 0.28
变异性 0.06
GE 4.8×10^{-4}
NLG 51
北加利福尼亚
抵抗力 1.59
恢复力 0.7
变异性 0.05
GE 9.8×10^{-4}
NLG 35
圣劳伦斯湾北部
抵抗力 3.03
恢复力 0.23
变异性 0.03
GE 4.3×10^{-2}
NLG 31
奥尔贝泰洛潟湖
抵抗力 1.06
恢复力 0.26
变异性 0.13
GE 1.6×10^{-3}
NLG 11
巴伦支海
抵抗力 8.61
恢复力 1.06
变异性 0.01
GE 9.9×10^{-5}
NLG 38
秘鲁
抵抗力 7.94
恢复力 1.38
变异性 0
GE 7.2×10^{-5}
NLG 27
巴尼加特湾
抵抗力 1.42
恢复力 0.58
变异性 0.06
GE 1.2×10^{-3}
NLG 26
克罗斯港
抵抗力 3.57
恢复力 0.86
变异性 0.01
GE 5.8×10^{-5}
NLG 40

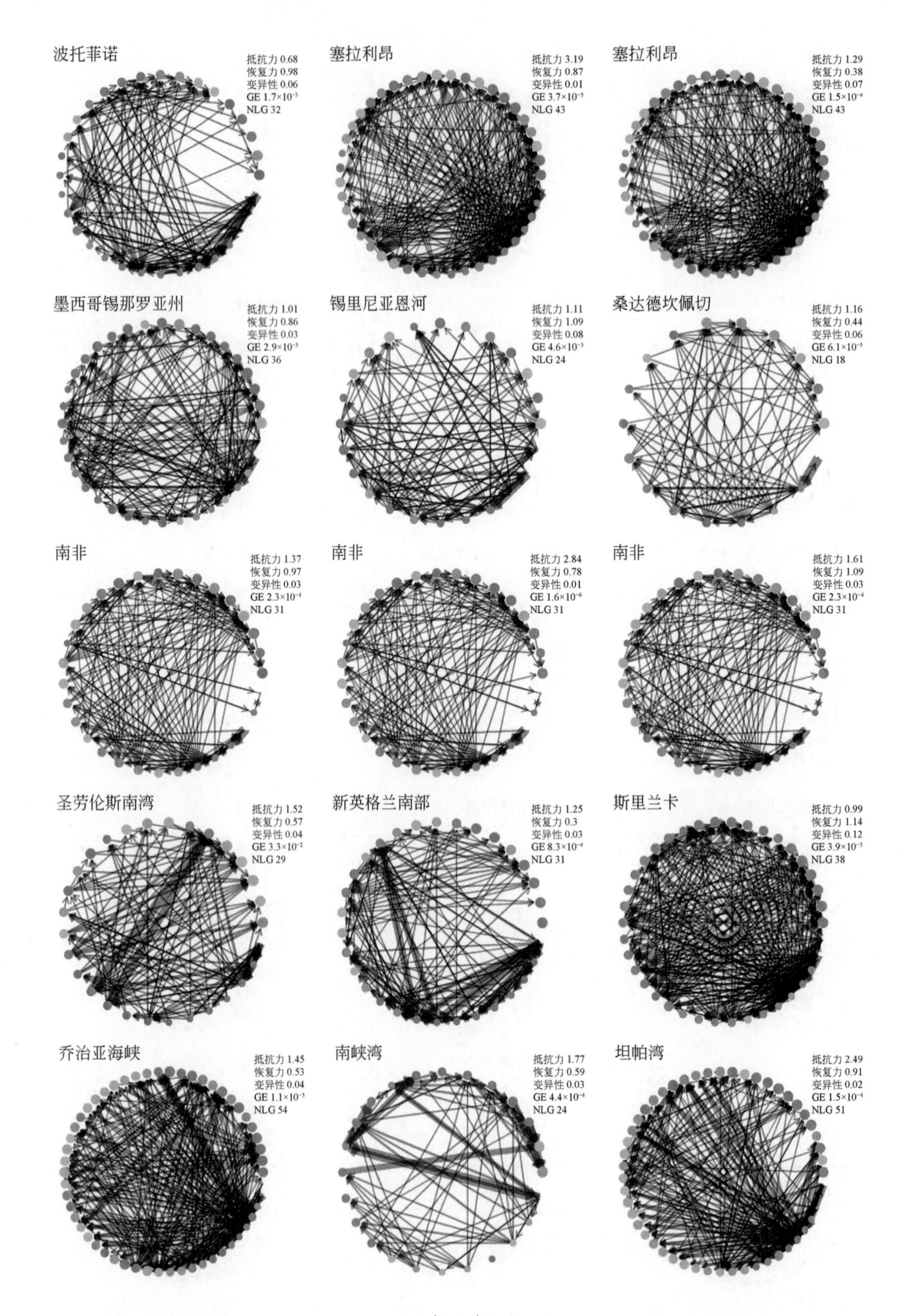
波托菲诺
抵抗力 0.68
恢复力 0.98
变异性 0.06
GE 1.7×10⁻³
NLG 32
塞拉利昂
抵抗力 3.19
恢复力 0.87
变异性 0.01
GE 3.7×10⁻⁵
NLG 43
塞拉利昂
抵抗力 1.29
恢复力 0.38
变异性 0.07
GE 1.5×10⁻⁴
NLG 43
墨西哥锡那罗亚州
抵抗力 1.01
恢复力 0.86
变异性 0.03
GE 2.9×10⁻³
NLG 36
锡里尼亚恩河
抵抗力 1.11
恢复力 1.09
变异性 0.08
GE 4.6×10⁻³
NLG 24
桑达德坎佩切
抵抗力 1.16
恢复力 0.44
变异性 0.06
GE 6.1×10⁻⁵
NLG 18
南非
抵抗力 1.37
恢复力 0.97
变异性 0.03
GE 2.3×10⁻⁴
NLG 31
南非
抵抗力 2.84
恢复力 0.78
变异性 0.01
GE 1.6×10⁻⁶
NLG 31
南非
抵抗力 1.61
恢复力 1.09
变异性 0.03
GE 2.3×10⁻⁴
NLG 31
圣劳伦斯南湾
抵抗力 1.52
恢复力 0.57
变异性 0.04
GE 3.3×10⁻²
NLG 29
新英格兰南部
抵抗力 1.25
恢复力 0.3
变异性 0.03
GE 8.3×10⁻⁴
NLG 31
斯里兰卡
抵抗力 0.99
恢复力 1.14
变异性 0.12
GE 3.9×10⁻³
NLG 38
乔治亚海峡
抵抗力 1.45
恢复力 0.53
变异性 0.04
GE 1.1×10⁻³
NLG 54
南峡湾
抵抗力 1.77
恢复力 0.59
变异性 0.03
GE 4.4×10⁻⁴
NLG 24
坦帕湾
抵抗力 2.49
恢复力 0.91
变异性 0.02
GE 1.5×10⁻⁴
NLG 51

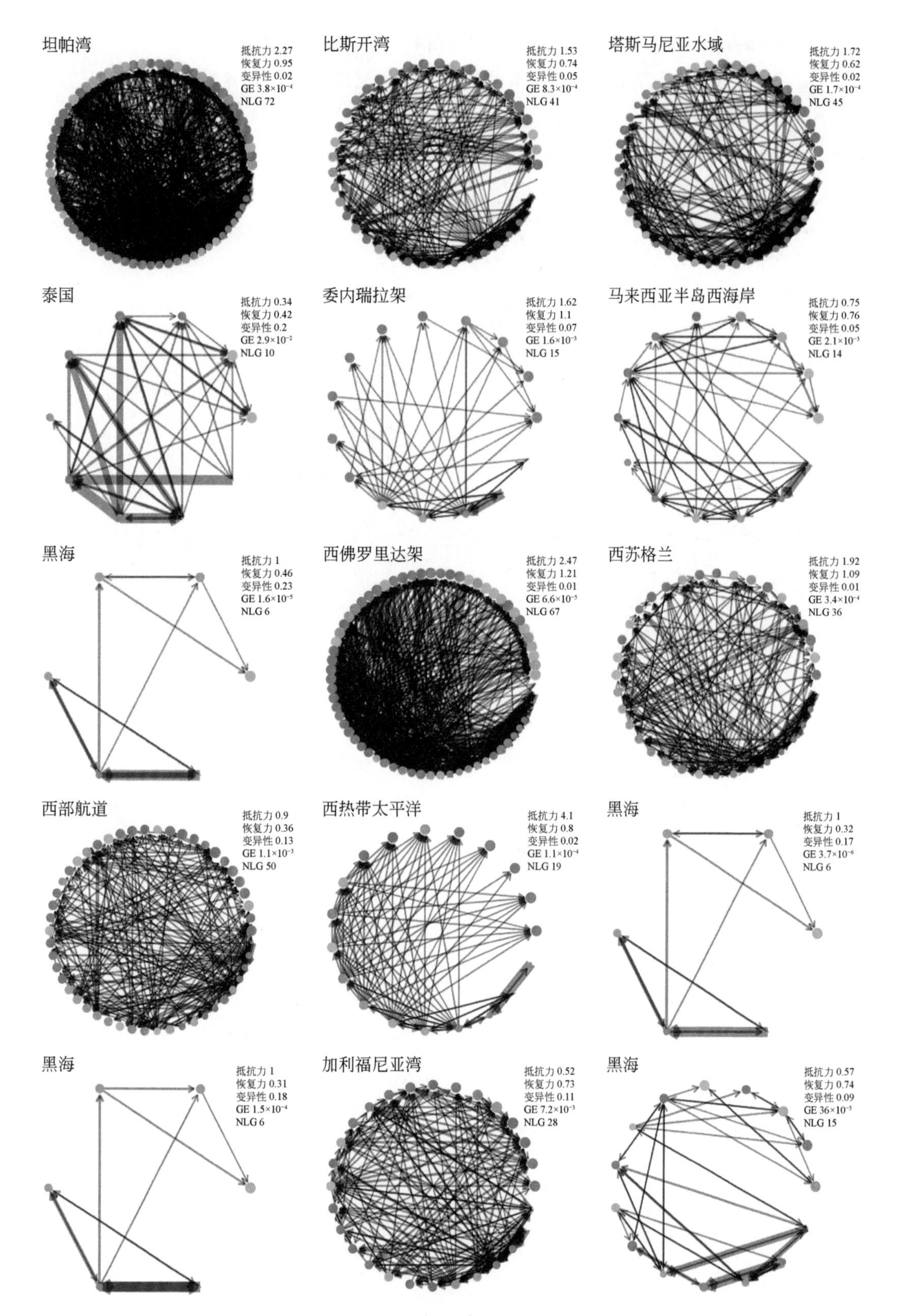
坦帕湾
抵抗力 2.27
恢复力 0.95
变异性 0.02
GE 3.8×10⁻⁴
NLG 72
比斯开湾
抵抗力 1.53
恢复力 0.74
变异性 0.05
GE 8.3×10⁻⁴
NLG 41
塔斯马尼亚水域
抵抗力 1.72
恢复力 0.62
变异性 0.02
GE 1.7×10⁻⁴
NLG 45
泰国
抵抗力 0.34
恢复力 0.42
变异性 0.2
GE 2.9×10⁻²
NLG 10
委内瑞拉架
抵抗力 1.62
恢复力 1.1
变异性 0.07
GE 1.6×10⁻³
NLG 15
马来西亚半岛西海岸
抵抗力 0.75
恢复力 0.76
变异性 0.05
GE 2.1×10⁻³
NLG 14
黑海
抵抗力 1
恢复力 0.46
变异性 0.23
GE 1.6×10⁻⁵
NLG 6
西佛罗里达架
抵抗力 2.47
恢复力 1.21
变异性 0.01
GE 6.6×10⁻⁵
NLG 67
西苏格兰
抵抗力 1.92
恢复力 1.09
变异性 0.01
GE 3.4×10⁻⁴
NLG 36
西部航道
抵抗力 0.9
恢复力 0.36
变异性 0.13
GE 1.1×10⁻³
NLG 50
西热带太平洋
抵抗力 4.1
恢复力 0.8
变异性 0.02
GE 1.1×10⁻⁴
NLG 19
黑海
抵抗力 1
恢复力 0.32
变异性 0.17
GE 3.7×10⁻⁶
NLG 6
黑海
抵抗力 1
恢复力 0.31
变异性 0.18
GE 1.5×10⁻⁴
NLG 6
加利福尼亚湾
抵抗力 0.52
恢复力 0.73
变异性 0.11
GE 7.2×10⁻³
NLG 28
黑海
抵抗力 0.57
恢复力 0.74
变异性 0.09
GE 36×10⁻⁵
NLG 15

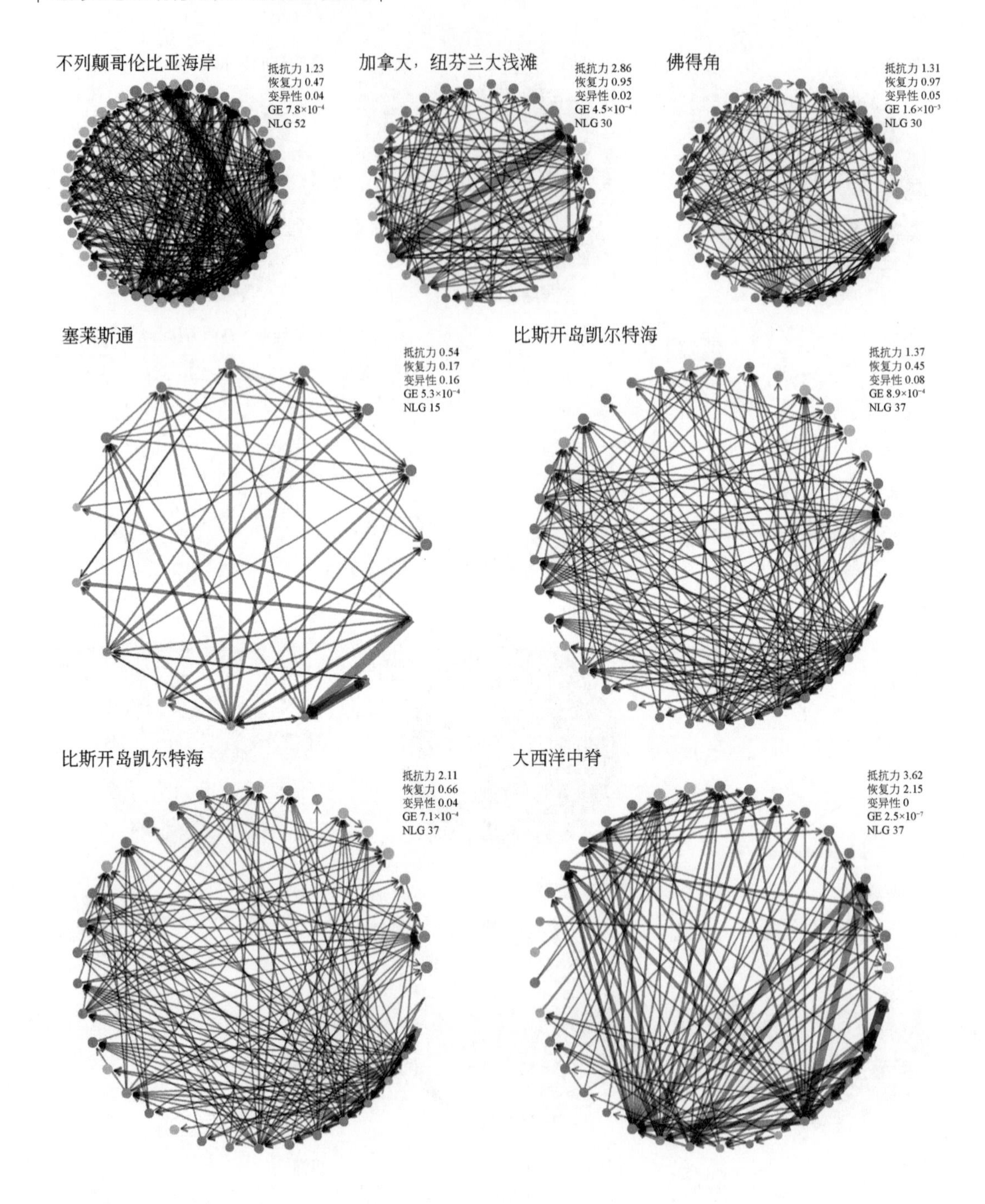
不列颠哥伦比亚海岸
抵抗力 1.23
恢复力 0.47
变异性 0.04
GE 7.8×10^{-4}
NLG 52
加拿大，纽芬兰大浅滩
抵抗力 2.86
恢复力 0.95
变异性 0.02
GE 4.5×10^{-4}
NLG 30
佛得角
抵抗力 1.31
恢复力 0.97
变异性 0.05
GE 1.6×10^{-3}
NLG 30
塞莱斯通
抵抗力 0.54
恢复力 0.17
变异性 0.16
GE 5.3×10^{-4}
NLG 15
比斯开岛凯尔特海
抵抗力 1.37
恢复力 0.45
变异性 0.08
GE 8.9×10^{-4}
NLG 37
比斯开岛凯尔特海
抵抗力 2.11
恢复力 0.66
变异性 0.04
GE 7.1×10^{-4}
NLG 37
大西洋中脊
抵抗力 3.62
恢复力 2.15
变异性 0
GE 2.5×10^{-7}
NLG 37

附 表

附表 1 171 个海洋食物网模型信息

模型名称	生态系统	模拟时间	参考文献
阿拉斯加，威廉王子湾	海湾/峡湾	1980～1989 年	Dalsgaard et al., 1997
信天翁湾	海湾/峡湾	1986～1993 年	Okey, 2006
阿留申群岛	大陆架	1963～1963 年	Guénette et al., 2006
加利福尼亚湾	大陆架	—	Morales-Zárate et al., 2004
南极	开阔海域	1970～1971 年	Hoover, 2009
阿拉查尼亚	海滩	1992～2007 年	Lercari et al., 2010
亚速尔群岛	开阔海域	1997～1998 年	http://ecobase.ecopath.org/
亚速尔群岛	大陆架	1997～1997 年	Guénette et al., 2001
下加利福尼亚	大陆架	1970～1970 年	Cisneros-Montemayor et al., 2012
塞内加尔	海岸潟湖	2003～2003 年	Colléter et al., 2012
塞内加尔	海岸潟湖	2006～2008 年	Colléter et al., 2012
巴伦支海	大陆架	1990～1990 年	Blanchard et al., 2002
巴尼加特湾	河口	1981～1982 年	Vasslides et al., 2017
巴拉德尔楚	海滩	1992～2007 年	Lercari et al., 2010
比斯开湾	大陆架	1970～1971 年	Ainsworth et al., 2001
比斯开湾	大陆架	1998～1999 年	Ainsworth et al., 2001
比斯开湾	大陆架	1980～1980 年	Moullec et al., 2017
比斯开湾	大陆架	2013～2013 年	Moullec et al., 2017
黑海	—	1980～1981 年	Gucu, 2002
黑海	—	1990～1991 年	Gucu, 2002
黑海	大陆架	1960～1969 年	Akoglu et al., 2014
黑海	大陆架	1980～1987 年	Akoglu et al., 2014
黑海	大陆架	1988～1994 年	Akoglu et al., 2014
黑海	—	1955～1965 年	Gucu, 2002
黑海	大陆架	1990～1991 年	Orek, 2000
博利瑙奥珊瑚礁	海岸潟湖	1980～1981 年	Aliño et al., 1993
不列颠哥伦比亚海岸	大陆架	1950～2000 年	Preikshot, 2007
加拿大，纽芬兰大浅滩	开阔海域	1985～1988 年	Bundy, 2002
佛得角	大陆架	1981～1985 年	Stobberup et al., 2004
加勒比海	大陆架	1980～1981 年	Morissette et al., 2009
塞莱斯通	海岸潟湖	—	Chávez et al., 1993
塞莱斯通红树林	海岸潟湖	1992～1994 年	Vega-Cendejas and Arreguin-Sánchez, 2001

续表

模型名称	生态系统	模拟时间	参考文献
凯尔特海	大陆架	1980~1980年	Moullec et al., 2017
凯尔特海	大陆架	2013~2013年	Moullec et al., 2017
凯尔特海-比斯开湾	大陆架	1980~1980年	Bentorcha et al., 2017
凯尔特海-比斯开湾	大陆架	2012~2012年	Bentorcha et al., 2017
大西洋中脊	开阔海域	1950~1951年	Vasconcellos and Watson, 2004
大西洋中脊	开阔海域	1990~1991年	Vasconcellos and Watson, 2004
中波罗的海	大陆架	1974~1974年	Tomczak et al., 2012
智利中部	上升流	1998~1999年	Tomczak et al., 2012
加利福尼亚湾中部	海峡	1978~1980年	Arreguin-Sánchez et al., 2002
钱图托-潘萨科拉	海岸潟湖	—	López-Vila et al., 2019
切萨皮克	海湾/峡湾	1950~1950年	Christensen, 2009
达纳宏浅滩	珊瑚礁	2010~2010年	Bacalso and Wolff, 2014
地中海西部深海	开阔海域	2009~2010年	Tecchio et al., 2013
丹麦，法罗群岛	开阔海域	1997~1998年	Zeller andReinert, 2004
东巴斯海峡	大陆架	1994~1994年	Bulman et al., 2002
东白令海	开阔海域	1979~1985年	Trites et al., 1999
东苏格兰大陆架	大陆架	1980~1986年	Bundy, 2004
东苏格兰大陆架	大陆架	1995~2000年	Bundy, 2004
东热带太平洋	开阔海域	1993~1997年	Olson and Watters, 2003
厄立特里亚	珊瑚礁	1998~1998年	Tsehaye and Nagelkerke, 2008
福克兰群岛	开阔海域	1990~1991年	Cheung and Pitcher, 2005
乔治沙洲	大陆架	1996~2000年	Link et al., 2006
德国，施莱峡湾	海湾/峡湾	1980~1981年	Christensen andPauly, 1992
杜尔塞湖	海湾/峡湾	1993~1995年	Wolff et al., 1996
纽芬兰大浅滩	开阔海域	1900~1905年	Heymans and Pitcher, 1995
纽芬兰大浅滩	开阔海域	1980~1987年	Heymans, 2003
纽芬兰大浅滩	开阔海域	1990~1997年	Heymans, 2003
格陵兰岛，西海岸	开阔海域	1997~1998年	Pedersen and Zeller, 2001
几内亚	开阔海域	1998~1999年	Guenette and Diallo, 2004
几内亚	大陆架	1985~1985年	Gascuel et al., 2009
几内亚	大陆架	2004~2004年	Gascuel et al., 2009
加利福尼亚湾	大陆架	1990~2000年	Lercari and Arreguin-Sanchez, 2008
加贝斯湾	大陆架	2000~2005年	Hattab et al., 2013
缅因湾	大陆架	1977~1987年	Heymans, 2001
缅因湾	大陆架	1996~2000年	Link et al., 2006

续表

模型名称	生态系统	模拟时间	参考文献
墨西哥湾	大陆架	1980～1989年	Browder, 1993
墨西哥湾	大陆架	1950～1951年	Walters et al., 2006
尼科亚湾	河口	1993～1995年	Wolff et al., 1998
萨拉曼卡湾	上升流	1997～1998年	Duarte and Garcia, 2004
泰国湾	大陆架	1963～1964年	Christensen, 1998
哈德孙湾	海湾/峡湾	1970～1971年	Hoover, 2010
韦扎切-凯马内罗	海岸潟湖	1984～1986年	Zetina-Rejon et al., 2003
洪堡海流	上升流	1995～1996年	Tam et al., 2008
冰岛	开阔海域	1950～1951年	Buchary, 2001
冰岛架	开阔海域	1997～1998年	http://ecobase.ecopath.org/
独立湾	海湾/峡湾	1996～1997年	Taylor et al., 2008
爱尔兰海	大陆架	1973～1974年	Lees andMackinson, 2007
哈利斯科和科利马海岸	大陆架	1995～1996年	Galvún Piña, 2005
卡洛科-霍诺科豪	珊瑚礁	2005～2005年	Wabnitz et al., 2010
郭盛湾	海湾/峡湾	1998～2001年	Lin et al., 2004
潟湖筑-台湾	海岸潟湖	1997～1998年	Lin et al., 1999
小安的列斯群岛	开阔海域	2001～2005年	Mohammed et al., 2007
利比里亚	大陆架	2005～2006年	Kay, 2011
卢基国家海洋保护区	珊瑚礁	1980～1989年	Venier, 1997
低巴伦支海	大陆架	1995～1996年	Blanchard et al., 2002
毛里塔尼亚	开阔海域	1987～1988年	Sidi and Guénette, 2004
毛里塔尼亚	开阔海域	1998～1999年	Sidi and Guénette, 2004
毛里塔尼亚	大陆架	1991～1991年	Guénette et al., 2014
中大西洋海湾	大陆架	1996～2000年	Link et al., 2006
米拉马雷	海湾/峡湾	2000～2003年	Libralato et al., 2006
莫尔顿湾	海湾/峡湾	1990～2014年	Fondo et al., 2015
摩洛哥	开阔海域	1985～1987年	Stanford et al., 2001
圣米歇尔山海湾	海湾/峡湾	2003～2004年	Leloup et al., 2008
纽芬兰	开阔海域	1985～1986年	Ainsworth andSumaila, 2005
宁格鲁	珊瑚礁	2007～2007年	Jones et al., 2011
北爱琴海	大陆架	2003～2006年	Tsagarakis et al., 2010
北大西洋	开阔海域	1950～1951年	Vasconcellos and Watson, 2004
北大西洋	开阔海域	1997～1998年	Vasconcellos and Watson, 2004
北本格拉	上升流	1600～1601年	Watermeyer et al., 2008
北本格拉	上升流	1900～1901年	Watermeyer et al., 2008

续表

模型名称	生态系统	模拟时间	参考文献
北本格拉	上升流	1967～1968 年	Watermeyer et al., 2008
北本格拉	上升流	1990～1991 年	Watermeyer et al., 2008
北巴西	河口	1970～1990 年	Wolff et al., 2000
东北太平洋	大陆架	1950～1950 年	Preikshot, 2007
北海	大陆架	1974～1975 年	Christensen et al., 2000
北海	大陆架	1991～1992 年	Mackinson and Daskalov, 2007
北海	大陆架	1981～1982 年	Christensen, 1995
中国南海北部	大陆架	1970～1971 年	Cheung, 2007
北本格拉	上升流	1956～1957 年	Heymans andSumaila, 2007
不列颠哥伦比亚省北部	海峡	1950～1951 年	Ainsworth et al., 2002
不列颠哥伦比亚省北部	海峡	2000～2001 年	Ainsworth et al., 2002
北加利福尼亚	上升流	1960～1969 年	Walters et al., 2010
北加利福尼亚	上升流	1990～2000 年	Field, 2004
墨西哥湾北部	近海和远洋	2005～2009 年	Sagarese et al., 2017
圣劳伦斯湾北部	海峡	1990～1991 年	Savenkoff et al., 2004
圣劳伦斯湾北部	河口	1985～1987 年	Morisette et al., 2003
北洪堡	上升流	1997～1998 年	Tam et al., 2008
非洲西北部	开阔海域	1987～1987 年	Morissette et al., 2009
奥尔贝泰洛潟湖	海岸潟湖	1996～1997 年	Brando et al., 2004
秘鲁	上升流	1953～1959 年	Jarre-Teichmann and Pauly, 1993
秘鲁	上升流	1960～1969 年	Jarre-Teichmann and Pauly, 1993
秘鲁	上升流	1953～1953 年	Guénette et al., 2008
秘鲁	上升流	1973～1979 年	Jarre-Teichmann and Pauly, 1993
克罗斯港	大陆架	1998～2008 年	Valls et al., 2012
波托菲诺	海岸潟湖	2007～2014 年	Prato et al., 2016
印度尼西亚，拉贾安帕	珊瑚礁	1990～1991 年	Pitcher et al., 2007
印度尼西亚，拉贾安帕	珊瑚礁	2005～2006 年	Pitcher et al., 2007
西亚法莫撒	海岸潟湖	1996～1997 年	Pitcher et al., 2007
塞丘拉海湾	海湾/峡湾	1996～1997 年	Taylor et al., 2008
塞内冈比亚	大陆架	1990～1991 年	Samb and Mendy, 2004
塞拉利昂	大陆架	1964～1965 年	Palomares and Pauly, 2004
塞拉利昂	大陆架	1990～1991 年	Palomares and Pauly, 2004
塞拉利昂	大陆架	1978～1979 年	Palomares and Pauly, 2004
墨西哥锡那罗亚州	大陆架	1994～1997 年	Salcido Guevara, 2006
锡里尼亚恩河	河口	2013～2015 年	Lira et al., 2018

续表

模型名称	生态系统	模拟时间	参考文献
桑达德坎佩切	大陆架	1988～1994年	Manickchand-Heileman et al., 1998
桑达德坎佩切	大陆架	1988～1994年	Zetina-Rejón and Arreguín-Sánchez, 2003
南本格拉	上升流	1978～1979年	Shannon et al., 2003
南本格拉	上升流	1600～1601年	Watermeyer et al., 2008
南本格拉	上升流	1900～1901年	Watermeyer et al., 2008
阿拉斯加东南部	大陆架	1963～1963年	Guénette et al., 2006
本格拉南部	上升流	1960～1961年	Watermeyer et al., 2008
南设得兰群岛	开阔海域	1990～2000年	Bredesen, 2003
圣劳伦斯湾南部	大陆架	1980～1981年	Savenkoff et al., 2004
新英格兰南部	大陆架	1996～2000年	Link et al., 2006
斯里兰卡	大陆架	2000～2001年	Haputhantri et al., 2008
佐治亚海峡	海峡	1950～1950年	Preikshot, 2007
格尔吉亚海峡	海峡	1950～1951年	Martell, 2002
南峡湾	海湾/峡湾	1993～1996年	Falk-Petersen, 2004
塔米亚瓦	海岸潟湖	1989～1989年	Abarca-Arenas and Valero-Pacheco, 1993
坦帕湾	海湾/峡湾	1950～2004年	Walters et al., 2008
坦帕湾	河口	2005～2010年	Chagaris and Mahmoudi, 2009
塔斯马尼亚水域	大陆架	1993～2007年	Watson et al., 2013
特米诺斯潟湖	海岸潟湖	1980～1990年	Manickchand-Heileman et al., 1998
泰国	海岸潟湖	1980～1989年	Palomares et al., 1993
美国，大西洋中部湾	大陆架	1995～1998年	Okey, 2001
美国，南大西洋大陆架	开阔海域	1995～1998年	Okey and Pugliese, 2001
委内瑞拉架	大陆架	1980～1989年	Mendoza, 1993
维尔京群岛	珊瑚礁	1960～1999年	Opitz, 1996
马来西亚半岛西海岸	大陆架	1972～1973年	Christensen et al., 2003
沙巴西海岸	大陆架	1972～1973年	Garces et al., 2003
温哥华岛西海岸	大陆架	1950～1950年	Martell, 2002
西佛罗里达大陆架	大陆架	1950～2010年	Chagaris et al., 2015
西苏格兰	大陆架	2000～2004年	Haggan and Pitcher, 2005
西苏格兰深海	开阔海域	1974～1975年	Howell et al., 2009
西白令海	大陆架	1981～1990年	Aydin et al., 2002
西部海峡	海峡	1993～1994年	Araújo et al., 2005
西部海峡	海峡	1973～1973年	Araújo et al, 2005
西热带太平洋	开阔海域	1990～2001年	Godinot and Allain, 2003

附表 2　海洋食物网中不同长度的环数

模型编号	S	L	3-Link	4-Link	5-Link	6-Link	7-Link
1	57	998	3 338	55 140	829 886		
2	23	247	644	5 384	43 260	338 974	2 509 432
3	29	424	1 296	13 276	139 118	1 467 908	15 160 204
4	9	30	12	16	20	26	30
5	49	991	4 476	79 026	1 343 648	23 779 842	417 357 374
6	49	995	4 544	79 968	1 366 888		
7	49	1 009	4 674	83 162	1 437 744		
8	39	737	2 738	40 732	575 932	8 447 548	
9	28	284	478	3 974	30 022	225 244	1 620 866
10	29	425	1 354	14 112	150 506	1 608 476	16 783 096
11	28	246	354	2 506	15 788	101 534	627 548
12	36	558	1 408	15 742	176 632	2 045 630	
13	12	60	50	130	354	818	1 534
14	37	591	1 874	24 424	305 218	3 893 656	
15	30	474	1 672	18 246	208 928	2 408 582	27 283 978
16	23	112	50	252	628	2 184	5 866
17	50	930	5 202	90 180	1 611 220		
18	18	120	170	770	3 302	13 170	46 752
19	31	501	1 862	23 746	295 870	3 691 926	
20	32	326	548	4 690	36 566	289 832	
21	92	2 021	8 822	195 586	4 157 366		
22	20	126	136	592	2 220	8 144	26 920
23	43	742	2 690	37 580	525 362		
24	36	792	4 122	66 700	1 102 494	18 387 048	
25	36	784	4 000	63 900	1 044 952	17 239 492	
26	26	303	734	6 512	56 480	483 514	3 986 290
27	19	235	682	5 738	47 558	380 316	2 878 068
28	41	612	1 808	22 658	277 866		
29	54	1 080	4 136	68 766	1 140 948		
30	28	378	914	9 972	94 200	937 066	8 874 042
31	33	453	1 566	19 620	226 066	2 705 360	
32	33	428	1 002	9 876	93 714	918 242	
33	8	24	10	6	2	0	0
34	9	28	12	10	2	0	0
35	25	170	172	950	4 570	22 794	103 820

续表

模型编号	S	L	3-Link	4-Link	5-Link	6-Link	7-Link
36	28	218	400	2 952	18 946	123 898	754 392
37	18	220	702	5 640	45 188	347 748	2 506 172
38	43	568	1 576	18 162	203 442		
39	58	1 243	5 374	99 120	1 753 446		
40	18	162	260	1 786	10 254	58 490	304 510
41	36	643	2 536	34 414	471 950	6 529 114	
42	43	848	3 644	55 030	851 214		
43	34	688	3 440	52 438	805 978		
44	34	686	3 354	50 796	774 872	11 910 368	
45	14	72	60	154	372	930	2 206
46	20	206	472	3 468	24 470	166 660	1 061 162
47	17	170	418	2 868	18 922	117 062	662 914
48	38	686	2 758	40 812	575 210	8 445 710	
49	32	308	408	3 164	21 754	157 648	
50	20	210	520	4 094	30 106	213 442	1 412 978
51	50	914	4 096	68 058	1 108 634		
52	18	106	116	476	1 808	6 184	18 582
53	44	703	2 326	30 916	413 028		
54	43	590	1 438	16 144	179 110	2 063 576	
55	30	443	1 860	22 904	279 358	3 378 314	39 665 730
56	13	66	54	178	468	1 116	2 078
57	17	198	608	4 784	36 946	270 882	1 847 076
58	38	508	1 102	11 512	113 042	1 159 964	
59	37	590	1 866	24 226	302 278	3 846 596	
60	16	77	62	196	556	1 388	2 818
61	37	605	2 216	29 378	388 590	5 152 036	
62	30	555	2 192	31 820	420 940	5 743 670	76 364 184
63	38	698	2 968	43 622	631 986	9 328 448	
64	37	386	720	5 416	41 250	325 224	
65	37	373	720	5 416	41 250	325 224	
66	25	317	928	8 710	80 692	737 402	6 461 868
67	25	317	928	8 710	80 692	737 402	6 461 868
68	55	962	2 796	47 280	667 696		
69	28	226	336	2 428	14 884	93 554	551 830
70	37	728	3 342	50 298	774 426	12 044 320	

续表

模型编号	*S*	*L*	3-Link	4-Link	5-Link	6-Link	7-Link
71	51	783	1 976	26 936	338 722		
72	51	781	1 962	26 640	334 498		
73	35	223	226	1 634	8 394	50 754	266 110
74	31	552	2 408	32 942	447 920	6 111 378	
75	11	42	28	58	84	80	42
76	38	500	1 068	11 036	106 588	1 078 400	
77	27	275	566	4 316	32 892	247 118	1 788 020
78	26	184	144	938	4 376	22 234	105 294
79	40	562	1 420	17 874	195 542		
80	32	374	792	6 930	58 780	514 776	
81	43	735	2 492	34 426	471 956		
82	43	742	2 686	37 588	525 042		
83	36	524	1 318	15 364	168 570	1 901 688	
84	24	262	518	4 276	32 522	245 014	1 750 676
85	18	202	564	4 424	33 290	240 966	1 628 254
86	31	404	1 112	12 076	124 196	1 280 538	
87	31	404	1 112	12 076	124 196	1 280 538	
88	31	404	1 112	12 076	124 196	1 280 538	
89	29	429	1 368	15 496	169 084	1 867 004	20 016 634
90	31	487	1 658	18 148	206 584	2 373 630	
91	38	610	1 756	23 690	286 654	3 641 786	
92	54	891	2 380	37 436	496 506		
93	24	224	462	3 306	22 270	146 306	891 918
94	51	711	1 412	24 654	250 198		
95	72	2 377	14 692	411 286	10 694 308		
96	41	614	1 820	22 804	280 650		
97	45	568	1 146	11 106	103 080		
98	10	78	162	726	2 952	10 272	28 896
99	15	120	198	1 102	5 410	25 154	102 730
100	14	96	114	490	1 884	6 920	23 010
101	6	16	6	2	0	0	0
102	67	1 809	11 282	268 992	6 377 046		
103	36	644	2 518	33 106	449 994	6 200 712	
104	50	770	2 120	29 868	386 192		
105	19	224	814	7 110	60 910	497 162	3 783 910

续表

模型编号	*S*	*L*	3-Link	4-Link	5-Link	6-Link	7-Link
106	6	16	6	2	0	0	0
107	6	16	6	2	0	0	0
108	28	410	1 274	12 856	131 606	1 355 552	
109	15	54	18	20	32	54	90
110	52	880	2 410	38 060	509 974		
111	30	503	2 054	26 148	331 470	4 211 632	52 224 296
112	30	406	1 256	11 856	115 662	1 137 508	10 930 522
113	15	114	166	866	4 040	17 626	68 854
114	37	785	4 102	65 832	1 088 458		
115	37	791	4 222	68 268	1 138 990		
116	37	384	732	5 554	42 494	337 030	
117	20	216	552	4 230	31 278	222 198	1 471 996
118	19	122	126	560	2 120	7 976	26 986
119	25	194	280	1 876	10 800	60 806	314 326
120	16	72	56	170	456	1 088	2 230
121	25	317	928	8 710	80 692	737 402	6 461 868
122	19	138	192	1 520	6 606	37 500	155 102
123	19	147	196	1 502	6 864	38 240	167 348
124	96	3 857	38 746	1 379 978			
125	96	3 860	38 814	1 381 460			
126	8	24	10	6	2	0	0
127	20	104	60	318	746	2 888	7 068

参考文献

Abarca-Arenas L, Valero-Pacheco E. 1993. Toward a trophic model of Tamiahua, a coastal lagoon in Mexico [J]. ICLARM Conference Proceedings, 26: 181-185.

Ainsworth C, Feriss B, Leblond E, et al. 2001. The Bay of Biscay, France: 1998 and 1970 models [J]. Fisheries Centre Research Reports, 9 (4): 271-313.

Ainsworth C, Heymans J J S, Pitcher T, et al. 2002. Ecosystem models of Northern British Columbia for the time periods 2000, 1950, 1900 and 1750 [J]. Fisheries Centre Research Reports, 10 (4): 5-43.

Ainsworth C, Sumaila U. 2005. Intergenerational valuation of fisheries resources can justify long-term conservation: A case study in Atlantic cod (*Gadus morhua*) [J]. Canadian Journal of Fisheries and Aquatic Sciences, 62 (5): 1104-1110.

Akoglu E, Salihoglu B, Libralato S, et al. 2014. An indicator-based evaluation of Black Sea food web dynamics during 1960-2000 [J]. Journal of Marine Systems, 134: 113-125.

Aliño P, Mcmanus L, Mcmanus J, et al. 1993. Initial parameter estimations of a coral reef flat ecosystem in

Bolinao, Pangasinan, northwestern Philippines [J]. ICLARM Conference Proceedings, 26: 252-258.

Araújo J, Mackinson S, Ellis J, et al. 2005. An Ecopath model of the western English Channel ecosystem with an exploration of its dynamic properties [J]. Science Series Technical Report, 125: 45.

Arreguin-Sánchez F, Arcos E, Chávez E A. 2002. Flows of biomass and structure in an exploited benthic ecosystem in the Gulf of California, Mexico [J]. Ecological Modelling, 156 (2-3): 167-183.

Aydin K Y, Lapko V, Radchenko V, et al. 2002. A comparison of the eastern Bering and western Bering Sea shelf and slope ecosystems through the use of mass- balance food web models [J]. NOAA Technical Memorandum NMFS-AFSC, 130.

Bacalso R T M, Wolff M. 2014. Trophic flow structure of the Danajon ecosystem (Central Philippines) and impacts of illegal and destructive fishing practices [J]. Journal of Marine Systems, 139: 103-118.

Bentorcha A, Gascuel D, Guénette S. 2017. Using trophic models to assess the impact of fishing in the Bay of Biscay and the Celtic Sea [J]. Aquatic Living Resources, 30: 7.

Blanchard J L, Pinnegar J K, Mackinson S. 2002. Exploring Marine Mammal-fishery Interactions using 'Ecopath with Ecosim': Modelling the Barents Sea Ecosystem [M]. Lowestoft: CEFAS.

Brando V E, Ceccarelli R, Libralato S, et al. 2004. Assessment of environmental management effects in a shallow water basin using mass-balance models [J]. Ecological Modelling, 172 (2-4): 213-232.

Bredesen E L. 2003. Krill and the Antarctic: Finding the balance [D]. Vancouver: University of British Columbia.

Browder J. 1993. A pilot model of the Gulf of Mexico continental shelf [J]. ICLARM Conference Proceedings, 26: 279-284.

Buchary E A. 2001. Preliminary reconstruction of the Icelandic marine ecosystem in 1950 and some predictions with time series data [J]. Fisheries Centre Research Reports, 9 (5): 198-206.

Bulman C, Condie S, Furlani D, et al. 2002. Trophic dynamics of the eastern shelf and slope of the South East Fishery: Impacts of and on the fishery [R]. Canberra: the Fisheries Research and Development Corporation.

Bundy A. 2002. Information supporting past and present ecosystem models of Northern British Columbia and the Newfoundland shelf [J]. Fisheries Centre Research Reports, 10 (1): 13-21.

Bundy A. 2004. Mass balance models of the eastern Scotian Shelf before and after the cod collapse and other ecosystem changes [J]. Canadian Technical Reports of Fisheries and Aquatic Sciences, 2520.

Chagaris D D, Mahmoudi B, Walters C J, et al. 2015. Simulating the trophic impacts of fishery policy options on the West Florida Shelf using Ecopath with Ecosim [J]. Marine and Coastal Fisheries, 7 (1): 44-58.

Chagaris D, Mahmoudi B. 2009. Assessing the influence of bottom- up and top- down processes in Tampa Bay using Ecopath with Ecosim [C]. Tampa Bay Area Scientific Information Symposium, BASIS, 5: 263-274.

Cheung W L. 2007. Vulnerability of marine fishes to fishing: From global overview to the Northern South China Sea [D]. Vancouver: University of British Columbia.

Cheung W, Pitcher T. 2005. A mass- balance model of the Falkland Islands fisheries and ecosystems [J]. Fisheries Centre Research Reports, 13 (7): 65-84.

Christensen V, Garces L R, Silvestre G T, et al. 2003. Fisheries impact on the South China Sea Large Marine Ecosystem: a preliminary analysis using spatially explicit methodology [J]. Assessment, Management and Future Directions for Coastal Fisheries in Asian Countries, 67: 51-62.

Christensen V, Pauly D. 1992. Ecopath Ⅱ—A software for balancing steady- state ecosystem models and calculating network characteristics [J]. Ecological Modelling, 61 (3): 169-185.

Christensen V, Reck G, Maclean J L. 2000. ACP-EU Fisheries Research Initiative. Proceedings of the INCO-DC

Conference Placing Fisheries in their Ecosystem Context [C] . Universidad San Francisco de Quito, Ecuador.

Christensen V. 1995. A model of trophic interactions in the North Sea in 1981, the year of the stomach [J] . Dana, 11 (1): 1-28.

Christensen V. 1998. Fishery-induced changes in a marine ecosystem: Insight from models of the Gulf of Thailand [J]. Journal of Fish Biology, 53 (sA): 128-142.

Christensen V. 2009. Fisheries ecosystem model of the Chesapeake Bay methodology, parameterization, and model exploration [J] . NOAA Technical Memorandum, 1-146.

Chávez E, Garduño M, Sánchez F A. 1993. Trophic dynamic structure of Celestun Lagoon, southern Gulf of Mexico [C] . ICLARM Conference Proceedings.

Chávez E, Garduño M, Sánchez F A. 1993. Trophic dynamic structure of Celestun Lagoon, Southern Gulf of Mexico [J] . Trophic Models of Aquatic Ecosystems, 26: 186-192.

Cisneros-Montemayor A M, Christensen V, Arreguín-Sánchez F, et al. 2012. Ecosystem models for management advice: An analysis of recreational and commercial fisheries policies in Baja California Sur, Mexico [J] . Ecological Modelling, 228: 8-16.

Colléter M, Gascuel D, Ecoutin J-M, et al. 2012. Modelling trophic flows in ecosystems to assess the efficiency of marine protected area (MPA), a case study on the coast of Sénégal [J] . Ecological Modelling, 232: 1-13.

Dalsgaard A J T, Pauly D, Okey T A. 1997. Preliminary mass-balance model of Prince William Sound, Alaska, for the pre-spill period, 1980-1989 [J] . Fisheries Centre Research Reports, 5: 1-33.

Duarte L O, Garcia C B. 2004. Trophic role of small pelagic fishes in a tropical upwelling ecosystem [J] . Ecological Modelling, 172 (2-4): 323-338.

Falk-Petersen J. 2004. Ecosystem effects of red king crab invasion. A modelling approach using Ecopath with Ecosim [D] . Norway: Universitetet of Tromsø.

Field J C. 2004. Application of ecosystem-based fishery management approaches in the northern California Current [D]. Seattle: University of Washington.

Fondo E N, Chaloupka M, Heymans J J, et al. 2015. Banning fisheries discards abruptly has a negative impact on the population dynamics of charismatic marine megafauna [J] . PloS One, 10 (12): e0144543.

Galván Piña V H. 2005. Impacto de la pesca en la estructura, función y productividad del ecosistema de la plataforma continental de las costas de Jalisco y Colima, México [D] . Instituto Politécnico Nacional. Centro Interdisciplinario de Ciencias Marinas.

Garces L R, Alias M, Abu Talib A, et al. 2003. A trophic model of the coastal fisheries ecosystem off the West Coast of Sabah and Sarawak, Malaysia [C] . WorldFish Center Conference Proceedings, 333-352.

Gascuel D, Guénette S, Diallo I, et al. 2009. Impact de la pêche sur l'écosystème marin de Guinée-modélisation EwE 1985/2005 [J] . Fisheries Centre Research Reports, 17 (4): 5-63.

Godinot O, Allain V. 2003. A preliminary Ecopath model of the warm pool pelagic ecosystem [C] . 16th Meeting of the Standing Committee on Tuna and Billfish, SCTB16, Mooloolaba, Queensland, Australia, 9-16.

Gucu A. 2002. Can overfishing be responsible for the successful establishment of Mnemiopsis leidyi in the Black Sea? [J] . Estuarine, Coastal and Shelf Science, 54 (3): 439-451.

Guenette S, Diallo I. 2004. Addendum: modeles de la cote Guineenne, 1985 et 1998. In West African Marine Ecosystems: Models and Fisheries Impact [J] . Fisheries Centre Research Reports, 12 (7): 124-159.

Guénette S, Christensen V, Pauly D. 2001. Fisheries impacts on North Atlantic ecosystems: Models and analyses [J]. Fisheries Centre Research Reports, 9 (4): 241-270.

Guénette S, Christensen V, Pauly D. 2008. Trophic modelling of the Peruvian upwelling ecosystem: Towards reconciliation of multiple datasets [J]. Progress in Oceanography, 79 (2-4): 326-335.

Guénette S, Heymans S J, Christensen V, et al. 2006. Ecosystem models show combined effects of fishing, predation, competition, and ocean productivity on Steller sea lions (*Eumetopias jubatus*) in Alaska [J]. Canadian Journal of Fisheries and Aquatic Sciences, 63 (11): 2495-2517.

Guénette S, Meissa B, Gascuel D. 2014. Assessing the contribution of marine protected areas to the trophic functioning of ecosystems: A model for the Banc d'Arguin and the Mauritanian shelf [J]. PloS One, 9 (4): e94742.

Haggan N, Pitcher T. 2005. Ecosystem simulation models of Scotland's West Coast and Sea Lochs [J]. Fisheries Centre Research Reports, 13 (4): 1-74.

Haputhantri S, Villanueva M, Moreau J. 2008. Trophic interactions in the coastal ecosystem of Sri Lanka: An ECOPATH preliminary approach [J]. Estuarine, Coastal and Shelf Science, 76 (2): 304-318.

Hattab T, Ben Rais Lasram F, Albouy C, et al. 2013. An ecosystem model of an exploited southern Mediterranean shelf region (Gulf of Gabes, Tunisia) and a comparison with other Mediterranean ecosystem model properties [J]. Journal of Marine Systems, 128: 159-174.

Heymans J J. 2001. The Gulf of Maine, 1977- 1986 [J]. Fisheries Centre Research Reports, 9 (4): 129-149.

Heymans J J. 2003. Ecosystem models of Newfoundland and Southeastern Labrador: Additional information and analyses for "back to the future" [J]. Fisheries Centre Research Reports, 11 (3): 1-81.

Heymans J, Pitcher T. A 1995. Picasso-esque view of the marine ecosystem of Newfoundland and Southern Labrador: Models for the time periods 1450 and 1900 [J]. Fisheries Centre Research Reports, 10 (5): 44-73.

Heymans S J, Sumaila U R. 2007. Updated ecosystem model for the Northern Benguela ecosystem, Namibia [J]. Fisheries Centre Research Reports, 15 (6): 25-70.

Hoover C. 2009. Ecosystem effects of climate change in the Antarctic Peninsula [J]. Ecopath 25 Years Conference Proceedings: Extended Abstracts, 96-97.

Hoover C. 2010. Hudson Bay Ecosystem: Past, Present, and Future, A Little Less Arctic: Top Predators in the World's Largest Northern Inland Sea [M]. Hudson Bay: Springer, 217-236.

Howell K, Heymans J, Gordon J, et al. 2009. DEEPFISH Project: Applying an Ecosystem Approach to the Sustainable Management of Deep-Water Fisheries. Part 1 and 2: Development of the Ecopath with Ecosim model [R]. Oban: Scottish Association for Marine Science Report.

Jarre-Teichmann A, Pauly D. 1993. Seasonal changes in the Peruvian upwelling ecosystem. in Trophic models of aquatic ecosystems [C]. ICLARM Conference Proceedings, 26: 307-314.

Jones T, Fulton B, Wood D. 2011. Challenging tourism theory through integrated models: How multiple model projects strengthen outcomes through a case study of tourism development on the Ningaloo Coast of Western Australia [C]. 19th International Congress on Modelling and Simulation-Sustaining Our Future: Understanding and Living with Uncertainty, 3112-3120.

Lees K, Mackinson S. 2007. An Ecopath model of the Irish Sea: Ecosystems properties and sensitivity analysis [J]. Cefas Science Series Technical Report, 138: 49.

Leloup F A, Desroy N, Le Mao P, et al. 2008. Interactions between a natural food web, shellfish farming and exotic species: The case of the Bay of Mont Saint Michel (France) [J]. Estuarine, Coastal and Shelf Science, 76 (1): 111-120.

Lercari D, Arreguin-Sanchez F. 2008. An ecosystem modelling approach to deriving viable harvest strategies for multispecies management of the Northern Gulf of California [J]. Aquatic Conservation: Marine and Freshwater Ecosystems, 19 (4): 384-397.

Lercari D, Bergamino L, Defeo O. 2010. Trophic models in sandy beaches with contrasting morphodynamics: Comparing ecosystem structure and biomass flow [J]. Ecological Modelling, 221 (23): 2751-2759.

Libralato S, Tempesta M, Solidoro C, et al. 2006. An ecosystem model applied to Miramare natural Marine Reserve: Limits, advantages and perspectives [J]. Biologia marina mediterranea, 13 (1): 386-395.

Lin H J, Shao K T, Hwang J S, et al. 2004. A trophic model for Kuosheng Bay in northern Taiwan [J]. Journal of Marine Science and Technology, 12 (5): 424-432.

Lin H J, Shao K T, Kuo S R, et al. 1999. A trophic model of a sandy barrier lagoon at Chiku in southwestern Taiwan [J]. Estuarine, Coastal and Shelf Science, 48 (5): 575-588.

Link J S, Griswold C A, Methratta E T, et al. 2006. Documentation for the energy modeling and analysis exercise (EMAX) [J]. Northeast Fisheries Science Center Reference Document, 6: 6-15.

Lira A, Angelini R, Le Loc'h F, et al. 2018. Trophic flow structure of a neotropical estuary in northeastern Brazil and the comparison of ecosystem model indicators of estuaries [J]. Journal of Marine Systems, 182: 31-45.

López-Vila J M, Schmitter-Soto J J, Velázquez-Velázquez E, et al. 2019. Young does not mean unstable: A trophic model for an estuarine lagoon system in the Southern Mexican Pacific [J]. Hydrobiologia, 827 (1): 225-246.

Mackinson S, Daskalov G. 2007. An ecosystem model of the North Sea to support an ecosystem approach to fisheries management: Description and parameterisation [J]. Cefas Science Series Technical Report, 142: 196.

Manickchand-Heileman S, Arreguín-Sánchez F, Lara-Domínguez A, et al. 1998. Energy flow and network analysis of Terminos Lagoon, SW Gulf of Mexico [J]. Journal of Fish Biology, 53: 179-197.

Manickchand-Heileman S, Soto L, Escobar E. 1998. A preliminary trophic model of the continental shelf, south-western Gulf of Mexico [J]. Estuarine, Coastal and Shelf Science, 46 (6): 885-899.

Martell S J D. 2002. Variation in pink shrimp populations off the west coast of Vancouver Island: Oceanographic and trophic interactions [D]. Vancouver: University of British Columbia.

Mendoza J. 1993. A preliminary biomass budget for the northeastern Venezuela shelf ecosystem [J]. Trophic Models of Aquatic Ecosystems, 26: 285-297.

Mohammed E, Vasconcellos M, Mackinson S, et al. 2007. A trophic model of the Lesser Antilles pelagic ecosystem: Report prepared for the Lesser Antilles pelagic ecosystem project [R]. New York: Food and Agriculture Organization of the United Nations.

Morales-Zárate M, Arreguin-SáncheZ F, López-Martinez J, et al. 2004. Ecosystem trophic structure and energy flux in the Northern Gulf of California, México [J]. Ecological Modelling, 174 (4): 331-345.

Morisette L, Despatie S P, Savenkoff C, et al. 2003. Data gathering and input parameters to construct ecosystem models for the northern Gulf of St. Lawrence (mid-1980 s) [J]. Canadian Technical Reports of Fisheries and Aquatic Sciences, 2497: 100.

Morissette L, Melgo J L, Kaschner K, et al. 2009. Modelling the trophic role of marine mammals in tropical areas: Data requirements, uncertainty, and validation [R]. Canberra: Fisheries Centre Research Reports.

Moullec F, Gascuel D, Bentorcha K, et al. 2017. Trophic models: What do we learn about Celtic Sea and Bay of Biscay ecosystems? [J]. Journal of Marine Systems, 172: 104-117.

Okey T A. 2001. A 'straw-man' Ecopath model of the Middle Atlantic Bight continental shelf, United States [J]. Fisheries Centre Research Reports, 9 (4): 151-166.

Okey T A. 2006. A trophodynamic model of Albatross Bay, Gulf of Carpentaria: Revealing a plausible fishing explanation for prawn catch declines [R]. Queensland, Australia: CSIRO Marine and Atmospheric Research Paper.

Okey T, Pugliese R. 2001. A preliminary Ecopath model of the Atlantic continental shelf adjacent to the southeastern United States [J]. Fisheries Centre Research Reports, 9 (4): 167-181.

Olson R J, Watters G M. 2003. A model of the pelagic ecosystem in the eastern tropical Pacific Ocean [J]. Inter-American Tropical Tuna Commission Bulletin, 22 (3): 135-218.

Opitz S. 1996. Trophic Interactions in Caribbean Coral Reefs [M]. Manila, Philippines: International Center of Living Aquatic Resources Management.

Orek H. 2000. An application of mass balance Ecopath model to the trophic structure in the Black Sea after anchovy collapse [D]. Ankara: Middle East Technical University.

Palomares M L D, Pauly D. 2004. West African marine ecosystems: Models and fisheries impacts [J]. Fisheries Centre Research Reports, 12 (7): 160-169.

Palomares M L D, Reyes-Marchant P, Lair N, et al. 1993. A trophic model of a Mediterranean lagoon, Etang de Thau, France [J]. Trophic Models of Aquatic Ecosystems, 26: 224-229.

Pedersen S, Zeller D. 2001. A mass balance model for the West Greenland marine ecosystem [J]. Fisheries Centre Research Reports, 9 (4): 111-127.

Pitcher T J, Ainsworth C H, Bailey M. 2007. Ecological and economic analyses of marine ecosystems in the Bird's Head Seascape, Papua, Indonesia: I [R]. Canberra: Fisheries Centre Research Reports, 15 (1).

Prato G, Barrier C, Francour P, et al. 2016. Assessing interacting impacts of artisanal and recreational fisheries in a small Marine Protected Area (Portofino, NW Mediterranean Sea) [J]. Ecosphere, 7 (12): e01601.

Preikshot D B. 2007. The Influence of geographic scale, climate and trophic dynamics upon north Pacific oceanic ecosystem models [D]. Vancouver: University of British Columbia.

Sagarese S R, Lauretta M V, Walter Ⅲ J F. 2017. Progress towards a next-generation fisheries ecosystem model for the northern Gulf of Mexico [J]. Ecological Modelling, 345: 75-98.

Sakaguchi S O, Shimamura S, Shimizu Y, et al. 2017. Comparison of morphological and DNA-based techniques for stomach content analyses in juvenile chum salmon Oncorhynchus keta: A case study on diet richness of juvenile fishes [J]. Fisheries Science, 83: 47-56.

Salcido Guevara L A. 2006. Estructura y flujos de biomasa en un ecosistema bentónico explotado en el sur de Sinaloa, México [D]. La Paz: Instituto Politécnico Nacional. Centro Interdisciplinario de Ciencias Marinas.

Samb B, Mendy A. 2004. Dynamique du réseau trophique de l'écosystème sénégambien en 1990 in West African marine ecosystems: Models and fisheries impacts. [J]. Fisheries Centre Research Reports, 12 (7): 57-70.

Savenkoff C, Bourdages H, Swain D P, et al. 2004. Input data and parameter estimates for ecosystem models of the southern Gulf of St. Lawrence (mid-1980 s and mid-1990 s) [J]. Canadian Technical Reports of Fisheries and Aquatic Sciences, 2529: 111.

Shannon L J, MoloneY C L, Jarre A, et al. 2003. Trophic flows in the southern Benguela during the 1980s and 1990s [J]. Journal of Marine Systems, 39 (1-2): 83-116.

Sidi M, Guénette S. 2004. Modèle trophique de la ZEE mauritanienne: Comparaison de deux périodes (1987 et 1998) [J]. Fisheries Centre Research Reports, 12 (7): 12-38.

Stanford R, Lunn K, Guénette S. 2001. A preliminary ecosystem model for the Atlantic coast of Morocco in the mid-1980s [J]. Fisheries Centre Research Reports, 9 (4): 314-344.

Stobberup K, Ramos V, Coelho M. 2004. Ecopath model of the Cape Verde coastal ecosystem in West African marine ecosystems: Models and fisheries impacts. [J]. Fisheries Centre Research Reports, 12 (7): 39-56.

Tam J, Taylor M H, Blaskovic V, et al. 2008. Trophic modeling of the Northern Humboldt Current Ecosystem, part I: Comparing trophic linkages under La Niña and El Niño conditions [J]. Progress in Oceanography, 79 (2-4): 352-365.

Taylor M H, Wolff M, Mendo J, et al. 2008. Changes in trophic flow structure of Independence Bay (Peru) over an ENSO cycle [J]. Progress in Oceanography, 79 (2-4): 336-351.

Taylor M H, Wolff M, Vadas F, et al. 2008. Trophic and environmental drivers of the Sechura Bay Ecosystem (Peru) over an ENSO cycle [J]. Helgoland Marine Research, 62 (1): 15-32.

Tecchio S, Coll M, Christensen V, et al. 2013. Food web structure and vulnerability of a deep-sea ecosystem in the NW Mediterranean Sea [J]. Deep Sea Research Part I: Oceanographic Research Papers, 75: 1-15.

Tomczak M, Niiranen S, Hjerne O, et al. 2012. Ecosystem flow dynamics in the Baltic Proper—Using a multi-trophic dataset as a basis for food-web modelling [J]. Ecological Modelling, 230: 123-147.

Trites A W, Livingston P A, Mackinson S, et al. 1999. Ecosystem change and the decline of marine mammals in the Eastern Bering Sea: testing the ecosystem shift and commercial whaling hypotheses [J]. Fisheries Centre Research Reports, 7: 9-106.

Tsagarakis K, Coll M, Giannoulaki M, et al. 2010. Food-web traits of the North Aegean Sea ecosystem (Eastern Mediterranean) and comparison with other Mediterranean ecosystems [J]. Estuarine, Coastal and Shelf Science, 88 (2): 233-248.

Tsehaye I, Nagelkerke L A. 2008. Exploring optimal fishing scenarios for the multispecies artisanal fisheries of Eritrea using a trophic model [J]. Ecological Modelling, 212 (3-4): 319-333.

Valls A, Gascuel D, Guénette S, et al. 2012. Modeling trophic interactions to assess the effects of a marine protected area: Case study in the NW Mediterranean Sea [J]. Marine Ecology Progress Series, 456: 201-214.

Vasconcellos M, Watson R. 2004. Mass-balance models of oceanic systems in the Atlantic. West African marine ecosystems: models and fisheries impacts. [J]. Fisheries Centre Research Reports, 12 (7): 171-214.

Vasslides J M, Townsend H, Belton T, et al. 2017. Modeling the effects of a power plant decommissioning on an estuarine food web [J]. Estuaries and Coasts, 40 (2): 604-616.

Vega-Cendejas M, Arreguin-Sánchez F. 2001. Energy fluxes in a mangrove ecosystem from a coastal lagoon in Yucatan Peninsula, Mexico [J]. Ecological Modelling, 137 (2-3): 119-133.

Venier J M. 1997. Seasonal ecosystem models of the Looe Key National Marine Sanctuary, Florida [D]. Vancouver: University of British Columbia.

Wabnitz C C, Balazs G, Beavers S, et al. 2010. Ecosystem structure and processes at Kaloko Honokōhau, focusing on the role of herbivores, including the green sea turtle Chelonia mydas, in reef resilience [J]. Marine Ecology Progress Series, 420: 27-44.

Walters C, Christensen V, Walters W, et al. 2010. Representation of multistanza life histories in Ecospace models for spatial organization of ecosystem trophic interaction patterns [J]. Bulletin of Marine Science, 86 (2): 439-459.

Walters C, Martell S J, Christensen V, et al. 2008. An Ecosim model for exploring Gulf of Mexico ecosystem management options: implications of including multistanza life-history models for policy predictions [J].

Bulletin of Marine Science, 83 (1): 251-271.

Walters C, Martell S J, Mahmoudi B. 2006. An Ecosim model for exploring ecosystem management options for the Gulf of Mexico: implications of including multistanza life history models for policy predictions [J]. Mote Symposium, 83 (1): 251-271.

Watermeyer K, Shannon L, Griffiths C. 2008. Changes in the trophic structure of the southern Benguela before and after the onset of industrial fishing [J]. African Journal of Marine Science, 30 (2): 351-382.

Watson R A, Nowara G B, Tracey S R, et al. 2013. Ecosystem model of Tasmanian waters explores impacts of climate-change induced changes in primary productivity [J]. Ecological Modelling, 264: 115-129.

Wolff M, Hartmann H J, Koch V. 1996. A pilot trophic model for Golfo Dulce, a fjord-like tropical embayment, Costa Rica [J]. Revista De Biologia Tropical, 44: 215-231.

Wolff M, Koch V, Chavarría J B, et al. 1998. A trophic flow model of the Golfo de Nicoya, Costa Rica [J]. Revista de biologia tropical, 46: 63-79.

Wolff M, Koch V, Isaac V. 2000. A trophic flow model of the Caeté mangrove estuary (North Brazil) with considerations for the sustainable use of its resources [J]. Estuarine, Coastal and Shelf Science, 50 (6): 789-803.

Zeller D, Reinert J. 2004. Modelling spatial closures and fishing effort restrictions in the Faroe Islands marine ecosystem [J]. Ecological Modelling, 172 (2-4): 403-420.

Zetina-Rejon M J, Arreguin-Sanchez F, Chavez E A. 2003. Trophic structure and flows of energy in the Huizache-Caimanero lagoon complex on the Pacific coast of Mexico [J]. Estuarine, Coastal and Shelf Science, 57 (5-6): 803-815.